设计原本

计算机科学巨匠Frederick P. Brooks的反思

〔美〕 **Frederick P. Brooks, Jr.** 著

高博 朱磊 王海鹏 译

经典
珍藏

Essays from a Computer Scientist

机械工业出版社
China Machine Press

图书在版编目（CIP）数据

设计原本：计算机科学巨匠Frederick P. Brooks的反思（经典珍藏）／（美）布鲁克斯（Brooks, F. P.）著；高博，朱磊，王海鹏译. —北京：机械工业出版社，2013.2（2021.1重印）
书名原文：The Design of Design：Essays from a Computer Scientist

ISBN 978-7-111-41626-5

Ⅰ. 设… Ⅱ. ①布… ②高… ③朱… ④王… Ⅲ. 软件设计 Ⅳ. TP311.5

中国版本图书馆CIP数据核字（2013）第036124号

版权所有·侵权必究
封底无防伪标均为盗版
本书法律顾问：北京大成律师事务所 韩光／邹晓东

本书版权登记号：图字：01-2010-2468

如果说《人月神话》是近40年来所有软件开发工程师和项目经理们必读的一本书，那么本书将会是未来数十年内所有软硬件设计师、架构师和软件开发工程师们必读的一本书。它是《人月神话》作者、著名计算机科学家、软件工程教父、美国两院院士、图灵奖和IEEE计算机先驱奖得主Brooks在计算机软硬件架构与设计、建筑和组织机构的架构与设计等领域毕生经验的结晶，是计算机图书领域的又一部史诗级著作。

本书从工程师和架构师的视角深入地探讨了设计的过程，尤其是复杂系统的设计过程，旨在提高产品的实用性与有效性，以及设计的效率和优雅性。全书共28章，分为6个部分：第一部分（1～5章）主要讨论了什么是设计、设计过程的思考、设计的类别、理性模型及其缺陷，以及对一些好的设计过程模型的探讨；第二部分（6～7章）主要讨论了协作设计与远程协作；第三部分（8～16章）全面总结了设计中的各种原则、经验和教训，包括设计中的理性主义与实证主义、用户模型、资源预算、约束、设计中的美学与风格、设计中的范本、设计的分离、设计的演变途径和理由，以及专业设计者为何会犯错；第四部分（17～18章）探讨了建筑设计与计算机软硬件设计在设计思想和方法上的一些共同点和不同之处；第五部分（19～20章）探讨了卓越的设计和卓越的设计师之间的关系，以及如何培养卓越的设计师；第六部分（21～28章）对各个领域的各种类型的案例进行了分析和研究，旨在深刻揭示隐藏在这些案例背后不变的设计过程和思想。

除了从事计算机软件相关工作的读者应该阅读本书之外，其他领域的设计者、设计项目经理和设计研究人员也都能从本书中受益匪浅。

机械工业出版社（北京市西城区百万庄大街22号　邮政编码　100037）
责任编辑：高婧雅
北京诚信伟业印刷有限公司印刷
2021年1月第1版第9次印刷
186mm×240mm · 18.75印张
标准书号：ISBN 978-7-111-41626-5
定　价：79.00元

凡购本书，如有缺页、倒页、脱页，由本社发行部调换
客服热线：（010）88379426　88361066　　　　投稿热线：（010）88379604
购书热线：（010）68326294　88379649　68995259　　读者信箱：hzit@hzbook.com

译 者 序

路漫漫其修远兮，吾将上下而求索。

——屈原（战国），《离骚》

设计是人类理性活动的集中体现，但同时又正是设计，融合了人类感性认识所蕴涵的人性光辉。理性与感性、科学与艺术、流程与个性、范例与创新……这一对对看似充满矛盾的实体，却正是设计师们每天需要面对的课题。设计也是任何人类生产活动中位于最开始阶段、且必不可少的核心环节，指导着后续活动的方向和选择，也在很大程度上影响着项目和产品的整体成败。众所周知，良好的设计能够让研发过程事半功倍，而设计阶段的变更也是成本较低的。反过来，如果设计中存在缺陷，到了实现完成以后才发现设计问题，那将往往导致灾难性的后果。可是，现代化的产品高度复杂，设计过程已无可能理想化地"一次成型"，也无可能单兵作战，团队成员甚至可能分散在世界各地。这么一来，那在现实中该如何把握设计的命脉，又怎能在团队协作中凝聚集体智慧的同时避免官僚主义、克服沟通的困难呢？软件工程之父、图灵奖和IEEE先锋奖获得者Frederick P. Brooks Jr.在出版了经典设计作品《人月神话》时隔35年后，又为我们带来了这本关于设计的重量级反思之作《设计原本》，为设计中的若干重要问题揭示了答案。

设计理念（design concept）是作者开篇就提出的，也是全书中一以贯之的灵魂。任何设计若无一个理念在胸，也就谈不上取舍的基本依据。设计理念高度抽象，但同时又体现在所有依据这种理念设计出来的产品中。围绕着设计理念，设计对话才得以展开：是否需要？是否足够？是否经济？是否可变？而设计结果，也正是在这些决策一一落实的过程中，逐渐形成。

作者把笔墨的重心放在了两处：一处是模型的建设，一处是设计师的培养。设计模型的建立，乃是设计本身遵循怎样的规律初生、演化和积淀的探索，正是从该意义上，本书英文版书名"The Design of Design"的原意"设计的设计"得以充分地体现。设计本身是如何设计出来的，思维本身是如何思考成型的？这部分内容至关重要，因为它打破了常见的、几乎是直觉上条件反射的理性模型（rational model），这是具有革命性的洞见，它将设计师从理想王国带入了现实世界。Brooks用大量的实例来指出，设计决不是纯思维的产物，而从一开始就是个解决问题的工具。设计师必须面对现实中的问题，采用设计的手段解决之，并在随后的实现和应用中接受批判和考验，一轮轮地改进原始的设计，使之一方面能够以更普适、简洁、经济的方式解决问题，另一方面也在更高的意义上体现设计理念。也正是从这样的观点出发，Brooks指出在现实世界中各种客观条件和约束都在持续变化，以僵死的理性模型去套用，一定不能成功。只有从一开始就拥抱变化，从设计的源头上引入灵活性的模型，才反而能控制变化，用设计来引导团队发挥协作的力量，向正确的方向推进。

但是，不言而喻，任何设计都是人的创作，作者对于设计师的发掘和培养用心极其良苦。他不仅身体力行地处处展示自己如何学习设计、反思设计、不遗余力地提高设计水准，并且专门用了一个部分来阐述设计师在设计中无可取代的地位，以及应该如何用与传统教育完全不同的教学过程来锻造成功的设计师。Brooks认为，最关键的是要走出课堂，走出理想作业的误区，要走入企业、走入工作室，真正地拿出设计作品、接受用户的批判，并在批判中反省设计决策过程，逐步地成长起来。而在设计师走上工作岗位以后，Brooks更加强调，要放手给予设计师以权力和自由，使他们敢于决策、敢于负责。尤其是对于一流的设计师而言，更应该倾整个企业的资源，为其量身定做管理团队，并阻止他们分心在无关紧要的事务上。只有这样，才能让设计的价值得到最大程度的发挥。Brooks的这些振聋发聩的忠告，实在值得现代企业认真反思和采纳！可以说，设计师是任何想要拿出有创新力、竞争力产品的企业所必须严格挑选并倍加珍惜的最宝贵的资源，他们的一举一动都关乎企业的命运。而只有少部分的企业能够让他们专注于设计事业，并通过强大的支持给予他们足够的行动空间。而也正是这样的企业能够持续输出创新设计，在激烈的市场竞争中找到出路，立于不败之地。

本书采用了大量的图表和案例，细致入微地阐述了设计的方方面面，其中一个重要的特色就是从头到尾地展示若干不同种类的设计：从对象上看，包括了建筑设计、硬件体系结构设计、系统软件设计、图书设计和组织机构设计；从过程上看，包括了例行设计、改造设计和原创设计。Brooks不厌其烦地在所有这些设计描述中都强调了设计理念，并展示了最原汁原味的设计思路。也就是说，他并不是告诉读者一个设计结果，而主要是告诉读者在设计过程中遇到过哪些问题，这些问题有过哪些讨论，形成过哪些中间结果，最终为什么要作出如此的取舍决策，这些决策有哪些优点和不足，是否有过设计决策中的失误，这些失误是如何被纠偏并体现在设计改进中的，等等。可以看出，Brooks是个十分善于使用记录工具，十分重视从历史中学习的人。他的这些案例研究章节不仅是珍贵的学习资源，更是无价的史料。我们每一名设计师都需要从这一点一滴的细节中透射出来的极端认真负责，视设计为生命的工作和生活态度中汲取正能量，并应用到自己的设计实践中去。

本书的翻译工作同样涉及了太多设计，从术语表的统一，到翻译风格的同化，再到字句的斟酌，其中的酸甜苦辣一言难尽。但是，设计的成果毕竟仍然要接受读者的批判和检验。我想在此首先要感谢我的同事、EMC中国工程院的朱磊同志，他与我一起重译了全书的大部分章节。还有王海鹏同志，他参与了很多章节的评审。华章公司的杨福川和高婧雅编辑为本书的出版付出了极大的心血，他们统读了全稿并提出了几百条修改意见。培生公司的李乐强版权经理也为全书的再版工作提供了大力的支持，没有他们的努力，全书的修订工作就不可能成为现实。承多年好友、SAP美国资深工程师劳佳兄在百忙中抽出宝贵时间为本书悉心打造封面设计，在此特别鸣谢。本书成稿的过程中，VMware中国的濮天晖总监、汤瑞欣总监、林应经理、田大鹏经理，SAP中国的范德成，微软亚洲工程院的王楠，IBM中国的唐文蔚，阿尔卡特中国的彭辉，上海交通大学的沈备军教授、张尧弼教授和梁阿磊教授都曾给予宝贵意见，在此一并致谢。当然，由于本人能力所限，缺点错误仍在所难免，这些应由我本人负责。值得一提的是，家父高学栋博士也通读了全稿，并给予了不少有关文法和表达的中肯意见。我也想借此机会向在工作和生活上给了我莫大支持的父母和家人表达内心最深处的敬意和谢意，希望本书的出版能给你们带来快乐。

高博

2013年3月

于VMware上海办公室

前　言

　　我写这本书的目的，意在督促设计师和设计项目经理们去努力思考设计活动的过程（process），特别是复杂系统的设计过程。本书是站在工程师的角度来思考的，不仅注重实用（utility）与效益（effectiveness），也兼顾效率（efficiency）和优雅（elegance）。[1]

谁应该读这本书

　　《人月神话》一书的目标读者是"职业程序员、职业经理人，尤其是管理程序员的职业经理人"。在该书中，我讨论了团队在开发软件时，获得概念完整性（conceptual integrity）的必要、困难和方法。

　　而本书的读者范围则扩大了很多，它融入了我35年以来取得的经验和教训。设计经验让我确信，不同设计领域的设计过程包含一些不变的因素。因此本书的目标读者是：

　　1）各种类型的设计师。设计如果只走系统化路线，而摒除了直觉，就只能得到亦步亦趋的抄袭品和仿冒品。然而，如果只跟着直觉走，而不讲系统化，则产品只会是瑕疵满盈的空中楼阁。如何将直觉和系统化的方法融合在一起？如何在设计师生涯中成长？如何在一个设计团队中发挥作用？

　　虽然本书涉及的领域甚广，但我期望的读者却是侧重于计算机软件和硬件的设计师——我自身的定位决定了面对这个读者群体我能够论述的内容最为具体。因此，在这些领域的例子中，有时会涉及技术细节。其他读者完全可以跳过这些细节，不影响理解。

　　2）设计项目经理。为了避免灾难，项目经理在设计他的设计过程中，就必须结合理论与口口相传的实践经验，而不能仅仅去抄袭某个过度简化的学术模型，也不能拿到一个过程，就生搬硬套，而对理论依据或别人的经验不闻不问。

　　3）设计研究人员。对设计过程的研究已经日渐成熟。这是好事，但并不是事事都好。发表出来的研究论文关注的主题越来越狭窄，而对于大局问题的讨论则越来越少。或许是出于对精确性，以及对"设计成为一门科学"的期望，想要在科学研究之外发表一些东西变得很困难。我建议设计思想家和研究人员，即使社会科学方法论的帮助不大，也应该重新关注起大局问题。我充分相信，他们也会质疑我的论述是否普遍适用，以及我的观点是否真的成立。我希望将他们的一些研究成果带给实践者，谨以此为他们的学科提供一些帮助。

为什么要再写一本讨论设计的书

创造事物令人愉悦，从中可以获得极大的满足感。J. R. R. Tolkien[⊖]说，上帝赐予人类次级造物（subcreation）的能力作为礼物，正是为了让我们感受愉悦。² 毕竟，"千山上的牲畜也是我的……我就算饿了，也不用告诉你。"³ 设计本身就是快乐的。

无论是思想上还是实践上，设计过程都没有得到透彻的理解。原因并不在于缺少研究。许多设计师对于自己的设计过程都进行过反思。而研究的动机之一在于，无论在哪个设计领域中，最佳实践和一般实践之间，以及一般实践和较差实践之间的水准差距过大。大部分设计成本都耗费在返工，亦即纠正错误上，而且往往会占到设计总成本的1/3。平庸的设计肯定浪费了地球资源、破坏了环境，也拖累了国际竞争力。设计很重要，设计的教育也很重要。

所以，按照推理，设计过程的系统化，应该会提升设计实践的平均水平，而结果也的确如此。德国机械工程设计师，显然是最早采用这一规划的群体。⁴

随着计算机的问世，以及此后人工智能的出现，设计过程的研究受到了很大鼓舞。最初人们希望，人工智能技术不仅可以承担许多例行设计的苦役，甚至还能够创作出高超的设计，而这本来属于人类去探索的领域。⁵ 这个希望迟迟没有变成现实，我认为也不可能实现。设计研究形成了一门学科，有其专门的学术会议、期刊和许多研究项目。

既然已经有了这么多深入研究和系统著述，为什么还要再写一本书呢？

首先，第二次世界大战以降，设计过程有了长足的演进，但对于所发生的变化，人们却很少讨论。针对复杂的人造产品，团队设计日益成为常态，而团队常常分散在各地。设计师也与产品的运用和实现日益分离——基本上，设计师不再亲自动手构建他们设计的东西。各种类型的设计师的注意力已被计算机模型而非图纸所吸引。正规设计过程的教学方兴未艾，而且经常是雇主主动请求的。

其次，尚有大量的未解之谜。一旦尝试着去教学生怎样做好设计，我们在理解上的差异就会突显出来。Nigel Cross是设计研究的一位先驱，他追根溯源，发现设计过程研究分成四个演化阶段。

1）理想设计过程的规矩（prescription）。

2）设计问题本质的描述（description）。

3）设计活动实际的观察（observation）。

4）设计基础概念的反思（reflection）。⁶

60年来，我涉足过五个设计领域：计算机体系结构、软件、房屋、图书以及组织。其中，有些我担任总设计师，有些则担任团队中的协作者。⁷ 我对设计过程的兴趣由来已久，1956年我的学位论文题目就是"The analytic design of automatic data processing systems"⁸。或许，现在是进行深度反思的时候了。

⊖　J. R. R. Tolkien（全名John Ronald Reuel Tolkien，1892～1973），英国作家、诗人、语言学家，大英帝国勋章获得者，以创作"精灵语"和《魔戒》三部曲传世。——译者注

本书属于什么类型

令我震惊的是，这些设计过程多么相似啊！思维过程、人与人的互动、迭代、约束、劳作——统统都有很高的相似度。本书中各个章节所反思的，就是这些设计活动背后看上去不变的设计过程。

计算机和软件体系结构的历史很短，对它们的设计过程的反思也不多，但是建筑设计和机械设计已经有悠久而辉煌的传统。在这些领域中，设计理论和设计理论家比比皆是。

我是一名职业设计师，但我所从事的领域中，对设计的反思差强人意；而在那些有着长期而深入反思的领域，我只是一名业余设计师。所以，我尝试从历史较早的设计理论中汲取一些经验教训，并应用到计算机和软件的设计中去。

我相信，并不存在所谓的"设计科学"，把这个作为目标是误入歧途。只有坚持怀疑论（liberating skepticism），解放了思想，我才可能根据直觉和经验进行探讨——不仅是我的，包括其他设计师的经验。在本书写作过程中，有很多人慷慨地与我分享了他们对于设计的洞见。[9]

所以我提供的既不是一本教科书，也不是一本讲究自圆其说的专著，而是一些表达观点的主题篇章。虽然我尝试着去补充一些实用的、相关话题的注释和参考文献，但我仍建议读者先从头到尾阅读每个章节而忽略它们，然后再回过头来探索这些话题。因此我将补充内容分离出来，附在每章的末尾。

某些案例研究中，提供了一些具体的例子供章节论述参考。选择这些例子的原因，不在于它们有多重要，而是因为它们所道出的某些经验是我得出结论和观点的基础。我特别喜欢的，是房屋功能设计的那些经验，而任何领域的设计师都可以参考。

我以总设计师的身份完成了三所房屋的功能设计（设计了详细的楼层平面图、照明、电气和管道）。将房屋功能的设计过程与复杂计算机硬件和软件的设计过程进行比较和对比，给我很多启发，使我提出了设计过程的"本质"。所以我把这些用作案例，相当详细地描述了这些过程。

回顾起来，许多案例研究都具有一个引人注目的共同特点：大胆的设计决策总是对优秀结果的产出做出了巨大贡献，而无论它是由谁做出的。这些大胆的决定有时是出于远见卓识，有时是因为孤注一掷。设计师总是在冒险下注，要以额外的投入换取更好的回报。

致谢

本书的标题，借自40多年前Gordon Glegg的一部著作。他是一个富于创新精神的机械设计师、一位翩翩君子，也是大受欢迎的剑桥讲师。1975年，我有幸与他共进午餐，感受到了他对设计的热情，而他的著作标题也完美地点化了我进行的尝试。所以，我心怀感激与尊敬之情，复用了这一标题。[10]

我感谢Ivan Sutherland对我的鼓励。1997年，他建议我将一套讲义扩充成书。十余年后，他又对书的草稿提出了犀利的批评，这让全书的品质有了大幅进步。在这趟智力之旅中，我真是受益良多。

如果没有北卡罗来纳大学教堂山分校，以及系主任Stephen Weiss和Jan Prins赞助的三个研究项目，本书不可能得以完成。在剑桥大学和伦敦大学学院，我分别受到了Peter Robinson和Mel Slater以及他们系主任和同事的亲切接待。

美国国家科学基金会（National Science Foundation，NSF）的计算机与信息科学工程理事会（Computer and Information Science and Engineering Directorate）的设计科学项目由副理事长Peter A. Freeman发起，该项目为本书的完成和相关网站的准备提供了最有力的资助。有了这笔资助以后，我得以访谈了许多设计师，并在过去几年里主要将心血集中在写作这些文章上。

许多真正的设计师与我分享了他们的洞见，这让我深深地受益。我在书末的致谢名单中列出了受访者和审阅者。有几本书内容丰富，而且影响深远，我把它们列在第28章"推荐读物"中。

我的妻子Nancy是部分创作的共同设计者，还有我的孩子Kenneth P. Brooks、Roger E. Brooks和Barbara B. La Dine，他们一直支持和鼓励着我。Roger对我的手稿进行了彻底的审阅，对每章都提出了几十项改进建议，涵盖从基本概念到标点符号等诸多内容。

感谢来自北卡罗来纳大学的Timothy Quigg、Whitney Vaughan、Darlene Freedman、Audrey Rabelais，以及David Lines给予我的强大行政支持。Peter Gordon是Addison-Wesley的出版合伙人，他给予了我难能可贵的鼓励。Addison-Wesley的全方位服务产品经理Julie Nahil，以及文稿校订编辑Barbara Wood，都展现了无与伦比的专业技能和耐心。

John H. Van Vleck，诺贝尔物理奖获得者，我在哈佛大学工程和应用科学学院Aiken实验室读研究生时，他是院长。Van Vleck非常注重把工程实践建立在更加坚实的科学基础之上。他领导了美国工程教育从设计向应用科学迁移，这种迁移有些矫枉过正，出现了一些反对的声音，设计的教学从彼时至今争议不断。我非常感谢在哈佛遇到的三位老师——Philippe E. Le Corbeiller、Harry R. Mimno，以及我的导师Howard H. Aiken，他们从未丧失对设计及其教学重要性的洞见。

感谢并赞美伟大的造物主，是他仁慈地赐予我们财产、每日所需，以及次级创作的乐趣。

北卡罗来纳州教堂山市

2009年11月

注释和参考文献

1. 本书封面图片的题注源自Smethurst（1967），《The Pictorial History of Salisbury Cathedral》，后面还有一段"是故，除了圣保罗大教堂外，索尔兹伯里大教堂（Salisbury Cathedral）是唯一室内结构由一个人（或一个两人团队）打造的英国大教堂，且为一气呵成之作。"

2. Tolkien（1964），"On Fairy Stories"，见《Tree and Leaf》，54。

3. 圣经《诗篇》，50:10和50:12，新世界译本，做了强调变化。

4. Pahl and Beitz（1984）的1.2.2节中，追溯了这段1928年开始的历史。他们原创的著作 Konstructionslehre历经七版，可能是系统化方面最重要的资料，我将针对设计过程的研究单独提取出来，以示与任意特定领域的设计规则的区别，设计规则可能要早上几千年。

5. 主要的专著是Herbert Simon的《The Sciences of the Artificial》（1969，1981，1996），影响深远。

6. Cross（1983），《Developments in Design Methodology》。

7. 我将自己的设计经验整理成表，作为附加材料放在网站上，见http://www.cs.unc.edu/~brooks/DesignofDesign。

8. Brooks（1956），《The analytic design of automatic data processing systems》哈佛大学博士论文。

9. 这么说来，我并没有对设计方法论者的目标做出什么贡献。如维基百科 http://en.wikipedia.org/wiki/Design_methods（2012年9月访问）的内容所示：

> 困难在于，要把个人的经验、观念体系和看法变换成某种共享的、可理解的，最重要的在于可传播的知识领域。Victor Margolin给出了三个为什么这件事如此困难的理由，其中一个理由是：

> 个人对于设计论述的如果太过注重于叙述本身的表面形式，其结果只能是个人观点，而非至关重要的、由多数人达成的价值共识。

> 对此，我只能低头伏法，承认"罪名成立"。

10. Glegg（1969），《The Design of Design》。

目　录

第四部分　一套计算机科学家梦寐以求的房屋设计系统

第17章　计算机科学家梦寐以求的房屋设计系统——从头脑到电脑 ·············· 145

第18章　计算机科学家梦寐以求的房屋设计系统——从电脑到头脑 ·············· 157

第五部分　卓越的设计师

第19章　伟大的设计来自伟大的设计师 ·· 167

第六部分　设计空间之旅：案例研究

第一部分

设计之模型

螺旋楼梯

第 1 章

设计的疑问

对一种技艺进行观察，并将所思所想运用到另一种技艺中，使得诸般妙用在一人的头脑中不断反思（新思维也就不期而至了）。

——弗朗西斯·培根爵士（1605），《The Two Books of the Proficience and Advancement of Learning》

卷二，第10章

很少有工程师和作曲家……能够通过探讨对方的专业作品而各取所长。我建议，他们可以共同探讨有关设计的问题……（由此）共享他们在创新性的专业设计过程中取得的经验。

——Herbert Simon（1969），《The Sciences of the Artificial》，82页

1.1 培根的结论对吗

弗朗西斯·培根爵士的猜想，也是我们所面临的挑战。设计过程本身真的有这样不变的、放诸各种设计领域而皆准的属性吗？如果真如此，擅长某种特定领域的设计师们，对于这些原理，似乎可以通过克服该领域中所独有的一些困难，而共同地得到比其他领域的设计师们更加清晰的领悟。此外，某些领域，如建筑，无论是在设计还是在高阶设计（meta-design，即设计的设计）的领域，都拥有更加悠久的历史。如果以上说法都成立，并且培根的结论也成立的话，那么即使是工作领域彼此不同的设计人员，通过对比他们的经验和洞见，也有望在其各自专长的技艺领域学到新知识。

1.2 什么是设计

《牛津英文词典》对设计这个动词的定义如下：

形成计划或方案，在头脑中整理或构思……以备后续执行。

这一定义的要点在于计划、在头脑中和后续执行。所以，设计（作为一个名词）属于受

造的事物（created object），它先于被设计之物而存在且与后者相关，但又截然不同。英国作家、编剧Dorothy Sayers在她那本发人深省的著作《*The Mind of the Maker*》里，将创作过程细分为三个不同的阶段，并分别称之为构想（idea）、运能（energy）或称实现（implementation）、交互（interaction）。[1]意思是：

1）将概念结构定形

2）在实际的领域中加以实现

3）在实际的应用中与用户交互

依照这种概念，无论是一本书、一台计算机，还是一个程序，都肇始于灵机一动，构思于时空之外，只在创作者的头脑中得以完成。尔后，通过钢笔、墨水和纸，或者硅和金属，在实际的时空里加以实现。最后，当有人读了这本书、用了这台计算机，或是运行了此程序时，从而与创作者的思想产生了交互，创作过程也就告一段落了。

在我以前的一篇论文中，我将构建软件的工作分为根本（essence）和附属（accident）这两部分[2]，这两个术语引自亚里士多德，并非想要贬低软件创作中附属部分的工作。如果使用更好理解的现代术语，则是必要的（essential）和次要的（incidental）。我所指称的软件创作中的根本部分，是形成其概念结构的心智工艺；而附属部分是它的实现过程。而Sayers所谓的第三步，交互，则在软件得到使用时才会发生。

总而言之，设计就是在头脑中定形，即Sayers所谓的"构想"，它可以在任何具现步骤还没开始之前完成。有一次，莫扎特的父亲问他，有一部三周内要交付公爵的歌剧进度如何。莫扎特的回答既让人大吃一惊，又阐明了设计的概念：

曲子全都谱好了，只是还没写下来。

——致利奥波德·莫扎特信札（1780）

对大多数的创作者来说，构想的不完整性和不一致性只有到了实现阶段才变得明朗化。因此，书面记录，反复实验和"细节敲定"就成了理论家们的看家本领。

构想、实现和交互这三个阶段是交替进行的。实现创造出空间，实现过程中又要进行一轮新的设计。采用这样的方式，莫扎特使用钢笔和纸实现出他构想的歌剧，而指挥则通过与莫扎特的作品进行交互，形成了诠释该作品的一个构想，指挥的构想又通过管弦乐队和歌手的演奏加以实现，最终与观众交互，完成了整个过程。

一个设计（a design）是一个受造的事物，我将与之相关联的设计过程称为设计（design）而不加任何冠词，还有作为动词的设计（to design）。这三者紧密相关，我相信在具体的上下文中，它们的含义不会彼此混淆。

1.3 何为实在? 设计理念

如果许多个体有共用的名字，则可以认为它们对应着同一个构想或形式。你懂我的意思吗?

我懂。

随便举个实例好了。世上有一些床和桌子，有许许多多，对吗?

对。

但是它们仅仅拥有两个构想或形式: 一个是床的，一个是桌子的。

的确如此。

任何人在制作一张床或一张桌子给我们使用时，都要遵循这构想。

——柏拉图 (公元前360年)，《理想国》卷十

在2008年举办的第7届设计思想研讨会上，每位演讲者都发表了他们对相同四支设计团队会议的分析。[3] 这些会议的录像和抄本都提前很早发给大家看过。

雷丁大学的Rachael Luck在架构会谈中提出一个原先未引起任何人注意，后来却被大家一致意识到的实体，即设计理念 (Design Concept)。[4]

毫无疑问，架构师和客户总是不断提到这个共识中的无形实体 (即设计理念)。演讲者在谈及它时，常常会对着演示画面含糊地指点，但显然他们的意思并不是指整个演示画面或是画面中的某个特定事物。而他们实际上关注的总是研发中的设计的概念完整性 (conceptual integrity)。

Luck的见解让设计理念取得了独立地位，这与我本人的经验有着强烈的共鸣。在开发IBM System/360 "大型机" (mainframe) 家族的单一体系结构时 (1961~1963)，体系结构组就经常谈及该实体，尽管没有明确地为其正名。得益于Gerry Blaauw的远见卓识，我们明确地把System/360的设计活动划分成架构 (architecture)、实现 (implementation) 和具现 (realization) 的阶段。[5] 其基本理念在于，整个计算机家族既对开发人员呈现统一的接口 (即体系结构)，而又能提供多种并存的实现机型 (位于性能和价格曲线的不同区间)。(参见第24章)

正是因为同时存在多个实现机型，以及几位工程经理之间你追我赶，才促成了这套体系结构向更通用、更简洁的方向演化，并且避免为了省小钱而做出的妥协。然而这种力量，仅仅是架构师们出于想要捍卫各自想要做出简洁机器的直觉和心愿才达成的。[6]

随着体系结构设计的不断推进，我观察到一件乍看上去很奇怪的现象。对于体系结构团

队而言，实在的System/360，就是设计理念本身，即那台柏拉图式的理想机器。那些在工程基础上建造出来的、物理或电子意义上的Model 50、Model 60、Model 70和Model 90等机型，不过就像柏拉图说的那样，是那台实在的System/360的影子。而实在的System/360最完整、最忠实的化身，并不在那些芯片或金属元件里，而是在《IBM System/360 Principles of Operation》这本给程序员参考的机器语言手册中的文字和图表里。[7]

在建造View/360海滨小屋（参见第21章）时，我也有过类似的体验。它的设计理念在建造活动开始以前很久就已经是实在的了。后来图纸和纸板模型虽然更改过多次，但是设计理念始终如一。

说起来很有意思，我从未发现在Operating System/360软件家族有过这样的设计理念实体。或许其架构师觉得有，又或许我对其概念核心了解得还不够。也许我感受不到OS/360软件家族设计理念的原因在于它实际上由四个分立的部分混合而成：一个主控程序（supervisor）、一个调度程序、一个I/O控制系统，以及一个由编译器和实用工具组成的庞大软件包（参见第25章）。

价值何在

识别出隐形的设计理念，并在设计对话中转化成实在的实体，是否可以带来积极的价值呢？我认为答案是肯定的。

首先，伟大的设计都具备概念完整性——统一、经济、简洁。正如古罗马作家、建筑大师Vitruvius所说，它们不仅能有效运作，而且使人开心。[8]我们会使用优雅、简洁、漂亮这种字眼来形容桥梁、奏鸣曲、电路、自行车、计算机，还有iPhone。识别出设计理念这个实体，有助于我们在独立做自己的设计时去追寻这样的完整性，有助于在团队设计时围绕它协同工作，也有助于将它传授给年轻人。

其次，经常提及设计理念，对于设计团队的内部沟通也有极大的帮助。概念统一这个目标，只有通过大量的对话才能达成。

如果设计理念本身是焦点，而不是拐弯抹角的表达或残缺不全的细节，那么沟通就可以非常直截了当。

因此，电影制片人都使用故事板（storyboard）来将他们的设计讨论的关注点始终保持在设计理念上，而不会陷入实现细节。

一旦深入细节，自然会使得概念的不同版本之间的冲突显现出来，并迫使人们形成决议。例如，System/360体系结构需要一种十进制数据类型，作为已经有着成千上万用户的IBM十进制机型的兼容过渡之用。我们正在研发中的体系结构里已经有了数种数据类型，包括32位定点补码整型以及可变长字符串类型。

十进制数据类型定义成与两者中的任何一个相似都是可行的。那么，哪个更符合System/360的设计理念呢？两方面都拿出了强有力的论据，而不同的侧重点则依赖于个人对于设计理念的不同见解。有些架构师主张的设计理念受早年的科学计算机的影响，而另一些架构师主张的设计理念则受早年的商用计算机的影响。而System/360的设计目标明确地规定，对于这两种计算机上运行的应用程序都要提供良好支持。

我们选择了把十进制数据类型建立在字符串类型的基础之上，因为对于十进制数据类型这个特殊的用户群，即IBM 1401的用户来说，这是他们中的大多数人最熟悉的数据类型。如果再给我一次机会，我仍然会做出这样的决定。

1.4 对设计过程的思考

有关设计的思考源远流长，至少可以追溯到Vitruvius（逝于公元前15年）。他的著作《De Architectura》是古典时期以来有关设计的重要文献。主要的里程碑包括达·芬奇（1452～1529）的《Notebooks》，以及Andrea Palladio（1508～1580）的《Four Books of Architecture》。

而有关设计过程本身的思考则很晚才出现。根据Pahl和Beitzr的考证，最远可以追溯到1852年，这是随着机械化生产的高涨而促成的、以Redtenbacher为代表的德国思想。[9] 而在我本人看来，主要的里程碑包括Christopher Alexander的《Notes on the Synthesis of Form》（1962年），Herbert Simon的《The Sciences of the Artificial》（1969年），Pahl和Beitz的《Konstructionslehre》（1977年），还有设计研究学会（Design Research Society）的成立以及《Design Studies》的创刊（1979年）。

Margolin和Buchanan从《Design Issues》期刊中摘录了23篇文章，其中大部分是有关设计评论与理论的，"对理解设计所涉及的哲学问题进行了若干探讨"（见该书第xi页）。

我的《人月神话》（1975年，1995年）反映了IBM OS/360的设计过程，它后来发展成为了MVS及后续产品。那本书着重描述了这个设计与研发项目中的人、团队与管理等方面。本书第4～6章将讨论与此相关的话题。关注如何在团队设计中达成概念完整性。

Blaauw和Brooks的《Computer Architecture: Concepts and Evolution》（1997年）对IBM System/360（以及System 370到System 390，再到现在的System Z（64位体系结构的大型机））体系结构以及数十个设计决策的相互关系和基础原理进行了大量讨论。它完全没有涉及设计过程与设计活动中人的因素。不过，该书的1.4节探讨了计算机体系结构中何为良性（goodness）的判断标准，这是与本书内容密切相关的。

1.5 设计面面观

系统设计 vs. 艺术设计

本书旨在讨论复杂系统的设计，站在工程师的视角看问题。工程师关心实用和效益，但同时也要兼顾效率和优雅。

这与艺术家和作家所完成的许多设计大相径庭，后者更强调愉悦感，以及意义的传达。当然，建筑师和工业设计师同时属于两个阵营。

例行设计、改造设计和原创设计

我们通常认为桥梁设计属于高端的工程艺术，其中，一旦形成概念或技术上的突破，就会带来激动人心的和人人可见的成本、功能和美学方面的回报。

然而，公路桥（highway bridge）上的细分路段都很短。这么一来，50英尺的混凝土桥的设计工作就成了例行的、可自动化的过程。土木工程师们在建造短桥时，早已对设计决策树、约束以及目标了如指掌，并编制成手册。在新平台上进行已有语言的编译器设计时，情况也一样。相当一部分都是例行的、可自动化的设计。

本书的重点在于原创设计，它不同于通过变换参数就可以一个对象接着一个对象地进行的例行设计（routine design），甚至也不同于改造设计（adaptive design），后者只是修改以往的设计或对象，以满足新的用途罢了。

1.6 注释和参考文献

1. Sayers（1941），《The Mind of the Maker》。
2. Brooks （1986），《No silver bullet》。
3. McDonnell （2008），《About Designing》。该书是第7届设计思想研讨会（Design Thinking Research Symposium，DTRS7）的论文汇编。
4. Luck （2009），"Does this compromise your design?"被McDonnell （2008），《About Designing》转载。
5. Blaauw和Brooks （1964），在"Outline of the logical structure of System/360."中Blaauw进一步地将Sayers提出的"运能"分解为实现和具现，我认为这个区分极其实用。
6. Janlert （1997），"The character of things"主张设计应该有个性，并讨论了如何设计出个性来。
7. IBM 公司 （1964），《IBM System/360 Principles of Operation》。
8. Vitruvius （公元前22年），《De Architectura》。
9. Pahl和Beitz （1984），《Engineering Design》。

- 目标

- 必要条件

- 效用函数

- 约束，尤其是预算（也许并非金钱成本）

- 决策的设计树

    UNTIL（"足够好"）or（来不及了）

      DO另一个设计（以提升效用函数）

        UNTIL设计完成

          WHILE设计方案仍然可行，

            做出下一个设计决策

          END WHILE

          回溯设计树

          找到一条之前未探索过的路径

        END UNTIL

      END DO

      采用最优设计方案

    END UNTIL

理想的设计过程模型

第 2 章

工程师怎样进行设计思维——理性模型

……因为设计的理论是普通的搜索理论……即在巨大的组合空间搜索。

——Herbert Simon（1969），《The Sciences of the Artificial》

2.1 模型概览

工程师们对于设计过程似乎有一个清晰但通常来说也是隐含的模型。这是一个关于有序过程的有序模型，也就是工程师的构思过程。我可以举一个海滨小屋设计（在第21章给出其草图）的例子来说明这是怎么回事。

目标。首先从主要目标或目的开始："某人想要建一个海滨小屋，以欣赏面向大海的一块海滨场地的风景。"

必要条件。和主要目标相关的是一组必要条件或者说是次要目的："海滨小屋应该加固，以抵御飓风来袭；它应该具备至少14个人躺卧和就座的空间；它应该为宾客提供令人难忘的视野"，等等。

效用函数。人们会根据一些效用（或有用性）函数来为若干必要条件依其重要性加权，以对设计进行优化。到目前为止，我知道的情况是，在大多数设计师的想象中，所有的项是由线性相加的方式组合起来的，但在单独构思每一个效用函数时，则并非使用线性方式，而是以渐近曲线的方式趋于饱和。举个例子，必要条件之一是更大面积的窗户，这是在小屋设计中所需要考虑的问题。但是由每平方英尺窗户面积的额外增加所带来的效用是递减的。就电源插座的数量来说，这也一样成立。窗户面积以及插座数量的总效用，看起来却仅仅是每个项的简单之和。

约束。每种设计以及每种优化都是受到一些约束限制的。其中有一些约束是二元的，只有满足或不满足的结果——"这所小屋必须位于海滨场地的边界线并再向后退至少10英尺"。其他约束则更有弹性，不过在接近限额时所付出的代价会急剧增加，例如日程表就是这样一类约束——主人可能急切地要求该海滨小屋在温暖气候来临之前完工。有些约束是简单的，例如退后尺寸的限额，而另一些约束则在不经意间隐藏着令人生畏的复杂性——"该小屋必须满足所有的建筑法规"。

资源分配、预算和关键预算。许多约束的形式是固定资源在各个设计要素之间的分配。最常见的是一揽子成本的预算。但是，此类约束绝不仅仅只有这么一种，而且在特定的项目中，总预算约束也并不一定就是最大限度地决定了设计师注意力的约束。例如，在海滨小屋的楼层规划中，占支配地位的定量因素是临海建筑距离的英尺数（甚至要精确到英寸）。在计算机体系结构的设计中，关键预算可能是控制寄存器或指令格式所占用的比特数，或总内存带宽的用量。而当人们解决软件的"千年虫"问题时，日程表上的工作天数成为了可分配资源中的关键项。

设计树。这么一来，按照理性模型的思路，设计师们形成设计决策。然后，在由于该决策而缩减后的设计空间中，他又形成另一决策。[1] 在每一个节点处，他都可以选取一条或多条路径，因此设计的过程可以认为是一种对于以树型结构组织的设计空间的系统化探索。

在这样一个模型中，设计在概念上（至少在概念上）是个简单的过程。人们对以树型结构组织的设计空间进行搜索，以可行性约束为依据对每种方案进行检验，从而优化效用函数。搜索算法是众所周知的，并且可以清晰地描述。

这种清晰性仅仅是指对所有路径进行的穷举搜索，寻找一个真正的最优解。设计师们通常只去寻找一个"足够好"的满足解。[2] 许多工程师似乎采用了某种深度优先搜索策略进行近似估算，并在每个节点上选择最有前途或最有吸引力的方案，并采用探索到底的办法来达成目的。如果遇到死胡同，他们会采用回溯的办法并尝试另一条路径。预感、经验、连贯性和审美观引导着每一次的方案选择。[3]

2.2　该模型的构思从何而来

将设计过程建模为一种系统化的、按部就班的过程的观念，似乎肇端于德国机械工程社团。Pahl和Beitz在他们7次修改其稿的伟大论著中阐述了目前被最广泛地接受的观点。[4] 他们对达·芬奇（1452～1519）的《Notebooks》中关于设计备选方案的系统化搜索过程进行实践并分析，而并非只泛泛阅读那显式写出的陈述。

Herbert Simon在其著作《The Sciences of the Artificial》（1969，1981，1996）中独立地提出设计就是一个搜索过程的主张。他提出的模型及相关讨论远比这里的要复杂。Simon乐观地认为设计过程就是搜索人工智能意义下的合适标的（只要有足够的处理能力可用），他也投身于严格化理性设计模型的筹划，因为这样一种模型对于设计过程自动化而言乃是不可或缺的先驱力量。他的模型仍然有影响力——即使到了今天，我们已经认识到，其原始设计中的"险恶问题"[5]可以说是在人工智能中最没前途的候选问题之一。

在软件工程领域，Winston Royce对于因为采用"先写了再说"的方法而造成的大型软件项目失败而深感震惊，于是独立地引介了一种由7个步骤组成的瀑布模型，以将流程加以整顿，如第3章的第1插图所示。事实上，Royce是将他的瀑布模型当做一个假想的批评对象提出来的，但是有很多人已经引用并追随这个假想的批评对象，他提出的更为复杂精妙的模型反而被大家忽略。我在年轻的时候也犯过那样的错误，并在之后公开地为此忏悔。[6]即使有那么一点儿讽刺的味道，Royce的7步模型仍然必须看做是设计的理性模型的基础性表述之一。

Royce强调，他的7个步骤是彼此泾渭分明的，需要分别规划并各有专人负责。其中确有重叠的部分，但这部分被仔细地限定在一定范围之内：

各个步骤的顺序安排乃是基于以下的概念：每前进一步，设计就变得更加详尽，在（邻接的）前一步和后一步之间有一定的重叠，但是在序列中距离较远的步骤就不太会有什么重叠之处了……我们拥有一种有效的退路，这往往可以将早期工作中仍然可资利用的以及得到保留的部分尽可能地最大化。[7]

设计空间可以表达为树型结构的观念，是在Simon的著作中隐含地提出的。这个观念在Gerry Blaauw和我合著的《Computer Architecture》一书中有具体的描述和图解。[8]在该书中，我们将处理器架构的设计方案以严格的层阶架构形式组织在一个巨大的树型结构中，以83个链接子树来表示。有关闹钟的设计树可以作为一个简单的例子，如图2-1所示。其中，人们可以看到两种根型：开放和封闭。开放根型，如"闹铃"节点所示，表示的是细分单元，每一个分支都是一种特定的设计属性，且必须指定其值，即所谓属性分支。封闭根型如"铃声"节点所示，这个节点枚举了所有的备选方案，人们必须从中选择适当的方案。

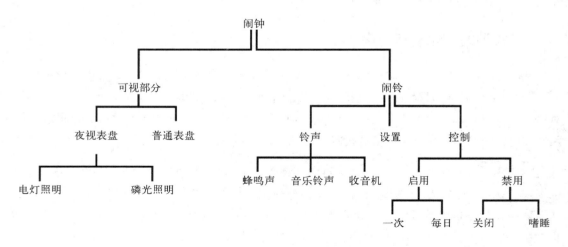

图2-1　闹钟的设计树（部分），选自Blaauw和Brooks(1997)所著《Computer Architecture》的图1-12和图1-14

2.3　理性模型有哪些长处

　　与"先开始编码再说，或先开始构建再说"的行为相比，任何将设计过程系统化的工作都可以视为一种长足的进步。它为设计项目的规划提供了清晰的步骤。它为日程规划和进度评估定义了明确的阶段里程碑。它为项目组织和人员配备指明了方向。它改进了设计团队的内部沟通状况。而在设计团队和其项目经理之间以及项目经理和其他利益相关者之间而言，它对于沟通的改进尤为显著。新手很容易就可以上手。掌握了它，新手在面对分派给他的第一个设计任务时，就知道从何入手了。

　　理性模型在特定的情形下会体现出更多的长处。在项目早期就给出目标的明确陈述、相关的必要条件以及约束说明，这有助于避免团队陷于举棋不定的局面，也促使团队形成关于项目宗旨的统一认识。在开始编码或正式的制图工作开始之前做好整体的设计过程规划，就能够规避大量麻烦，也避免让许多努力付之东流。将设计过程打造成对于设计空间的系统化搜索，可以拓宽设计师个人的眼界，并远远超过其先前的个人经验。

　　不过，理性模型太过简化了，即使是Simon洋洋洒洒、高度成熟的版本也不免于此。因此，我们必须对其缺陷加以审查。

2.4　注释和参考文献

1. 按照Simon（1981）《The Sciences of the Artificial》的习惯，在整本书中我采用"man"作为一个一般性的名词加以使用，两种性别都包括在其指代的对象中，同样"he"（他）、"him"（他的——形容词用法）和"his"（他的——名词用法）也一律作为兼具两性的代词。我觉得继续使用符合传统的，把女性和男性平等地置于这些一般性的代词指代之中的做法十分亲切，这好过生硬地使用一些画蛇添足的，并且分散人们注意力的噱头。
2. 寻找"最低限度满足解"就是找到足够好的解，而并不一定是优化解（Simon（1969），《The Sciences of the Artificial》）。
3. 但是参见Akin（2008）的"设计认知中的变量与不变量"，它从DTRS7协议中发现证据——表明建筑架构设计师们往往会在各个层次中横向地搜索若干个备选方案，而工程设计师们则主张从初始解决方案的提案出发，展开深度优先搜索。
4. Pahl和Beitz（1984），《Engineering Design》。
5. Rittel和Webber（1973）的"规划的一般理论中的困境"，它正式地定义了这个词。它也在以下的词条中有着详尽的讨论：http://en.wikipedia.org/wiki/Wicked_problem。
6. Brooks（1995），《人月神话》，265。
7. Royce（1970），《大型软件系统开发的管理》，329。
8. Blaauw和Brooks（1997），《Computer Architecture》。

软件开发的瀑布模型

参照Royce(1970)，"Managing the development of large software systems"和Boehm(1988)，"A spiral model of software development and enhancement"

第 3 章

理性模型有哪些缺陷

有时候，问题就在于发现问题出在哪里。

——Gorden Glegg（1969），《The Design of Design》

设计师就是要创造事物……他的创造过程往往是复杂的。他总是采用过多的变量——例如可能的变化和定额，以及它们之间的相互关系等，以至于无法采用有限模型来表示它们。

——Donald A. Schön（1984），《The Reflective Practitioner》

现实情况是，设计师只把理性模型视为一种理想化的东西。理性模型描述了我们认为设计过是怎样的，但在现实生活中，并不是那么一回事。

事实上，不是每个工程师都会大方地承认在他的心目中有这么一个很天真、很理想的模型。但我认为我们中的大多数人都有这样的想法，我自己心中的这种想法持续了很长时间。因此，让我们对理性模型进行仔细彻底的剖析，以确切地了解它究竟在哪些方面脱离了现实。

3.1 在初始阶段我们并不真正地知道目标是什么

理性模型最严重的缺陷在于，设计师们往往只有一个模糊不清的、不完整的既定目标，或者说是主要目的。在此情形之下：

设计中最困难的部分在于决定要设计什么。

在我还是学生的时候，有一个暑假里去替一家很大的军火商打工，在那里我被指定去做设计和构建一个小型数据库系统的工作，用以跟踪某个雷达子系统的上万张图纸以及其中每一张图纸的更新状态。

过了几个星期，我做出了一个能运行的版本。我自豪地向我的客户演示了一个输出报告的样例。

"做得不错，这的确是我想要的，不过你可否把这里改一下？那样我们就可以……"

在接下来的数个星期，每天早上我都给客户演示输出报告，每次都是顺应了前一天提出的要求之后的修订结果。每天早上，他都会对产品报告研习一番，然后使用一成不变的、彬彬有礼的口头禅提出另一项系统修订的要求。

系统本身很简单（是在打孔卡片机上实现的），而且那些修订在概念上看起来也是平淡无奇的。就算是最影响全局的变化也只是将图纸列表按照内部等级排序或缩进显示，而等级是用卡片上单独一个0~9的数字来表示的。其他的改进包括多级局部汇总（当然有例外情况要处理）以及自动地为需要注意的值标注上星号。

有那么一阵子，我很是愤愤不平："为什么他不可以就想要的内容下定决心？为什么他不能把想要的对我一口气说完，而偏偏要每天挤一点出来呢？"

然后，我一点点地认识到，我为客户提供的最有用的服务是帮助他决定什么是他真正想要的。

那么，如今的软件工程原则要复杂得多了。我们认识到，快速原型是一种进行精准需求配置的必要工具。不仅整个设计过程是迭代的，就连设计目标的设定过程本身也是迭代的。

软件工程领域的复杂化不仅没有停止的势头，甚至连明显的放缓也看不到，在汗牛充栋的文献资料中，"产品需求"仿佛是给定设计过程的常规假设前提。不过，我要提出一点异议，那就是，在初期就能了解整个产品需求是相当罕见的，而远非常态：

设计师的主要任务乃是帮助客户发现他们想要的设计。

至少在软件工程领域，快速原型的概念有其地位及其公认的价值，但在计算机（体系结构）设计或建筑架构设计中，它的地位与在软件工程中并不总是相当。但无论如何，在目标迭代方面，我在这些设计领域都看到了相同的现象。越来越多的设计师们为计算机构建模拟器，为建筑构建虚拟环境演练，以此作为快速原型，从而促成目标的收敛。目标的迭代必须作为设计过程的固有组成部分加以考虑。

3.2 我们通常不知晓设计树的样子——一边设计一边探索

对于复杂结构，如计算机、操作系统、航天飞机以及建筑等，以下每项初始设计都是新的挑战：

- 目标
- 必要条件和效用函数
- 约束

• 可用的加工技术

这些步骤中，设计师很少有机会能坐下来先验地绘制出一个设计树来。

此外，在高技术领域的设计中，甚至很少有设计师能够拥有足够的知识以绘制出该领域中基本的决策树来。设计项目往往会进行两年以上。设计师在此期间会得到升迁，从而脱离一线的设计工作。这样导致的后果就是，很少有设计师会在其职业生涯中深入一线参与上百个项目的程度。这对设计师个人而言，意味着他就失去了探索该设计科目的所有分支的宝贵机会。这就是工程领域设计师的特点，与科学家大相径庭的是，他们很少会去选择那些不能一眼看出是通往解决方案的备选途径。[1]

设计师们会一边做着设计，一边进行设计树的探索——做出某个决策，然后查看由它启发或否决的备选方案，继而依此做出排在下一个的设计决策。

3.3 （设计树上的）节点实际上不是设计决策，而是设计暂定方案

事实上，特定的设计树自身只是在树形结构中搜索的简化模型。如图2-1所示，有并列的属性分支，也有备选分支。在一个分支中的各个备选方案彼此紧密联系——或彼此相斥或相辅相成或平分秋色。我们在《Computer Architecture》一书中给出的大块头设计树其实还是过分简化了；那样的一个设计树中所展示出来的"计算机众生相"对于阐明决策之间的联系是必不可少的。[2]

这意味着，在设计树的每一个节点处，设计师所要面对的不仅仅是为单独一个设计决策准备的若干简单备选方案，而是为多个设计暂定方案准备的备选方案。

此外，设计树中的决策排列顺序事关重大，可以参见Parnas在其经典论文 "Designing software for ease of extension and contraction" 中所阐述的真知灼见。[3]

以树型结构表示的设计模型，其复杂性带来的组合爆炸是思维难以承受之重。（这情形就像是国际象棋中的棋子移动所构造出来的状态空间树。）该困境在第16章会有进一步的探讨。

3.4 效用函数无法以增量方式求值

理性模型的假定是，设计是对于设计树的搜索，并且在每个节点人们可以对若干下一级分支的效用函数求值。

事实上，除非探索到所有分支的所有叶节点的程度，否则人们就很难做到这一点，因为大量的效用指标（如性能、成本等）严重依赖于随后的设计细节。因此，虽然对效用函数的

求值在原则上是可行的，但是在实践上，人们会在这里再次遭遇组合爆炸。

那么，设计师该怎么做？估算！理所当然，正式的也好，非正式的也罢，都要做估算。在求精的步骤中，人们必须对设计树进行剪枝。

经验。很多辅助信息都有助于该过程中的直觉判断。辅助信息之一是经验，无论是直接还是间接的："OS/360的设计师们将OS/360操作系统的系统范围内共享的控制块的格式细节暴露出来，这导致了一场维护工程师的噩梦。我们会将其封装为对象。""宝来B5000系列在很久以前就探讨过基于叙词的计算机体系结构。由于本质性能损失较大，我们不打算继续深入设计子树了。"当然，工艺方面的权衡早已日新月异，但是上面的例子仍然很好地说明了经验教训。研习设计史的最有力的原因是去了解怎样的设计方案是行不通的以及为什么这些设计方案行不通。

简单估算量。设计师们经常在进行设计树探索的早期就例行地采用简单估算量。建筑师们在得知目标预算以后，会粗略地估算一下平均到每平方英尺的成本，得出一个每平方英尺的目标，并使用它进行设计树的剪枝。计算机架构设计师们则会根据指令组合来对计算机性能做粗略的初步估算。

当然，这样做的危险在于，粗略的估算有可能会将本来可行但由于某个特定的估算量所采用的估算方法将看上去不可行的分支剪掉。我见过一个建筑师，他以过高的成本为理由，把一个早已指定的房顶结构之下的一堵墙壁给取消了，纯粹基于例行的平方英尺估算量就作了这样的决定。而实际情况是，因增加的空间而付出的成本主要在房顶，但该成本已经计算在内，所以这样会造成边际成本非常低。

将欲免费取之，必先无偿予之。

3.5 必要条件及其权重在持续变化

Donald Schön，已故麻省理工学院的都市研究与教育教授、设计理论家如是说：

（当设计师）按初始状况进行设计改造的时候，状况本身会"抵触"，而他只能就这种状况反弹做出回应。

在良好的设计过程中，这种状况交互是自反的。在回应状况反弹时，设计师会将问题的构造、行动的策略以及现象的模型纳入行动的考量，在每一步的推进中都隐含了这些考量。[4]

简而言之，在对权衡的沉思中，一种关于整体设计问题的新理解逐渐浮现，即它是诸多因素以错综复杂、彼此牵制而又彼此交互的方式组合的结果。由此，对于诸项必要条件的权重计算方法就发生了变化。客户方（如果有）也逐渐地接受了这种理解，以此为出发点来形成对他将得到的成果的期望以及他将如何使用这个成果的预见。

例如，在我们的房屋改造设计中（详见第22章），一个在原始项目中看似简单的问题，在设计推进的过程中会凸显出来，原因就在于我和我的妻子将用例场景应用到原始设计时引发的一个问题："来参加会议的客人们该将他们脱下的外套搁在什么地方呢？"这个看起来权重不高的必要条件产生的影响很大，结果是把主卧从房间的一端迁移到了另一端。

此外，对于那些必须进行分块加工的设计，例如建筑和计算机的设计，设计师们从建造者处逐渐学习到有关"设计和加工是如何交互"的理解。大量的必要条件和约束条件被变更和改进。加工工艺也会有演进的过程，这对于计算机设计而言就是老生常谈的事了。

由于许多必要条件（如速度）是以性价比为权重的，这就会导致另一种现象的发生。随着设计向前推进，人们会发现，在只需负担极少的边际成本的前提下，就可以增加某些特定的有用性的机会。在此情形下，在原始的必要条件清单中根本不存在的项目就会被添加进来，而这往往会使在其后的设计变更中要求保留的预算余地被挤占。

例如，只有北卡罗来纳大学的西特森厅在设计、建造和投入使用的过程中，计算机科学系作为该建筑的用户，才学会如何在由楼下大堂、楼上大堂、学院会议室、讲演厅和走廊的成套空间内，将所有这些漂亮地组合成一个能够举办多至125人参加的会议的基础设施，同时把因其施工而对大楼内其他工作造成的影响降至最低。这个成功也可谓有着各种机缘巧合，因为在最初的建筑方案中并未考虑该厅拥有这样的功能。然而，这是价值颇高的特色：未来任何对于西特森厅的修改肯定会将保留这些功能作为目标。

3.6 约束在持续变化

即使设计目标固定而且已知，所有的必要条件皆已枚举清楚，设计树已经刻画精确，并且有用性函数也有着明确无误的定义，设计过程仍然会是迭代的，因为约束在持续变化。

通常情况下是环境发生改变——市政厅会通过令人沮丧的规定给设计投下新的阴霾；电气规范每年都会更新；本来计划要用的芯片被供应商召回，等等。一切都在不断变化，即使在我们的设计向前推进的过程中，周围世界的改变也从未停步。

约束也会因设计过程中甚至加工过程中的新发现而发生变化——建筑工人碰到了无法凿穿的岩层，分析结果表明芯片的冷却问题成为了新近的约束，等等。

并非所有的约束变化都是增长型的。约束也经常消弭于无形。如果这种约束变化是偶发的，而不是人为的，熟练的设计师就能利用这样的新机遇，发挥其设计的灵活性，以绕过该约束。

并非所有的设计都有灵活性。更为常见的是，当我们深入一个设计过程时，就意识不到原来某个约束已经消失不见，也想不起来因该约束而之前已排除的设计备选方案了。

重要的是要在设计过程的一开始就明确地列出已知的约束，作为架构师所谓的设计任务书的组成部分。设计任务书是一个文档，需要与客户共同完成，它规定了目标、必要条件以及约束。本书的网站给出了一个设计任务书的示例。设计任务书和正式需求描述文档不是一回事，后者通常是具有合同约束力的、定义某个设计方案的可接受标准的文档。

将约束明确列出，是把丑话说在前面，这就可以避免日后突然爆发令人不快的局面。这同时也是在设计师的脑海中烙下对于这些约束的印象，从根本上提高当某一约束消失时被设计师发现的可能性。

我们都是围绕着约束来做设计的，该过程要求对于设计空间中少有人问津的犄角旮旯有着创新和探索的精神。这是设计之趣之所在，这也是大多设计之难之所在。

在设计空间之外的约束变化。然而，有时，设计的突破性进展来自于完全跳出设计空间的囚笼，从而使设计的约束得以消除。在设计厢房的时候（见第22章），我努力了很久均未果，就为了一个令人心情沮丧的靠后尺寸需求约束以及音乐室的必要条件（要放置两架三角钢琴、一架管风琴以及一个正方形的空间以容纳弦乐八重奏乐队，加上一英尺宽的教学之用的余地）。如图3-1所示，这是设计过程的一次迭代及其约束。

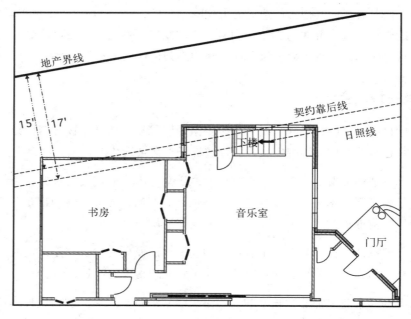

图3-1 依约束进行的设计

这个设计过程中遇到的棘手问题最终是在设计空间之外得到了彻底解决——我从邻居处买下了另外五英尺的地皮。这可能比向市政厅申请靠后尺寸变更（一种设计空间之外的解决途径）来得更经济，并且肯定效率更高。它同时给设计方案的其他部分带来了解放，对于F书房的西北角的定位贡献尤其明显（见图3-2）。

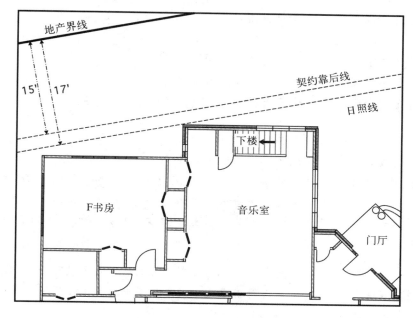

图3-2 约束被放松了

　　将设计任务书中的已知约束明确列出的好处，在此处也有体现。设计师们可以定期地检视这个清单，自问："现在有些东西已经变化了，这个约束能够去掉吗？能不能通过在设计空间之外想出办法来规避它呢？"

3.7　对理性模型的其他批评

　　理性模型是一种自然的思维模型。理性模型，如上所述、如上所评，似乎看上去相当幼稚。但它是人们能够自然而然地想到的一种思维模型。其思维自然程度可以从Simon版本、瀑布模型版本以及Pahl和Beitz版本分别独立地提出而得到强烈的印证。然而，从最早的时候开始，设计界就有了对于理性模型有说服力的批评。[5, 6, 7]

　　设计师们根本不那样做事。也许对理性模型最具解构性的批评——尽管也许亦是最难以证明的——就是经验最丰富的设计师根本不那样做事。虽然已经发表出来的批评偶尔才会有"皇帝没有穿衣服！"这样指出该模型并未反映出专业实践做法的呛声，但是人们还是可以感觉到不厌精细的分析背后的这种压倒性的主张。[8]

Nigel Cross，其绅士般的言论，也许是最具张力的不同意见。引经据典之下，他毫不讳言地说：

有关问题求解的习惯思维，往往看起来和专家级设计师们的行为背道而驰。不过，设计活动和使用习惯思维进行问题求解的活动有相当多的不同之处……在从其他领域引入设计行为模型时，我们必须倍加小心。对于设计活动的实证研究经常会发现，"有直感力的"设计能力是最有成效的，而且与设计的内禀性质最密切相关的。不过，**设计理论的有些方面就是企图针对设计行为开发出反直觉的模型和方案来。**[9]

又及，

绝大多数的设计过程模型都忽视了性质上处于同等地位的设计推理。在关于设计过程的公论模型中，例如由德国工程师协会颁布的模型中（Verein Deutscher Ingenieure，VDI，1987）……就主张设计活动应该分成一系列的阶段进行……在实践中，设计活动似乎是在子解域和子问题域之间往复式进行，同时也是将问题分解，尔后合并所有的子解决方案的过程。[10]

我发现，这个争鸣意见本身及其实证材料都很具说服力。此处提及的往复的确可以说是我所有设计经验的特点所在。"外套在哪里摆放"这样的需求发掘了我们房屋设计过程的深层次内容，是个典型例证。

Royce对于瀑布模型的批评。 Royce在他的论文原稿中描述了瀑布模型，以便他能够演示其不足之处。[11] 他的基本观点在于，尽管在毗邻方块之间有反向箭头表示逆向的工作流，但是该模型仍然行不通。不过，他的对策仅仅是采取了容许逆向工作流箭头指回两个前向方块的模型。治标不治本。

Schön归纳的批评小结。

[Simon]发现在专业知识和现实世界的要求之间有着一道鸿沟……Simon建议采用科学化设计的方式来弥补这个鸿沟，他的科学化方法只适用于从实践中总结的、具有良好构建的问题。

如果这种所谓的技术化理性模型未能考虑到实践能力的"发散"情景，用了还不如不用。那么，还是让我们转而追寻一种基于实践的认识论，它隐含在艺术的、直观的实践过程中，而这样的过程已经被一些实践者用以应对不确定性、不稳定性、单一性和价值观冲突。[12]

3.8　尽管存在诸多缺陷和批评，理性模型依然顽固存在

通常来讲，某种理论或技术的原始创意提出人都比后继的追随者更了解其作用、局限性

及其正确的应用范围。由于天资有限、热忱有余，他们的一腔热情却导致了思维僵化、应用偏差和过分简化等。

遗憾的是，理性模型的诸多应用亦是如此。近至2006年的文献，设计研究员Kees Dorst不得不承认：

> 尽管从彼时到现在已经有了长足的进步，但是Simon所著的探讨问题求解以及具有病态结构的问题本质的原始著作，仍然在设计方法论领域有着难以忽视的影响。基于Simon提出的概念框架的理性问题求解范式，在该领域仍然占主导地位。[13]

诚哉斯言！在软件工程领域，我们仍然太过盲从瀑布模型——理性模型在我们领域的衍生品。

德国工程师协会标准VDI-2221。德国工程师协会于1986年采纳了理性模型，本质上如同Pahl和Beitz所介绍的那样，作为德国机械工程业界的官方标准。[14]我见过很多由于这场运动引发的思想僵化。但Pahl自己一直在尽力设法澄清如下：

> 在VDI准则2221-2223以及Pahl和Beitz（2004）中给出的过程并非"按部就班"式的，它只能被作为有基本意图的行动的指导性准则。在实际行动中有用的解决方案可能是选择一种迭代途径（即带有"前进或回退"步骤的途径），或采用更高信息层次上的反复途径。[15]

美国国防部标准2167A。类似的，美国国防部于1985年将瀑布模型正式纳入其标准2167A。[16]直至1994年，在Barry Boehm的领导下，他们才开放了其他模型的准入门槛。

3.9 那又如何？我们的设计过程模型真的那么事关紧要吗

为什么就过程模型讲了这么多？我们或是别人用来进行设计过程的思维真的会影响设计本身吗？我认为的确是这样的。

并非所有的设计思想家都同意我的观点。剑桥大学教授Ken Wallace，是Pahl和Beitz著作的三个版本的英文译者，相信存在某种让人能够轻而易举地理解和沟通的模型。他指出这一点对于设计的初学者来说是多么重要。Pahl和Beitz的模型为新手做设计准备了一个入手的空间，使之不会徒陷彷徨。"我把Pahl和Beitz的图（他们所著的书的图1-6）放在我的讲义上，并解释了一下。之后，我紧接着下一张幻灯片上写道：'但现实中设计师不是那样工作的。'"[17]

不过，我担心设计经验较少的年轻教师会经常这样讲解。

苏珊娜·罗伯逊和詹姆斯·罗伯逊夫妇有国际化咨询的实战经验，并且著有关于需求规划的重要作品，他们认为理性模型的不足之处并不值得大惊小怪。"更了解设计内涵的人更懂设计。"[18]

无论如何，我相信我们带有缺陷的模型以及对其的盲从，将导致臃肿、笨重、功能过多的产品以及时间表、预算和性能的灾难。

右脑型的设计师。绝大多数设计师是右脑型的，是视觉-空间导向的。事实上，我在考察未来设计师的天赋时，用于投石问路的问题就是："下一个11月在哪里？"当听我说话的人显出莫名其妙的表情时，我会进一步地解释，"你有一个日历的空间思维模型吗？很多人都有的。如果你也有，能给我描述一下吗？"几乎每一个有竞争力的候选人都会有这样一个模型，但这些模型彼此大相径庭。

类似的，软件设计团队总是在他们共用的白板上画草图，而不是写文字和代码。而建筑师则将绘图用的美工笔视为一个不可或缺的沟通工具，但是在独立思考时则用得更多。

因为我们设计师是空间思维导向的人，我们的过程模型在脑海中是以图表的形式深深植根的，无论其具体形式是Pahl和Beitz的垂直式矩形，还是Simon的树型结构，抑或是Royce绘制和批评的瀑布状图形。这些图表在潜意识层面大大地影响着我们的思维。因此，我认为一种先天不足的过程模型会以我们不能完全知晓、只有一知半解的方式阻碍我们前进。

一个由于采用了理性模型而造成的明显损害就是我们无法对接班人进行恰当的教育。我们教给他们连我们自己都不遵循的工作模式。结果，在其形成自己的现实世界工作模式的过程中，我们没能提供有用的帮助。

我认为，对于更资深的，尤其是那些有业界设计经验的教师来说，情况就会大不一样。我们很清醒地认识到，这些模型是有意简化过的，以帮助我们解决现实生活中遇到的问题，而这些问题往往复杂得令人生畏。因此，我们在为学生讲解的时候也会提出："这只是地图，而不是真实的地形"的警告，因为只有模型是不够的，即使在可以适用的场合，它们也仍然有失精确。

在软件工程实践领域，还可以很容易地发现另一种不利因素——理性模型，无论以何种面目出现，都会导向一种先验的设计需求描述。它导致我们盲目相信这种需求真的是可以预先制订的。它也导致我们在对于项目一无所知的基础之上就彼此签订了合同。一种更加现实的过程模型将使得设计工作更富效率，并省却许多客户纠纷和返工问题。第4章和第5章将阐述需求问题。

瀑布模型是错误的、有害的，我们必须摒弃它。

3.10 注释和参考文献

1. 工程师需要的是最低限度满足解，而科学家需要的是发现，这往往可以通过在更大范围里探索而求得。

2. Blaauw和Brooks(1997)，《Computer Architecture》，26-27，79-80。

3. Parnas(1979)，"为简化可伸缩性软件而进行的软件设计"，明确地将设计过程作为树型结构的遍历来处理。他强烈主张使设计尽可能地灵活。他敦促人们设计的灵活性是重要的目标之一。在软件工程领域，面向对象的设计也好，敏捷开发方法论也好，都将此作为根本目标之一。

4. Schön(1983)，《The Reflective Practitioner》，79。

5. 出乎意料的是，我发现对Pahl和Beitz的理性模型构造方法和Simon与之类似的大部分构造方法都少有批评。Pahl和Beitz自己倒是意识到了该模型的不足之处：在他们著作的后续版本里，他们的模型（在第2版、第3版的英文版中的图3-3、图4-3）包括了越来越多的显式的迭代步骤（Pahl和Beitz(1984, 1996, 2007)，《Engineering Design》）。Simon三个版本的《The Sciences of the Artificial》并未反映出计划中模型的变化，尽管他于2000年11月在和我的私人谈话中曾经透露，他自己对该模型的认识已经有所改变，但是他还没有机会去就此重新思考和改写原著。

　　Visser(2006)，《The Cognitive Artifacts of Designing》，该书中的9.2节是精彩的一节，"Simon在其更新近工作中的微妙变化"，它考察了Simon在其更近期发表的论文中体现出来的思想演化。

　　Visser与我一样吃惊地发现，这些思想演化并未反映到《The Sciences of the Artificial》的更新版本中。

6. Holt(1985)，"设计还是问题求解"：

　　有关工程设计存在两种截然不同的解释方法。一种是"问题求解"方法，这在很多大专院校中比较普及，它强调使用标准化技术对结构化的、有明确定义的问题求解，这种解释可以追溯到"裸"系统思维。另一种是"创新设计"方法，它将分析思维及系统思维和人为因素结合在工程设计中，以创设和利用各种机会来更好地为社会服务。本论文旨在探讨"问题求解"方法在应付很多现实世界的任务时会遇到的种种限制。

7. 如果说Cross的批评是基于实证的，那么Schön的批评则针对理性模型的深层哲学。他说，理性模型，正如Simon所阐明的那样，是一种更加普适的哲学思维方式的自然外延，他称为技术理性，认为它继承了现在已经不再有市场的实证哲学的衣钵。他发现只立足于这种深层哲学本身对于理解设计的要求而言是完全不够的，尽管它已经被制度化地引入了最专业化的设计课程中：

　　从技术理性的角度来看，专业设计是个问题求解的过程。问题，通过从可用的手段中找到最符合既定目标的选择而得以解决。但是由于过分强调了问题求解这回事，我们忽视了问题本身的要求，以及定义所作决定、最终达到的目标和可能的选择途径等这些过程。在现实世界的实践中，问题往往并不像实践者给定的那样呈现。问题必须由带来问题的情形材料构造出来，而问题情形的材料往往令人费解、麻烦不断而且难以捉摸……实践者必须就此费些力气才行。他必须将一开始完全不显山露水的情形搞个水落石出……像这样的情形才被专业人员越来越多地视作他们工作的核心……技术理性取决于对最终目标的认同。

8. 一个生动的例子是Seymour Cray在1995年所言节录："我应该算是个科学家，不过我在作决定时使用直觉胜过考虑逻辑。"http://www.cwhonors.org/archives/histories/Cray.pdf，访问于2009年9月14日。

9. Cross(2006)，《Designerly Ways of Knowing》，27。

10. Cross(2006)，《Designerly Ways of Knowing》，57。Dorst(1995)，"描述设计活动的图表比较"，有一个特别好的关于Simon和Schön的比较讨论。他们的杂志文章在Cross(1996a)，《Analysing Design Activity》重印。Dorst还针对代尔夫特Ⅱ协议提出，Schön的模型和观察所得的设计师行为更精确地符合。

11. Royce(1970)，"大型软件系统开发的管理"。

12. Schön(1983)，《The Reflective Practitioner》，45～49。

13. Dorst(2006)，"设计问题和设计悖论"。

14. VDI(1986)，《VDI-2221：Systematic Approach to the Design of Technical Systems and Products》。

15. Pahl(2005)，"VADEMECUM-设计方法论之开发和应用中的建议"。

16. DoD-STD-2167A企图修正此问题，但遗憾的是它将瀑布图表放到了一个突出位置，从而一切都还是基本保持不变。MIL-STD-498取代了2167A，并着手处理了模型问题。DoD自采纳了工业标准IEEE/EIA 12207.0、IEEE/EIA 12207.1和IEEE/EIA 12207.2之后才取代了498。

17. 个人通信（2008）。

18. 个人通信（2008）。

波音—西科斯基RAH-66卡曼契直升飞机（原LHX）
西科斯基飞机制造公司/Richard Zellner美联社图片

第 4 章

需求、罪念以及合同

任何企图在项目伊始就规划所有的可能需求都会落败，并以可观的延误告终。

——Pahl和Beitz(2007)，《Engineering Design》

委员会认为，若要达成清晰、完整状态的系统级需求，就需要在第一个和第二个阶段里程碑之间与可能的承包商进行互动。

——James Garcia，《Pre-Milestone A and Early-Phase Systems Engineering》

呈阅美国空军研究委员会部分

4.1　一段恐怖往事

某将军曾经在海军陆战队当过航空兵，对直升飞机很了解。他和我一起被分派到五角大楼内部并成立了一个国防科学委员会的下属委员会。我们专心听取了一名上校对于进行中的实验性轻型直升飞机（LHX，卡曼契军用直升飞机）设计的简要介绍，该飞机是下一代轻型攻击型直升飞机，将耗资数十亿美元，且士兵们的性命概系于此。该直升飞机将成为现有的四种不同的直升飞机的继任者，而这四种飞机是用来执行不同的任务的。

上校概述了由跨组人员组成的委员会制订的需求，这个需求反映了好几个用户组的意见：

"需能以某时速飞行某距离。需能携带X装甲，装备Y武器，携带Z数量的弹药，携带W名全副武装的士兵，其他人员另计。"

"需能近地飞行，低于雷达覆盖面。即使在漆黑的暴风雨之夜，亦能爬升以避开障碍物。需能实施跃起射击，并趴降以避开回击火力。"

然后，没有任何语气和表情变化，他又说，"并且，它需能自行横渡大西洋（这个距离超过了其常规作业范围）。"

将军和我都露出了十分震惊的神情。上校见状马上回应道："哦，它的设计将考虑到这一点，办法是取下所有的军械和弹药，并将多出来的空间塞满成桶的汽油。"但是，我们的怀疑在于其设计原理，而非其可行与否。即使是我——一个计算机设计师，从直觉上也知道人们必须为这种能力付出代价，不是以金钱的形式，而是必须以削弱其他部分的能力的方式来补偿。

"为什么它非要具备渡洋的能力不可？显而易见，它只需要渡洋两次，如果你走运的话。"

"我们没有足够的C-5运输机来把他们运送过去。"

"那我们为什么不挪用一部分LHX的项目经费来购买更多的C-5运输机，而非要在LHX的设计上采取折中呢？"

"因为那办不到。"

我们不仅对这种需求的极端性非常震惊，而且上校在此种极端性之下显得满不在乎的态度更令我们震惊。也许我们的直觉是错误的。也许，自行运送能力的边际成本确实很低。也许掌握了相关知识的设计师已经在这个问题上进行过一番苦战。

但我们随后的谈话并不令人兴奋。如果我没记错，LHX的需求委员会中既未包括航空器设计师，也未包括直升飞机的飞行员，而是由一群拿各自组内的东西在跨组谈判中卖弄的官僚们组成罢了。[1]

4.2 殊为不幸，无独有偶

许多读者都会毫无困难地在脑海里浮现出LHX需求委员会的开会画面，我们都出席过这样的会议。

每个列席人都会给出一个愿望列表，该列表中的每一项都收集自其支持者，并依其个人经验赋以权重。而这个最终列表能够在多大程度上被采纳，事关自我价值认同和个人声誉。互投赞成票在小范围内很是流行——在这种特定的激励体制下是无可避免的后果。"我不给你添堵，你也别给我下绊儿。"

谁在需求制订过程中为产品本身，即为其概念完整性、高效性、经济性和健壮性而摇旗呐喊？通常情况下，没有任何人会做这件事。通常，只有一个架构师或是工程师会做这件事，但他们只会根据自己的品味和直觉给出意见，到目前为止还未能实现以事实为依据来说服他人。[2]这是因为在经典的、基于瀑布模型的产品过程中，需求是在设计开始之前就确定了的。

这样做的结果显然会得到一个过分臃肿的需求集合，这会成为一大堆愿望列表联合的结果，且在组合上全无约束制约。[3] 通常情况下，该列表中的项目既未排定优先级，也未赋以权重。委员会中人际关系错综复杂，连加权的动作都会引发激烈冲突，更不必说排优先级了。

最终，不得不针对愿望列表和约束的内容做出让步。在实践中，产品设计师们通常会根据各自的用户模型对官方需求作出自身的隐式加权评估。[4] 在多数情况下，若未能做好加权工作，这往往会造成设计师和深度用户以及若干拥有应用知识的需求制定者之间的脱钩。

若是以委员会方式制订需求，不免由它的本性所驱使，有将产品过度研发的趋势（底特律汽车工业、过分臃肿的软件系统、名目繁多的苛捐杂税以及FBI使用的系统等）。也许委员会主导制订的规格说明书正是体积庞大、野心勃勃的软件系统极易遭到灭顶之灾的罪魁祸首。

在IBM OS/360的研发过程中，其需求是由来自市场部的一个大型委员会初步定的。身为项目经理，我不得不将这份需求文档断然拒绝，因为它完全不切实际，并且没有足够的架构师、市场一线人员和实现人员来组成工作组以获取项目本质（核心需求）。

4.3 抵制需求膨胀和蠕变

需求激增现象必须予以钳制，方法是防患于未然或将这种势头扼制于摇篮之中。国家科学研究委员会下属空军研究委员会的一份颇具见地的报告中，就着意从抵制需求膨胀和蠕变两个方面入手解决问题。

之所以要在首个阶段里程碑之前以及早期阶段设立负责委员会，也是因为之前的惨痛经历。30年前的主流军事系统开发周期约为5年时间。现在，从项目启动到系统部署要花掉两三倍的时间，尽管技术进步和威胁来袭的速度都加快了。[5]

过去的项目之所以取得令人瞩目的成功，通常来说都有一个或数个明确的首要目标以及进度紧迫性。这些项目一开始时只有若干个最为重要的需求。随着开发的推进，这些需求被精化成更具体的子需求和主要性能参数，这都要仰仗鞠躬尽瘁、能力过人的经理们在系统功能与进度及成本之间持续做出平衡。

对于需求蠕变而言，无论是来自用户还是来自内部组员的压力，进度的紧迫性在过去往往是最好的挡箭牌。（同样，在系统构建过程中，这也是我本人最好的挡箭牌。）不过该委员会观察到，国防部的采购已经不再像过去那样事事催逼，取而代之的是不断增加的"监管"机制层级以避免错误。这种趋势在技术型公司里已是屡见不鲜了。

该委员会建议，在为新系统进行的重点技术开发开始之前，组织良好的系统工程工作就应该开始着手进行了。不过，他们并不建议初始需求规格在首个阶段里程碑之前就完成，而是在系统开发的过程中，在首个和第二个阶段里程碑之间，完成详细需求之初始表达的定义。

在首个阶段里程碑中明确的主要性能参数，以及在第二个阶段里程碑整理的需求中定义的且经受住了头几个阶段运营考验的部分，对于实现研发阶段的高效率是至关重要的参考依据。

将需求蠕变作为头等大事来抓，是对付它的最有效办法。该委员会给出的第一优先的建议是：及早任命手腕强硬、经验丰富、领域知识到位的经理，并要求他们在整个初始系统交付期间全程参与。尔后，授权他们"**以其认为必要的方式度身定制标准流程和步骤**"。[7]

他们还敦促应用需求追踪矩阵以确保每一个被细化、定义和列出的需求都的确是从一个或多个初始的总体需求中派生出来的——确保它不是从某个用户代表的要求或者设计师的愿望出发而悄悄混入的，其目的则是保证结果炉火纯青、推陈出新并深孚众望。[8]

4.4 罪念

假定：

- 有这么一个客户，他从来不索求无度，并且非常乐意为他的架构师和建筑工人的专业技能和辛勤劳动支付合理的价钱（也许是出于自身利益考虑，因为将来可能还得着他们）。
- 他聘请了一位视己为客户代理人的架构师，渴望用自己的才华和专业技能帮助客户发现其真正旨趣之所在，竭诚服务客户。
- 他的承包方充分理解要求，并不折不扣地按照其要求做事，并在预算和工期范围内依照最佳性价比生产高质量的产品。
- 所有的项目成员都是诚实、本分的，并且他们之间的沟通非常到位。

那么：我就认为，

- 成本加成式的付款协定将给客户付出的每一美元带来最大的价值。
- 设计-构建法将是构建一个项目最快速的途径。
- 显式的螺旋模型过程（第5章将详细描述）将能够产出最符合客户需求的产品。

如果最后一点成立，那么我们又如何解释瀑布模型的生命力为什么这样持久不衰，尤其是在螺旋模型和合作进化模型已经赢得了更大的用户忠诚度达四分之一世纪之久的前提下仍然如此？

答案是罪念——骄傲、贪婪以及惰性。我们都明白，上面这些假定其实是理想化的。读者也许在阅读它们的时候会嗤之以鼻："所有这些条件同时成立的可能性简直为零！"因为人类是堕落了，所以我们无法信任彼此的动机。同样因为人类的堕落，我们也无法保证沟通的到位。

4.5 合同

正因为上述原因，所以只能选择把需求"落在纸面"上。我们需要书面协议使沟通过程表意清晰；我们需要具有强制执行力的合同来保护自己不受他人之不当行为或自身所受诱惑的影响。当项目执行人是由多人构成的组织，而并非只是个人的时候，一份详尽的、具有强制执行力的合同就尤为重要了。组织通常会比其任何成员都表现得更糟糕。

显然，无论是在某个组织内部还是多个组织之间，迫使目标、需求和约束在过早的阶段就确定下来是合同的要素。每个人都清楚一个事实，那就是所有（在合同里写的）的事项在晚些时候肯定会发生变化。（这将为不良行为打开方便之门："在合同上先让一步，等到有需求变更的时候再狠狠地抬价"）。所以，貌似是合同的这种要素最好地解释了何以瀑布模型会在设计和构建复杂系统时能如此持久地存在。

4.6 一种合同模型

那种要求完整的、所有方面都一致同意的一组需求的压力，说到底来自人的欲望（通常是来自机构的要求），例如想达成一份固定价格合同，或者想保证某种特定的提交内容。由于这种要求和铁的事实可谓背道而驰——一如我们在第3章所讨论的那样——想要给任何复杂系统通过指定的方式完成一组完备的、精确的需求，这在实质上是不可能的，除非是通过设计过程中的迭代式交互才有可能完成。

那么，那种百年老建筑的设计准则又是如何处理这个困惑的呢？从根本上讲，这是通过一种截然不同的合同模型实现的。考虑常见的建筑设计过程：

- 客户为建筑开发一个方案，而非撰写一个规格说明书。
- 他和建筑师签承包合同，通常按小时或完成百分比计费，用来购买他的服务，而非指定的产品。
- 建筑师从他的客户、用户以及其他的利益相关者处探访而得出一个更完备的方案，而这个方案仍然不会落实成一个严格执行的、能在合同上写成白纸黑字的产品规格说明书。
- 建筑师完成一个概念设计，用以估算方案的平衡点以及在预算、工期和建筑规范等诸方面的约束。这可以作为首个原型，可以让各个利益相关者能够对它在概念层面上进行验证评估。

- 经过几次迭代以后，建筑师就会着手进行设计研发，通常这一步会产生更加详细的图纸、3D的缩小比例模型、实物模型，诸如此类。再经过利益相关者方面的若干次迭代，建筑师将做出施工图纸和规格说明书。
- 客户采用这些图纸和规格说明书，为最终产品签订固定价格合同。

注意，这种长期演化模型是如何将关于设计的合同和关于施工的合同分离开来的。就算两个合同是在同一组织内实施的，把设计和施工分离开来，也有助于将责任归属梳理明白。

当然，这个模型也并非是完全按部就班的。正如任何一个参与过建筑工程（即便是普通的工程）的人都知道的那样，实际的施工问题以及无论是由于针对需要或设计的评估引发的后期客户变更都会导致设计变更，而频繁的施工变更又反过来要求人们不断地变更合同内容。

以上概述的经典建筑过程有其自身的不足之处，尤其是它会带来延期。下列条件中的建设工程：

- "客户–建筑师–承包商"之间存在紧密的信任关系；
- 设计中的问题都是众所周知的；
- 工期很紧并且压力较大，所以风险较高也是可以理解的。

其正常流程往往被整合为并行执行的、流水线式的设计–构建过程。建筑师会重新组织他们的工作，所以设计图纸中承包商需要的相关部分会首先做出来，包括需要大的提前量的钢材、现场作业、地基。

那些需要满足逐项列出条件的系统工程，也类似地需要能够在"设计–构建"过程的基础之上进行。这里的主要挑战在于让计算机和软件制造商们识别出构造的顺序以及哪些组件需要大的提前量。

这个过程包括大量艰苦的思维工作。我力邀设计界积极参与到这场对话中来。[9, 10]

4.7 注释和参考文献

1. 维基百科（2002-2009）的词条"RAH-66 卡曼契"描述了该项目的历史。它对于该直升飞机的参数描述印证了我对规定需求的记忆：

卡曼契直升飞机配有极其精密的探测及导航系统，目的是要使它能够在夜间和恶劣天气下运行。它的机身被设计为能够比阿帕奇直升飞机更适合装入运输机或登陆运输舰，这就使得它能够更快速地部署到重要据点。如果运输设备不可用，卡曼契直升飞机具备高达 1 260 海里（合 2 330 千米或 1 553 英里）的转场航程，甚至能够使得它独自飞赴海外战区成为可能。

在这个事件中，LHX从轻型武装直升飞机演化成了侦察直升飞机，卡曼契军用直升飞机的样子如卷首插图所示。在仅仅制造了两架飞机以后，整个项目被取消，因为无人驾驶飞机已经接手了侦察功能。

2. Squires(1986)，《The Tender Ship》，政府对于创新技术的收购研究。"一个贯穿全书的主题是：成功的关键在于让设计师成为产品设计完整性的忠实支持者。"（玛丽·肖，来自评论家的评论）。Squires敦促设计师们对于产品完整性要有高度的热情：

一个应用科学家或工程师对于设计目标显示出终极的忠诚，从它概念产生的一瞬到最终建成投产，矢志不渝。

3. 一名匿名评论家正确地指出，对于一位利益相关者而言可能不过是无关紧要的需求，但对于另一位来说就可能是至关重要的。一方面无论如何，我看到的结果是，每种特定的产品特性都有其拥趸者。另一方面，虽然任何人都想要高效率、小规模、高可靠性、高易用性，但这些需求在需求确定过程中却无人拥护，这主要是因为这些特定的产品特性可能带来的影响无法在早期确定。

4. 第9章讨论了设计师的用户心理模型。

5. 空军研究委员会(2008)，《Pre-Milestone A and Early-Phase Systems Engineering》。

6. 空军研究委员会(2008)，《Pre-Milestone A and Early-Phase Systems Engineering》，4。不过需要参见第50页，否则以下这段话可能会被误解：

一个人必须在首个里程碑之际明确地制订一组完备的、稳定的系统级需求和产品。需求蠕变的确是个必须处理的问题，保持一定程度上的需求灵活性也是有必要的，因为有过可行性和实用性方面的教训……当然，控制是必要的，但不是绝对的管死。

从我们的个人通信中获知，无论是该委员会的主席保罗·卡明斯基博士，还是美国国家科学研究委员会主任委员James Garcia先生，都和我澄清，该委员会的本意是第4页的那段话所表述的内容。Garcia先生如是说：

委员会的本意是说，在首个阶段里程碑中确定明确的关键业绩参数（key performance parameters，KPP），在第二个阶段里程碑中确定明确而完备的需求，如概述和第4章中所述。本委员会认为，欲得到一个明确的、完整的系统级需求，在首个和第二个阶段里程碑之间与潜在承包商之间进行交互是不可或缺的。

7. John McManus，英国计算机学会院士，是项目管理和软件开发方法学的大师级实践者。Trevor Wood-Harper博士是斯坦福大学系统工程学教授。"能够展示出对于新方案的宗旨和期望的章程，以及项目经理对于未来工作任务安排的设想，对于IT项目来说乃是至关重要的出发点。"（McManus(2003)，《Information Systems Project》）。

8. Boehm(1984)，"原型与规定"描述了一个课堂实验。在实验中，一个团队从精心制作的设计规格说明书出发，而另一个团队则本质上直接从需求出发，以便进行一个建筑活动。第一个小组饱受特性膨胀之苦，因为设计师不断向设计方案中塞入各种东西以"完善"它，或寻求设计逻辑的前后一致。因此，并非只是列出需求的人导致了需求膨胀——设计师自己也在做这种勾当。我自己也不例外，在IBM Stretch计算机项目中，我也这样做过。

9. Jupp(2007)讨论了在英国市政工程中的公私合伙关系里，这种与众不同的合同方案的应用。

10. Muir Wood(2007)，"风险管理战略"是一份会议纪要，它就管道工程的客户和承包商之间如何处理合同中不可预知的风险给出了建议方案。

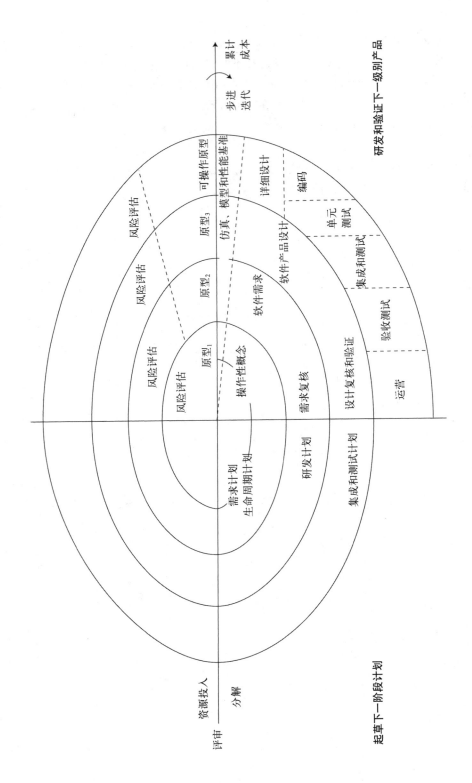

Boehm的螺旋模型

第 5 章

有哪些更好的设计过程模型

一种广泛认同的观念是：创新性设计并不是先把问题定死，再去寻找一个令人满意的概念解决方案；它似乎更像是针对问题的构造本身以及解决方案的思路这两者同时进行研发和完善，这包括不断地在两个"空间"（问题空间和解空间）之间进行循环往复的分析、综合和评估过程的迭代。

——Nigel Cross和Kees Dorst (1999)，"创造性设计中问题和解空间的共同演化"

5.1　为什么要有一个占主导地位的模型

无论是设计师领域的实践者还是教育家，现在都十分迫切地需要知道以下问题的答案：

- 如果理性模型真的是错误的；
- 如果选用错误的模型真的很致命；
- 这个错误的模型积重难返有其深层次的原因。

那么，有哪些更好的模型能够做到：

- 强调设计需求的递进式探索和演化；
- 能够令人印象深刻地可视化，从而使得模型可以被团队和利益相关者容易接受和理解；
- 仍然可以在堕落的人类之间促进合同的达成？

既然是模型，顾名思义，它就是现实的简化抽象。因此，在设计的整个生命周期进程中会有很多种有用的模型，每一种模型都强调了一些方面，而略去了另外一些方面。Mike Pique制作了一个视频，戏剧化地强调了一点。他演示了用以表示蛋白质中牛血超氧化物歧化酶的约40种不同的计算机图形化模型：棒状模型、彩带模型、固体模型、反应模型，等等。[1]

这么一来，人们可以令人信服地辩称，寻求一个占主导地位的设计过程模型是傻瓜之举。

为何不能百家争鸣、百花齐放？每种模型不是都会有所贡献吗？

我坚决反对这种说法。在软件工程领域中，瀑布模型的普遍存在使我明白了一个道理——是沟通的需求和学术指导的本性都意味着一个占主导地位的设计过程模型迟早会出现（暂且不谈对瀑布模型的诸多批评及其过分简化造成的损害）。总之，现在迫切需要的是采用一个具有更少误导性的模型作为替代品，而非只是为当前实践的现状再画蛇添足地弄出一个什么新模型。事实上，在更广义的设计领域，在我看来，Simon的问题解决模型事实上会导致大量企图理解或改进设计的人在死胡同里浪费大量的精力。

5.2　共同演化模型

Maher、Poon和Boulanger提出了一个正规的模型，我认为很有意义，这就是共同演化模型。[2,3] Cross和Dorst将该模型描述如下：

看来，创新设计并不是先把问题固定下来，然后再寻找一个满意的解决方案。创新设计看起来更多的是将构造问题本身，以及寻找解法的思路这两者的研发和完善过程齐头并进，辅以分析、综合和评估过程在两个想象中的设计"空间"——问题空间和解空间——之间地不断迭代。Maher等（1996）提出的创新设计模型是基于设计过程中的问题空间和解空间的"共同演化"：问题空间和解空间是共同演化的，在此过程中信息在这两个空间之间流动（见图5-1）。[4]

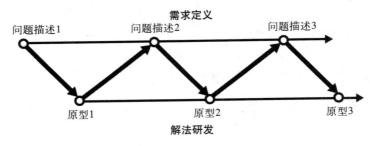

图5-1　Maher、Poon和Boulanger有关设计的共同演化模型（Maher（1996））

在这里使用演化一词并不是十分精确。只要是对于问题的理解，以及解法的研发在逐渐生成并正在进行评估，那么我们就说这个模型是演化模型。

技术哲学家们最近在深入研究这个问题：人类的创新活动能在多大程度上使用生物学进化论来建模。Ziman（2000），一个由多个学科的多个作者写就的著作，总结2000年以来，哲学家和其他专家在该主题上的思想状况。[5] 它阐述了两方面的言论：一方面，生物学进化论是一个好的模型，由于它包括了随机迭代和自然选择；另一方面它又不是个好的理论，因为创新活动实际上是被有目的的设计所引导的（作者们假定进化过程并非如此）。

共同演化模型当然强调了对于需求的递进式探索和构造。它的视觉表现令人难忘。它并不包罗万象：它没有伪装成将"设计－构建－测试－部署－维护－扩展"这些过程的所有方面都包含在内的样子。此外，该模型的几何图像也没有示意一个收敛的过程。截至目前，该模型尚未进行大量的后续研发工作，而且在它原始的构造形态中，并没有表示阶段里程碑和合同的节点。虽然该模型有它的闪光点，也比理性模型要好，但我并不认为它已经充分完整。

旋转木马模型。然而，重要的是不要走火入魔。有一些提出来的模型，尽管丰富多彩，但却失之简洁，以致阻碍了理解，这样在记忆以及讨论中使用的机会就小得多了。例如，Hickling的旋转木马模型，它采用了嵌套结构。[6]

5.3　Raymond的集市模型

Raymond 在他的天才著作《The Cathedral and the Bazaar》（2001）中提出了一个观点：像建造大教堂那样的设计过程背后的整个观念都已经过时了，取而代之的是开源的。亦即"集市般的"过程，它妥帖而又卓有成效地引领了Linux的开发工作，Linux是一个功能强大而又安全可靠的操作系统。他的论点非常鲜明，表述也淋漓尽致。他提出，开源过程可能是开发各类应用程序的最有效途径，开发操作系统也一样。他以一个自己的作品Fetchmail为例来解释他的观点。[7]

运作机理

Raymond 在他的集市过程中如是说：在用户与生产者社区中，某个成员发现了一个需要，然后开发出一个模块来满足它，并将该模块作为礼物提供给他的同伴使用。在Linux社区中，这个将模块整合的过程，极大地受益于Linux的模块化结构，特别是它的管道和过滤器机制。同样的过程也适用于缺陷修复。某个成员在他所使用的模块中检测出一个缺陷，然后将缺陷修复以使自己能完成手头的工作，尔后他就把这个修复成果作为礼物提供给社区。

显然，人们编写新的模块以及修复缺陷是为了使他们可以做到想做的事。但他们又为什么将自己的工作成果分发出来呢？尤其是这么做将带来必要的测试、文档撰写以及发布等活动，这将致使人们去做大量的额外工作。[8]我觉得Raymond的答案有几分道理，那就是，这样做带来的激励和回报就是在社区中的威望。[9]

通常，多个模块以及对于同一个缺陷的多个修复会同时提供给社区。Raymond提出，这时市场机制（即使对于免费商品而言）会发挥作用。更好的工具、修复结果，会赢得更广泛的受众，而它的作者也会相应地赢得更高的威望。

这样，集市就逐渐地被很多电子化提供他们的数字产品的"供应商"填充。许多买家，以投票的方式，通过增加在全球化社区中以电子化形式表现的威望来对供应商给予回报。

模型优势

这种"礼物-威望"文化真是个奇迹啊！这与愚蠢而无同情心的"为金钱而工作"以及"把我的知识产权发生的权益拿来"等心态真是有着天壤之别！这对于其他的社会活动而言也是多么有意义的新模型啊！

此外，Raymond令人信服地提出，通过集市化过程生产出来的系统产品，一般在技术上优于那些由大教堂式过程中生产的同样产品。首先，从进化的视角来看，市场会选择拥有最佳设计的模块。其次，将一个新的模块同时放到数百个测试者那里，会更快地发现其中的缺陷，从而催生更加可靠的产品。最后，缺陷被修复得更好，因为市场化的选择机制同样作用于缺陷修复过程。

综上所述，集市过程是作为这样一个全新模型出现：它同时作用于产品构建和协同的过程，团队成员通过电子化手段彼此联络，天各一方、互不熟识。

我力邀我的读者们都去读一读Raymond的作品，不仅是读他的那些脍炙人口的部分，而是把他书中的其他章节都读一读。那里有许多真理、洞见和智慧。

什么时候可以采用集市模型

无论如何，我想对开源过程发表6个彼此独立的短小评论，这是一场旷日持久的讨论后产生的结论，而我并没有使用它的亲身经历。

- 集市模型的确是一种演化模型。较大的系统是通过增加组件的方式扩张的，每个组件满足一种由具有用户和设计师双重身份的人所发现的需要（如果你愿意也可以叫它需求）。
- 这种"礼物-威望"经济学只能在有着其他收入以养活自己的人中间才行得通；换言之，给到社区使用的作为礼物的软件，其实是其他工作所带来的副产品，其他产品的收入用来支付"建造者-捐献者"的费用。
- 由于许多这样生产出来的产品实际上是副产品，工具的数量就远比应用程序要多。产品也并不总是精雕细琢的，或经过充分调试的——它只要能够足以达成构建者所想要的目标即可。"市场"选择机制才是事实上的质量控制。
- 尽管有关开源过程的"开放"和"自由"的文字早已是铺天盖地，但是整幢Linux大厦的建成却很难看做是只砖片瓦的随机堆砌——Linus Torvalds始终作为一个保持其概念完整性的关键首脑力量存在。此外，对于Linux来说，功能规格说明早已存在：这就是UNIX。同样重要的是，总体系统设计也是现成的。
- 所有设计过程都共有的关键要素在于对用户的需要、希望和验收标准的发掘。用于Linux社区的集市模型所取得的突出成功，在我看来是"构建者同时也是用户"这个事实所导致的直接结果。他们的需求来自于他们自己和他们所从事的工作。他们所要求的必要条件、验收标准和鉴赏品味则本能地来自他们自身的经验。整个需求的决定是暗中完成的，因而也充满了只可意会的技巧。我强烈怀疑，如果构建者自己并不是用户，并且对于用户的需要只有间接经验，那么开源模型还能不能行得通。

- 因此，大教堂式过程还是有市场的：仔细地做好架构，严格地控制过程，并且精心地做好测试。你难道会在构建新的国家航运控制系统时采用开源过程吗？[10]

5.4　Boehm的螺旋模型

Barry Boehm于1998年为软件系统的构建提出了螺旋模型。[11] 本章的卷首插图给出了模型提出时的原始形态。螺旋的形状当然表示的是过程。它将同一活动的连续反复彼此关联起来。这种几何形状很容易理解，而且令人印象深刻。该模型强调的是原型方法，它主张远在一个可以跑起来的原型成为可能之前，就从用户界面原型和用户测试起步。

该模型已经被广泛接受，它甚至被美国国防部的采购部门认可，并用于替代瀑布模型。[12] 它也经过了一些研发工作。

Denning和Dargan（1996）对螺旋模型有如下批评："（这的确是一个进步，）但是它仍然是以设计师和产品为中心，而非以用户和行为为中心。"[13] 他们接着提出了一个相当非正式的以行为为中心的设计过程，其中恰当地给予了用户及用户模型以更多的关注。我强烈推荐他们这篇考虑周到的论文。

尽管如此，由于开发模型主要是供开发工程师使用的，我相信把它做成以设计师为中心的模型也完全是合情合理的。此外，他们实现过程的这种尝试也没能照顾到要有一个令人印象深刻的几何模型的需要，也无法作为合同达成的基础。对于Boehm，以及其反对派Denning和Dargan所提出的模型，我主张与具有代表性的用户保持经常性的而非连续不断的互动，沟通的手段则是相继改进的原型。

在螺旋模型的原始提案中，对于需求的渐进式探索有其位置但并未被强调，提案也未能强调合同达成的节点。

我坚信，未来之路就是采纳和继续研发螺旋模型。我会建议通过以下的手段来加强模型中的螺旋：明确标注合同达成节点；增加有关什么可以写入合同的清晰规格说明；有哪些是必然事件；有哪些是明显的风险所在。风险管理是Boehm之后大部分工作的重点。[14]

5.5　设计过程模型：第2～5章的讨论小结

- 一个正式的设计过程模型是必需的，目的是帮助组织设计工作、辅助项目内部以及与项目相关的沟通工作，亦有益于教学。
- 给予设计过程模式以可视化的几何表示至关重要，因为设计师们都擅长空间思维。他们最乐于学习、思考、分享和讨论有着明确几何图像的模型。
- 对工程师来说，设计的理性模型是自然而然的。的确，有人多次独立地、正式地阐述过，例如Simon、Pahl和Beitz以及Royce都有相关论述。

- 线性的按部就班的理性模型具有很大的误导性，它不能反映出设计师的真实工作，或者一流的设计思想家所认定的设计过程的本质。
- 坏的模型流毒甚广。它会导致需求过早固定，从而导致过度膨胀的产品，以及灾难性的日程表、预算和性能。
- 理性模型在实践中一直存在，尽管它有种种不足，而且对它早有大量批判。这是因为它具有诱人的逻辑简单性，也是因为构建者和客户之间需要"合同"。
- 已经出现多个其他过程模型，我发现Boehm的螺旋模型最有前途。我们必须持续对它进行研发。

5.6 注释和参考文献

1. Pique (1982)，《What Does a Protein Look Like?》。
2. Maher (1996)，"将设计探索正规化为共同演化过程"。
3. Maher (2003)，"作为设计的计算和认知模型的共同演化过程"。
4. Cross和Dorst (1999)，"创新设计中问题空间和解空间的共同演化"；Dorst和Cross (2001)，"设计过程中的创新思维"。
5. Ziman (2000)，《Technological Innovation as an Evolutionary Process》。
6. Hickling (1982)，"超越线性迭代过程？"
7. Raymond (2001)，《The Cathedral and the Bazaar》，我怀疑他想到"大教堂"一词是受《人月神话》第4章的卷首插图的启发。
8. Brooks (1975)，《人月神话》，第2章。
9. Raymond (2001)，"金圣火盆"。
10. Richard P. Case睿智地评论道：

    也许我们应该把开源设计中"所有人都可以更改它"和"所有人都可以看到它"区分开来。如果任何人都可以做改动，那么就没有人可以在某样东西（可能是至关重要的东西）出错时做出可信的分析，或给出有关它会被修复而不再会重现的任何保证。保密是另一回事。如果只有少数几个人了解实际的设计，那么缺陷就不会被及早发现，争鸣的概念也就不会被研发和评估（个人通信（2009））。

11. Boehm (1988)，"软件开发和改进的螺旋模型"。
12. 美国国防部自此明智地采纳了工业软件开发标准IEEE/EIA 12207.0、IEEE/EIA 12207.1和IEEE/EIA 12207.2。这些为螺旋模型提供了许可。
13. Denning和Dargan (1996)，"以行为为中心的设计"，110。
14. Selby (2007)，《Software Engineering: Barry W. Boehm's Lifetime Contributions to Software Development, Management, and Research》，在第5章中收集了Boehm有关风险管理的最重要的数篇论文。

第二部分

协作与远程协作

Menn设计的Sunniberg大桥，1998

第 6 章

协 作 设 计

开会是为了躲避"枯燥无味的劳作和孤独的思考"。

——Bernard Baruch, 撰于Risen (1970), "一种有关会议的理论"

6.1 协作在本质上是好的吗

自1900年以来,设计方面发生了两大变化:

- 绝大多数设计现在由团队完成,而不是由个人完成。
- 设计团队现在常常使用电子通信手段协作,而不是聚在一起。

这些转变导致的后果是设计社群热衷于讨论下面的热点话题:

- 远程协作(telecollaboration)
- 设计师构成的"虚拟团队"
- "虚拟设计工作室"

所有这些都是由电话、网络、计算机、图形显示和视频会议来提供支持的。

要理解远程协作,我们必须先理解协作在现代专业设计中的作用。

一般我们假定协作本身是一件"好事"。从幼儿园开始,"与别人玩得很好"就是一种高度赞扬。"我们在整体上比任何一个人都更聪明。""参与设计的人越多,设计越好。"现在,这些有吸引力的陈述已经不再是不言而喻的了。我要说,这些说法肯定不是放之四海而皆准的。

人类绝大多数的工作都是一个人完成的,或者是两个人紧密合作的结果。对于19世纪和20世纪早期的大多数工程奇迹来说,都是这样的。但是时至今日,团队设计才是现代标准,这样做有着充分的理由。危险就是产品丧失了概念完整性,这是一项非常严重的损失。所以现在的挑战是,在进行团队设计的同时实现概念完整性,而且实现协作的真正好处。

6.2 团队设计是现代标准

团队设计是现代产品的标准，对于大批量生产和一次性生产来说都是如此。这确实是自19世纪以来的巨大变革。我们知道那些18世纪和19世纪的杰出工程设计师的大名：卡特莱特（纺织机）、瓦特、斯蒂芬森（蒸汽机车）、布鲁内尔（桥梁、隧道、铁路、船舶）、爱迪生、福特、怀特兄弟。另一方面，请看"鹦鹉螺号"核潜艇（见图6-1）。我们知道里科弗（Rickover）是捍卫者，他使这艘核潜艇的建造成为可能，但我们谁能说出主设计师的名字？它是一个技术团队的产物。

图6-1 "鹦鹉螺号"核潜艇

图片来源：维基共享资源词条，美国海军北极潜艇实验室

请考虑以下伟大的设计师，并想想他们的作品：

- 荷马、但丁、莎士比亚
- 巴赫、莫扎特、吉伯特（Gilbert）和苏利文（Sullivan）
- 布鲁内莱斯基（Brunelleschi）、米开朗基罗
- 莱昂纳多、伦勃朗、委拉斯开兹（Velázquez）
- 菲狄亚斯（Phidias）、罗丹

大多数伟大的工作都是一个人完成的。偶尔有一些例外是由2个人完成的。"2"实际上是协作的神奇数字；婚姻是一种了不起的发明，有说不完的故事。

为什么工程设计从个人转向团队

技术复杂性。转向团队设计最明显的原因是工程每一个方面不断增加的复杂性。请比较

第一座铁桥（见图6-2）和它壮观的后代（本章首页插画）。

图6-2 Pritchard和Darby的铁桥，1779（英国施罗普郡）

第一座铁桥必须造得非常保守，也就是说，又重又浪费，虽然也很优雅。铁的特性以及静态、动态压力的分布都没有得到很好的了解（虽然也了解得相当不错）。

Menn造的桥则完全不同，它以一种令人难以置信却又极为自信的方式屹立在那里，这是多年分析与建模的结果。

现代的实践中已经没有什么不成熟的技术残留了，我对这一点感触很深。我很荣幸参观了位于英国默西塞德郡阳光港（Port Sunlight）的联合利华研究实验室。我很吃惊地发现一名应用数学博士正在一台超级计算机上进行计算流体力学（Computatinal fluid dynamics，CFD）工作，以便让洗发香波能正确地混合！他解释道，洗发香波是一种三层的乳剂，包含水性成分和油性成分，混合而不分离是很关键的步骤。

约翰·迪尔摘棉机的设计师利用CFD来安排气流，运送棉铃。现代农民不仅在拖拉机上工作数小时，也会在计算机前工作数小时，用于完成肥料、保护性化学物质、种子品种、土壤分析和作物轮种历史的合理搭配。[1]莎莉集团（Sara Lee）的大厨不断调整蛋糕的配方，以符合采购的面粉的化学特性；造纸厂的老板同样也在根据不同的造纸木浆的特点进行调整。

要掌握任何工程领域的爆炸性增长的复杂性，不得不依赖专业化。当我在1953年读研究生时，一个人就能追踪所有计算机科学的最新进展。当时只有两个年会和两份季刊。数学语言、数据库、操作系统、科学计算、软件工程，甚至还包括计算机架构（我的"初恋"），这些子领域的发展是爆炸式的。因此，我全部的智力生涯就是不断地放弃对这些令人激动的子领域的兴趣，因为我已不能追踪其进展。这类分裂发生在所有创造性的学科中，所以当今设计的最尖端作品需要一些专家的帮助，他们掌握着不同的技艺。

这种对许多技术的详细窍门的爆炸式需求在一定程度上有所缓解，因为提供这种详细窍门的方式也令人吃惊地爆炸式增长：通过文档、有技能的人、分析软件，以及搜索引擎找到文档资料和可信的候选合作者。

快速推向市场。转向团队设计的第二个主要原因是人们需要快速完成新设计、新产品，并推向市场。经验法则表明，一类新产品中第一个推向市场的，可以合理地预期它会长期占据40%的市场份额，而其他份额由众多较小的竞争者来瓜分。而且，先行者可以在竞争的形成中收获丰厚的利润。在最大的胜利中，先行者保持着统治地位。这些事实给设计进度带来很大压力。团队设计因此成为必需，因为这样就能够在竞争环境中加快交付新产品的进度。[2]

为什么这种竞争时间压力比以前更大？因为通信和市场的全球化意味着，任何地方的好想法现在都会传播得更快。

6.3 协作的成本

"许多人手会让工作变得轻松。"——通常如此

但许多人手会让工作变得更多——总是如此

我们都知道第一句格言。这对于可以分割的任务来说确实是对的。每个人身上的工作负担变轻了，因此完成的时间就变短了。但没有哪种设计任务可以完美地分割，极少数的设计任务能较好地分割。[3] 所以协作会带来额外的成本。

分割成本。分割设计任务本身就是一项多出来的任务。简明扼要并且准确地定义子任务之间的接口就意味着大量工作，还要冒很大的风险。随着设计进行，这些接口不断需要解释，不论它记述得多么准确。理解上会产生分歧。定义上会存在不一致的地方，解读时会发生冲突。这些问题必须调解。

为了简化制造，所有组件中的通用元件必须标准化，必须建立某种通用的设计风格。

然后，这些分离的部分必须集成在一起——这是对接口一致性的最终测试。这不是在船坞上的那种实际的集成："计划时切开来，安装时猛敲"[4]。

学习与教授成本。如果 n 个人协作进行一项设计，每个人都必须了解目标、愿望、约束条件、效用函数等方面的最新进展。这个小组必须对这些问题持有共同的看法，即要设计的是什么。根据粗略估计，如果一个人的设计工作包含两个部分（学习 l 和设计 d），那么当这项工作由 n 人分担时，总体工作量不再是

$$工作量 = l + d$$

而至少是

$$工作量 = n\,l + d$$

而且，具有远见和知识的人必须教授其他人，因此在教授时不能进行设计。希望专业化带来效率的人必须承担这些成本。

设计中的沟通成本。在设计过程中，协作的设计师们必须确保他们的部件能够组装在一起。这要求他们之间有结构化的沟通。

变更控制。必须准备好一种变更控制机制，这样每个设计师所做的变更只有两种情况：1）只影响他自己的部分；2）已经与影响到的其他部分的设计者进行了协商。因为设计的许多成本实际上是修改和返工，所以变更控制的成本很显著。没有正式变更控制的代价会更大。[5]

6.4 挑战在于保持概念完整性

我们所认为的设计中的优雅实际上在很大程度上是指完整性，即概念的一致性。请看Wren的杰作——圣保罗大教堂（见图6-3）。

图6-3 Wren设计的圣保罗大教堂

　　如果工具中存在这样的设计一致性，那么它不只是让人喜爱，也会易于学习和使用。工具做了人们想要它做的事。我在《人月神话》中主张，概念完整性是系统设计中最重要的考虑[6]。有时候这一优点称为内聚（coherence），有时候称为一致性（consistency），有时候又称为风格统一（uniformity of style）。Blaauw和我曾在别的文献中花了相当篇幅来讨论概念完整性，认为这是组件原则的正交性（orthogonality）、妥当性（propriety）和通用性（generality）。[7] 单个设计师或艺术家通常是下意识地创造出具有这种完整性的作品，他们通常会在遇到问题时，以同样的方式做出一些小决定（除非有很特别的理由）。如果他不能创造出这种完整性，我们就认为作品有瑕疵，不是最好的。

　　今天，许多了不起的工程设计仍然主要是一个人或两个人的作品。请看Menn设计的桥梁[8]。和Seymour Cray设计的计算机。他的设计天才源自于他个人对整个设计的全面把握，从架构到线路、插件和散热装置，也源自于他能够在所有的设计领域里进行折中考虑。[9] 他花时间进行他能掌控的设计，虽然他使用并指导着一个团队。来自公司和外部的那些压力会让他的注意力从设计偏离到其他事务上，对此，Cray产生了强大的反作用力。他反复将他的设计团队请出他早期成功创建的实验室，他认为孤独比交互更有价值。他很自豪，CDC 6600的开发团队有35个人，"包括看门人"。[10]

　　人们看到这种模式（物理隔离、小团队、注意力高度集中和一个人领导）反复出现在真正有创意的产品设计中，而不是模仿的产品中：例如，Joe Mitchell领导的Spitfire团队，在英国汉普郡雄伟的Hursley House里。洛克希德的Skunk工作室（Skunk Works）在Kelly Johnson的领导下工作，从那里诞生了U-2侦察机和F-117隐形战斗机。IBM在佛罗里达Boca Raton已关闭的实验室曾是IBM利用PC赶超Apple的大本营。

异议

　　并不是每个人都同意我主张的这个观点。一些人主张参与式设计的社会公正性，即用户有权力在他们使用的产品的设计中扮演重要角色。[11] 虽然这种参与在建筑设计中是可行的（也是精明而公平的），但是，不可能让所有用户都去参与大规模生产的产品的设计，只能局限于让预期用户中的少数代表参与设计过程。这种意见必须考虑到取样的代表性，以及设计师的愿景。

　　其他人辩称我的论据是不对的，团队设计实际上一直都是平常的事情。[12] 请读者自行判断。

6.5　如何在团队设计中获得概念完整性

　　任何产品，如果因为它很大，技术上很复杂，或要求时间很紧急，所以需要许多人共同设计，它仍然必须在概念上一致，符合用户单维度的思维习惯。[13] 这种一致性通常是个人设计的自然结果，而协作设计实现这种一致性就是管理的功劳，需要投入大量的关注。那么，如何组织设计工作以实现概念完整性呢？

现代设计是各学科间的协商吗

许多作者（大多数是学院派）从今天的高度专业化中得出结论，设计的本质已经发生了变化：今天的设计必须以"多学科协商"的方式（在团队中）完成。虽然没有明说，但是暗示已经很明显：团队成员人人平等，必须做到人人满意。不能这样！如果想达成概念完整性的最终目标，让成员"平等"协商只会导致产品膨胀！因为，表面上看，设计结果是以委员会的名义给出的，因而就没有人敢对别人的建议说"不"了。[14]

系统架构

在团队设计中，确保概念完整性最重要的方式就是授权给一名系统架构师。此人必须在相关的技术领域具有能力。他必须对要设计的这类系统拥有经验。最重要的是，他必须对系统的特点和目的具有清晰的愿景，必须真正关心系统的概念完整性。

在整个设计过程中，这位架构师是用户和所有其他利益相关人的代理、审批者和辩护人。真正的用户常常不是购买者。这在军队采购中是很明显的事实，其中采购者（甚至是规格制定者）离用户很远。实际上，同样的系统可能有多个用户，在战略、营部和单兵等不同级别上使用它。采购者出现在设计桌上，坐在市场人员边上。同时，工程师和制造商也在场。只有架构师或建筑师代表用户。而且，复杂的系统和简单的住宅一样，它的架构师或建筑师必须具有专业的技术优势，实现用户总体的长期的利益。这个角色具有挑战性。[15] 我曾在《人月神话》的第4～7章详细讨论过这个问题。

一名用户界面设计师

较大的系统不只需要一名主架构师，实际上需要一个架构师团队。所以架构完整性的挑战又出现了。甚至架构工作也必须划分、控制并重新集成。这里，概念完整性再次需要特别注意。

对用户来说，用户界面是至关重要的系统部件，必须由一个人紧紧地控制。在某些团队中，主架构师可以完成这部分细节工作。请看MacDraw和MacPaint，早期的Mac工具实际上是由他们的设计师开发的。在大的架构团队中，主架构师的职责太大，不能亲自完成界面设计。无论如何，必须有一个人来做这件事。如果一名架构师不能掌握它，那么一名用户也不能掌握它。

这样一位界面设计师不仅需要大量的使用经验和聆听技巧，最重要的是，他需要有品位。有一次我问Kenneth Iverson（图灵奖获得者，APL编程语言的发明者），"为什么APL这么容易使用？"他的回答让人如读十年书："它做你想让它做的事。"APL强调一致性，在细节上展现了正交性、妥当性和通用性。它也特别注意"惜字如金"，即通过很少的概念提供很多的功能。

有一次，我参加了一个雄心勃勃的新计算机系列的架构评审，即将来系列（Future Series），IBM的开发者希望它成为S/360系列的接班人。架构团队非常杰出，有经验而且有创意。我很高兴地听他们解释伟大的愿景。好点子太多了！在一个小时里，一名架构师介绍了强大的寻址和索引机制。在另一个小时里，一名架构师继续介绍指令排序、循环和分支功能。另一名架构师介绍了丰富的操作指令集，包括对数据结构的强大的新操作。还有一名架构师介绍了内容丰富的I/O系统。

最后，我被压得透不过气来，问道："你们能否让我跟懂得所有部分的架构师谈谈，以便了解一个大概？""没有这样的人。没有人能完全理解它。"我那时就知道这个项目注定要失败——系统会被它自己的重量压垮。他们递给我800页的用户手册，我心里已经确信了系统的命运。哪个用户能掌握这样的编程接口呢？[16]

6.6 协作何时有帮助

在设计的某些方面，多名设计师实实在在地增加了价值。

确定利益相关人的需求和愿望

如果说决定设计什么是设计任务中最难的部分，那么在这个部分协作能提供帮助吗？答案是肯定的！在研究未满足的需求或取代已有的系统时，一个小团队比单个人要好得多。通常，几个人会思考许多不同类型的不同问题。许多问题意味着许多没想到的答案。协作的团队必须确保每个成员都有充分的机会来探索他自己好奇的问题。

建立目标。在任何设计过程中，设计师开始都会与一些利益相关人谈话。这些谈话的内容是这项设计的目标和约束条件。最难的任务是弄清楚隐含的目标和约束条件，即利益相关人自己甚至都没有意识到的那些目标和约束条件。实际上，这些谈话（说了什么、怎么说的、没说什么）形成了设计师对效用函数的最初估计。

这个阶段的关键部分是观察用户今天完成工作的方式、使用的工具和所处的环境。用视频记录下这些观察，并一遍又一遍地观看，常常会有所帮助。

在这个阶段，让协作的设计师参与是极为有用的。其他的人会：

• 问不同的问题；

• 发现不同的、没有说过的事情；

- 对事情的说法有独立的或相反的看法；
- 观察工作的不同方面；
- 促进对视频的讨论。

概念探索——激进的可选方案

在设计过程的早期，设计师就开始探索解决方案——越早越好（只要没有人死心塌地爱上某个解决方案就行），因为提出的这些方案的正确性通常会诱发当时还未说出的用户需求或约束条件。

头脑风暴。这是进行头脑风暴的时候。设计团队的每个成员分别勾画出几个个人方案。团队成员再一起向彼此的方案提出激进的甚至是狂野的想法。这个阶段的标准规则是"关注数量"、"不要批评"、"鼓励发散思维"、"组合并改进想法"和"勾画出所有想法让大家能看到"。[17] 更多的人意味着更多的想法。更多的人彼此刺激，可以产生更多的想法。

这些想法不一定更好。Dornbug(2007)报告了Sandia实验室的一项受控工业-规模的实验：

对于产生电子设备想法的数量而言，个人至少和团队表现得一样好，不论是否采用头脑风暴过程。但是，当我们从三个维度（原创性、可行性和有效性）上判断其品质时，个人大大（$P<0.05$）超过了团队一起工作的表现。

竞争是另一种协作。在概念探索阶段，人们可以通过举行设计竞赛来利用并激发多名设计师的创造力。如果已知的约束和目标得到了具体的说明，同时仔细地去除了不必要的约束条件，这种方式就最有效。

几个世纪以来，这一实践已经在建筑设计中成为惯例。1419年，布鲁内莱斯基（Brunelleschi）通过赢得佛罗伦萨圣母百花大教堂（Santa Maria del Fiore cathedral）穹顶的设计竞赛而一举成名（见图6-4）。他的激进观念的可行性是通过按比例的模型来印证的。这开启了新的景象，在今天的圣保罗大教堂（St. Paul's）和美国国会大厦中仍能看见该教堂的雄丽。

在建筑和一些大型的城市工程工作中，只有一位客户，却有多位设计师希望得到这份工作。所以竞争就很自然地发生了。

在计算机或软件开发者的一般产品开发环境中，情况却相当不同。按惯例，一个团队被指定开发某个特定的产品。在团队中，总会有一些竞争的思想，反映一些不同的设计决定，争论也是常有的事。但很少有管理目的地建立多个团队，让他们为一个目标而竞争。

图6-4 布鲁内莱斯基的圣母百花大教堂穹顶

佚名作，'从菩菩利花园俯瞰佛罗伦萨'，19世纪水彩画，佛罗伦萨历史博物馆收藏，纽约Italy/Scala/Art Resource美术馆提供照片

但是，在公司产品开发环境中，偶尔也会有正式的设计竞赛。在System/360架构的设计过程中，我们花了6个月的时间设计一个栈式架构。然后到了第一次成本预估时间，预估结果表明这种方式对中等以上的机器是适用的，但对于低端的7型系列来说，性价比不高。

所以我们进行了一次设计竞赛。架构团队自发组织成13个小团队（1~3人），每个小团队画一个设计草图，要满足一组固定的规则和最后期限。我作为裁判，认为13个设计中的2个是最好的。这两个设计的相似度令人吃惊，更令人吃惊的是这两个团队彼此非常疏远，没有进行过沟通。

这些设计的融合奠定了项目的基础。（他们的最大区别是采用6位字节还是8位字节，这引起了整个设计过程中最激烈、最深入、最长久的讨论。）

这次设计竞赛最初是由Gene Amdahl建议的，我认为它带来了巨大的鼓舞和成果。它让每个人在士气受挫的成本估计之后又努力地投入工作之中。它让每个人深入设计的所有方面之中，这极大地鼓舞了士气。在后来的设计开发中证实，这极有价值。它为许多设计决定提供了一致性。而且它得到了一个好设计。[18]

未计划的设计竞赛：产品斗争。设计团队B有时会太沉浸在它的设计中，从而与设计团队A的市场目标发生重叠。这样就有了自然的设计竞赛，即产品斗争。

我曾看到过许多产品斗争。它们有5步标准剧情：

1）两个团队互相不知道彼此的工作、要求、比较产品和目标市场的细节，但一致断定他们的产品之间不存在真正的重叠。两个团队都应该全速前进。

2）现实浮现，来自市场预测或者多疑的老板。

3）每个团队改变自己产品的设计，以迎合另一产品的市场，而不只是重叠的部分。

4）每个团队开始寻求客户、市场团队和产品预测者们的支持。

5）战斗发生了，直至某种强制执行力做出决定。

此时剧情发生了分歧：在竞争引起的紧张调查中，团队A胜利；或者团队B胜利；或者两者都生存下来；或者两者都没有生存下来。

多疑老板的早期行动可以缩短这种场景，通常也应该是这样。但是有时候，最好是让两种不同的设计方式走完（热情洋溢的）探索过程。

设计评审

协作最有价值的设计阶段就是设计评审，这甚至是必需的。必须评审多个科目：其他设计师、用户和（或）代理、实现者、购买者、制造者、维护者、可靠性专家、安全和环境监察员。

每个科目的专家必须单独评审设计文档，因为仔细的评审需要花时间反思，并可能需要研究参考资料、档案和其他设计。[19] 每个人都会带来独特的观点；每个人都会提出不同的问题并发现不同的缺陷。但是联合的小组评审也是绝对必要的。

要求多科目的小组评审。小组评审有人数上的优势，但特别的力量来自于多个科目的观点。评审团队应该比设计团队大很多。那些需要按设计建造的人、需要维护它的人、用户代表、将要销售它的人——都必须包含在内。请考虑一种新型潜艇的评审。一位补给官员看到了一处缺点，他的担心触发了损伤控制专家的类似担心。制造工具专家看到了一些难以建造的部分，他建议的解决方案引起了声学专家的注意。

通用动力公司电船部门（Electric Boat Division of General Dynamics）的设计师告诉我：在一次评审中，船坞工头看了一眼半圆筒状的存储水箱，马上建议卷出一件圆筒，切成两半，再在顶上封盖一块平板。这个部分按工程师的规格说明需要20个部件。那名工头说："我们造潜水艇的擅长卷圆筒。"

与此类似，位于英国莱瑟黑德（Leatherhead）的Brown & Root公司的一名设计师跟我讲了深海石油钻井平台的一次设计评审。维护工头指着某个部分说："这个部分最好用厚规格的钢。"

"为什么？"

"这样我们就可以在它安装之前，先在车间里刷好漆。当它安装到位后，我们就再也不能够刷漆了。"

工程师们重新设计了平台上这个部分的附近区域，让这个部分可以够得着。

利用图形展示。对于设计评审来说，最重要的辅助手段就是产品的普通模型。它可以是一张图、一个全尺寸的木头模型潜艇或虚拟现实的模拟潜艇、一个机械部分的原型，或者是一个计算机的架构图。

多科目设计评审通常要求设计通过大量各种图形表示，这超出了设计师本身使用的表示方式。并非每个评审的人都能够从工程或架构图中想象出最终的产品。根据我对各种设施的观察，我发现这样的设计评审可能是虚拟环境可视化技术的最有效的应用。[20]

分享产品模型和分享其他人的建议对于有效的设计评审都非常重要，当并非所有参与者都能现场出席时，模拟这种分享的工具就是小组设计评审的必要条件。这时电子协作就发挥作用了。

6.7　对设计本身而言，协作何时无用

对于设计协作的幻想式概念。在计算机支持的协作工作文献中，加入了对协作设计的幻想方式。这没有什么问题，只是这种欺骗性的概念更多关注复杂的学术研究，而较少关注对协作有用的技术工具。

在这种幻想中，设计团队真实看到设计对象的模型，不论是一座房屋、一个机械部件、一艘潜艇、一张软件的白板图或是一段共享的文字。所有团队成员都会建议修改，通常是直接在模型上进行修改。其他人建议修订，讨论继续下去，设计就一点一点地形成了。

并非协作设计的方式。但这种幻想式概念并不是协作完成设计的真正方式，它与设计复查不同。

在我看到的所有多人设计团队中，设计的每一部分在任何时候都有一个负责人。这个人负责准备这一部分的设计建议。然后他与协作者会面，这实际上是小型的设计评审。然后该负责人再根据协作讨论的决定和方向进行后续的详细工作。

如果在这个过程中提出了一些不同的建议，但负责人没有接受，那么建议者通常会撤回建议，并完成一个可选的设计方案。然后再次召集会议，选择方案、融合方案或转向第三种设计方案。

在哪里进行设计控制？ 幻想式概念不能够产生设计，只能够改进设计。作为协作式设计

变更的模型，幻想式概念也是有缺陷的。从协作得到的进度计划意味着并发的活动，而并发的活动就意味着需要同步，这在个人设计中是完全不需要的。设计师Jack负责远洋航行中油轮的空气管的设计，Jill负责蒸汽管道的设计。每个人完成他自己的设计，在后续的改动中，必须通过某种设计控制机制进行监控，保证他们没有占用相同的空间。必须准备好某种冲突解决过程来处理冲突。必须建立某种版本控制机制，以保证每次针对早期设计的某个打上时间戳的版本所做的设计修改都能有效工作。

有一次，我看到这种幻想式概念确实被提出来，作为客户的海军上将查看了一艘核潜艇的设计模型，他移动了隔离壁，让设备维修者能更好地工作。（对CAD的虚拟现实接口而言，这是一项有技术挑战的任务。许多实时的虚拟技术依赖于大多数世界模型的静态特征。）

但这种挑战不值得接受！海军上将可能想移动隔离壁，了解一下空间看起会怎样，也许他可以在一个受保护的模型上做这事。但在这样的移动成为标准设计的一部分之前，必须由某人或某个程序来检查对隔离壁另一边的空间的影响、结构上的后果、声学上的后果、对管道和线路的影响。请想象一下，一名负责任的工程师发现隔离壁被海军上将移动后的恐怖心情，上将不可能知道约束条件和由此导致的设计折中。到了设计能让上将实际查看时，正式的变更控制要求已经实行很久了。

协作设计的幻想式模型反映了对概念完整性明显的不关心。Jill在这里拍拍，Jim在那里推推，Jack在那边打个补丁。这很自然，这是协作，但这得到的是糟糕的设计。实际上，我们对这个过程非常了解，所以我们给了它一个带有蔑视的称谓：委员会设计（committee design）。如果协作工具的设计目标是为了鼓励委员会设计，那么它们弊大于利。

概念设计尤其不应该多人协作

一旦探索阶段完成，并且选定了基本主题之后，接下去概念完整性就要主导一切了。设计只能是源自一名主设计师，设计团队只能是支持，而决不能分解他的设计。[21]

的确，用这种方式去追求概念设计的话，有可能会走入死胡同。如果真出现这种情况，那就必须选择另一种基本方案，在这种新的方案选定以后，各项协作探索工作就可以再次有序开展了。

6.8 两人团队很神奇

前面讨论的设计协作讲的是超过两个人的团队。两人团队是特例。即使在概念设计阶段，在概念完整性最重要的时候，齐心协力的结对设计师要比单个设计师更有效。结对编程的文献表明，在详细设计的时候是这样的。通常开始的生产效率不如两个人独立工作，但错误率会大幅降低。[22] 既然许多设计中40%的工作是返工，那么实际生产效率就提高了，产品会更加健壮。

这个世界充满了两人协作。木匠需要有人抬起横梁的另一端。电工要人帮忙让线穿过扣环。抚养小孩最好是由两个积极协作的父母来完成。"单独人是不好的",虽然这句话的实际意思是在讲婚姻,但也适合向设计独行侠布道。

典型的两人设计协作机制看起来似乎与多人设计和单人设计不同。两人会快速地、非正式地交换思想,他们之间既没有协议规定谁有发言权,也没有规定谁受谁支配。每个人都有一段时间的发言权。这个过程在微型会议建议、复查和批评、反面建议、综合和决定之间快速切换。思想形成通常有一条主线,不用像多人讨论那样维护分离的思路。两支铅笔可能在同一张纸上移动,没有冲突和矛盾。

"铁磨铁,磨出刃",两人彼此激励,比单人设计时更积极。也许正是思考表达的需要(在说明是什么的时候同时说明为什么),才导致人们更快地理解自己的错误,并更快地意识到其他可行的设计方案。

Torrance在1970年的经典论文中表明,两人互动产生的思想是原来的两倍,原创性思想也是原来的两倍,同时也增加了快乐,导致实验对象去尝试更困难的任务。[23]

结对设计的对话仍然需要由一个人穿插起来——形成细节,记录下创造性的成果,并为下一次对话准备一些建议。

6.9 对于计算机科学家意味着什么

许多学院派计算机科学家努力设计一些计算机辅助协作的工具,由他们自己和其他学科的人使用。让人痛苦的是这些想法和工具很少进入日常生活。(成功的重要工具是代码控制系统和Word中的"修改痕迹保留"。)也许这是因为学院派工具制造者特别容易忽视真实团队设计的一些关键特点:

- 真实的设计总是比我们想象的更复杂。[24] 由于我们常常从教科书的例子开始,这种例子必然是过于简化的,所以这一点就尤其正确。真实的设计有着更复杂的目标和更复杂的约束条件要满足,对于满意程度的测量也更复杂。真实的设计总是爆发出无数的细节。
- 真实的团队设计总是需要一个设计变更控制过程,以免我们左手弄坏右手创造的东西。
- 无论多少协作都不能消除对"枯燥无味的劳作和孤独的思考"的需要。

由于这些原因,我认为我们应该非常注意,避免为少有实际设计经验的研究生指定协作设计工具领域的论文题目。而且,在遇到并非基于真实经验和真实设计应用的论文时,我们的期刊应该非常小心,慎重接受。

6.10 注释和参考文献

1. Economist (2009)，"Harvest moon"。

2. 睿智的多项目组织经理会尽早让一名设计师或一对设计师开始探索可预见的技术，但这种技术还不能立刻用得上。

3. Brooks (1995)，《人月神话》，第2章。

4. 电船公司的船坞工头——Groton，康涅狄格州（私人交流）。

5. 我所见到的关于单独设计师和个人设计师最完整的科学研究是Cross (1996a)的《Analysing Design Activity》。

   代尔夫特会谈记录（Delft protocols）包括一名单独的设计师和一个3人团队来攻克同一问题，对双方都进行视频录像，鼓励单独的设计师大声说出他的想法。20个不同的小组，每个都使用自己的分析方法，以便分析代尔夫特视频会谈记录。大多数小组应用他们自己事先定义的活动分类来分析一个或两个会谈记录。许多小组要么比较了两种不同方式的活动和表现，要么分析了团队的社会行为。最明确的结论是Gabriela Goldschmidt (1995)，在"The designer as a team of one"中做出的："详细分析得出结论：个人和团队在得到工作成果的方式上几乎没有区别。"

   Charles Eastman (1997) 在《Design Studies》(475～476)中对这本书进行了评价：

   这些研究得出了一组丰富的观点，让读者能够理解设计过程中的丰富性和个人心理上的特点。视频录像显然记录了设计行为的丰富特点……但是，当前会谈记录分析方法的局限性也很明显。每组研究本身只是对整体设计过程的一己之见。只有通过累积多组研究，完整过程的意义才能够展现出来。

   经过了30年的努力，这本书清楚地展示了设计会谈研究的当前状态，并将这些研究与各种设计理论更广泛地联系起来。

6. Brooks (1995)，《人月神话》，第4章，42。

7. Blaauw and Brooks (1997)，《Computer Architecture》，Section 1.4; Brooks (1995)，《The Mythical Man-Month》，Chapters 4-7, 19。

8. Billington (2003)，《The Art of Structural Design》，Chapter 6; Menn (1996)，"The Place of Aesthetics in Bridge Design"。

9. Blaauw和Brooks (1997)，《Computer Architecture》，第14章。

10. Murray (1997)，《The Supermen》。

11. Greenbaum and Kyng(1991)，《Design at Work》; Bødker (1987)，"A Utopian Experience"。

12. Weisberg (1986)，《Creativity: Genius and Other Myths》; Stillinger (1991)，《Multiple Authorship and the Myth of Solitary Genius》。

13. R. Joseph Mitchell是"喷火"(Spitfire) 战斗机的设计师，他警告他的一名试飞员（用户！）要注意工程师："如果有人告诉你关于飞机的什么事情，复杂得你难以理解，听我一句话：那都是扯淡。"

14. Artechra 公司的Eoin Woods说：

> 我对联合设计不像你那样悲观。我曾在多个团队中工作过，在那里我们有触发灵感的讨论，推动着我们的设计，然后得到我们一致同意的解决方案（虽然有时候有一个仁慈独裁者做出最后的决定）。设计仍然是一致的，因为它有一两个强大的设计概念占据了统治地位，然后驱动着所有其他决定，我们不是在搞委员会设计，然后再在详细决定上讨价还价。

15. Brad Parkinson现在在斯坦福，他是GPS系统的两位系统架构师与联络官员之一。他指出，对一些系统部件拥有多个签约方使得该项任务的挑战性大大增加。（私人交流(2007)）。

16. 卡内基-梅隆大学的Mary Shaw问道："这对现代软件开发环境及其API有什么意义？"

17. Osborn (1963)，《Applied Imagination》。

18. 组织设计中的设计竞赛现在还不太一样，这种任务在本质上是政治的。各种竞争力量甚至常常没有共同的目标，即要使组织机构工作得最好。组织机构工作得多好要让位于谁有什么级别的权力。

19. 玛格丽特·撒切尔说："人们希望得到文档（而不是视图演示），这样人们就能事先仔细思考，并咨询同事。"（与John Fairclough爵士的私人交流）。美国商人太多时候是使用PowerPoint演示来进行复查。这些模糊的报告让每个参与者凭着自己兴趣解释这些信息，但也有助于避免关键而令人尴尬的细节。

> 路易斯·郭士纳是实现IBM转型的CEO，他很早就让整个公司文化感到震惊。他说："Nick当时正在进行第二次演示，我走到桌子前面，在他的团队面前尽可能有礼貌地关掉了投影仪……这产生了强大的连带效应……我指的是惊慌失措。这就像美国总统禁止在白宫会议上使用英语。"（参见(2002)，《Who Says Elephants Can't Dance?》，43）。

20. Brooks (1999)，"What's real about virtual reality?"。

21. Harlan Mills的"得到支持的主设计师团队"的概念，即"外科手术式"团队，在Brooks (1995)，《人月神话》，第3章中有详细的介绍。

22. Williams (2000)，"Strengthening the case for pair-programming"；Cockburn (2001)，"The costs and benefits of pair programming"。

23. Torrance (1970)，"Dyadic interaction as a facilitator of gifted performance"。

24. 例如，参见Hales(1991)的令人印象深刻的博士论文："An analysis of the engineering design process in an industrial context"（Cambridge），或参见Salton (1958)的"An automatic data processing system for public utility revenue accounting"（Harvard），其中详细记录了实际设计中所涉及的工作。

Henry Fuchs对未来办公室的想象

第7章

远程协作

新的电子相互依赖关系让世界再现了地球村的图景。

——Marshall Mcluhan (1967), 《The Medium is The Message》

7.1 为什么要远程协作

我们终于可以探讨远程协作了。为什么设计团队现在利用通信技术,让不在一起的人们能够协作呢?

专业化

现在技能的过度专业化导致了许多协作。但并非每个村庄都有所有特定的专业技能人才——甚至城市也是这样。曾经到处都是的乡村铁匠现在已变成了稀罕的钛合金材料科学专家,小镇工头已变成了Red Adair公司,被召唤到地球的各个角落去扑灭价值几百万美元的油井的大火。[1]

家

对于住在哪里,人们有强烈的偏好,这种偏好甚至是最重要的。对于许多人来说,这意味着家、家族和文化的召唤。对于另一些人来说,这意味着乡村、小镇和城市的区别。对其他一些人来说,这意味着气候、海滨或山区的差异。具有高度专业技能的人通常可以自行决定。远程协作技术让越来越多的这种专家能够住在他们喜欢的地方,并在别处工作。我以前的学生中,有一个住在冰岛,有一个住在巴西,而他们"在"硅谷工作。

整天工作不停

地球的自转让工作能够整天不停地推进,团队的各个成员交替地在白天工作。

成本

生活成本和生活标准的不一致，使得人们通过外包能够以极低的成本获得通用的高科技技能。当然，在不同的经济体之间挖掘一条（电信）通道引起了夷平世界的大潮，这肯定是最健康的"外国"援助方式。

图7-1 空中客车A380

政策

政府支持的大型跨国公司不可避免地涉及在不同国家分派工作的问题，因此工作地点也不一样。请以空中客车380为例，这是一项大胆的工程实践（见图7-1）。不仅是制造，开发工作也是分别在法国、德国、英国和西班牙进行。

Jeffrey Jupp当时是空中客车英国的技术主管，他向我解释了空中客车的机翼是如何在布里斯托尔（Bristol）设计，又如何安装到在图卢兹（Toulouse）设计的机身上的：

- 全部采用了电子通信技术。
- 布里斯托尔将一些自己的工程师派驻到图卢兹作为代表。
- 每天都有一架公司的飞机往返于布里斯托尔和图卢兹，双向载人。

根据我的经验，这些协作方式没有一项可以省略。可是，空客380还是暴露了一个特殊的缺陷，这个缺陷对于因政治而导致的分布式开发可能更具危害性。法国和英国的团队使用了CATIA CAD软件的第5版。德国和西班牙团队使用了该软件的第4版。你瞧，真想不到，一个团队设计的布线系统需要更大半径的导管，而另一个团队提供的导管却较小，部分原因正是这两个软件版本的区别。这批飞机和其他初始设计的交付延迟了大约22个月，那是一段痛苦的日子。[2]

7.2 就地取材——IBM System/360计算机系列的分布式开发（1961～1965）

最初的7台IBM System/360计算机是在3个国家的4个地点同时开发的：纽约州的波基普西（Poughkeepsie）和恩迪科特（Endicott）、英国的赫斯利（Hursley）和德国的波布林根（Böblingen）。这些计算机是第一批严格向上-向下二进制兼容的系列，在业界率先从6位字节转向8位字节，我时任项目经理。本书第24章是System/360架构设计的案例学习。（Model 20不是向下兼容的，在我看来，这是架构师William Wright思考中所犯的一个错误。）

超过40种8位的输入/输出设备必须同时开发，每种设备都要用到特殊的技能和经验，这些技能和经验在分布广泛的实验室中：法国的戈德（La Gaude）、瑞典的利丁厄（Lidingö）、荷兰的厄伊特霍伦（Uithoorn）、加州的圣荷塞（San Jose）、科罗拉多州的波尔得（Boulder）、肯塔基州的列克星敦（Lexington）、纽约州的恩迪科特（Endicott）。技术创新极大地促进了这些工作的协调——精确定义的标准逻辑、电气和机械接口可以将任何I/O设备接到任何一台计算机上。[3] 即使是这样，管理这些分布式的开发仍然是一项主要任务。软件开发的分布更广。

对于计算机、软件和I/O设备，我们使用的管理技术与前面介绍的英国航空航天系统公司（BAE）一样。我们的电信设备当时要原始得多：我租用了IBM第一条全天候翻译电话线。我们没有开一架公司飞机往返于各地，但我们买了很多机票。英国实验室设有一名常驻参与者在Amdahl的波基普西架构小组；我们在英国和德国的处理器实现团队中，保持着来自波基普西的多名常驻参与者。

除了成千上万的电话和文档之外，许多双边的面对面会议将这些实验室联系在一起。每年举行持续两周的全部团队成员会议，解决悬而未决的冲突和挑战——每次会议解决大约200个这样的问题。

我们的分布式开发工作是因为那些与往常一样的原因：

- 分布在各地的技术专家
- 不能移动的天才人员
- 分公司之间的政策和工作的划分

这些努力取得了极大的成功。[4] 但是不要搞错：我们的工作是分布式开发出一件统一的产品！而且，分布式开发实际上制造了许多的额外工作！我们低估了同一地点的团队工作中，非正式沟通渠道的巨大重要性，这给我们带来了痛苦，直到后来我们感觉出缺少这方面的沟通。空间障碍是真实的！[5] 时区障碍是真实的，有时候比空间障碍更真实！文化障碍是非常真实的，必须加以考虑！[6]

7.3 让远程协作有效

分布式设计只会越来越多。通信技术继续爆炸式增长。设计师和设计经理如何利用通信技术来实现远程协作呢？

面对面的时间很重要

请想想你自己的电话对话。在与陌生人谈话时，除了感觉不舒服之外，你是否还感觉到在效率上的差异（与面对熟人不同）？

在什么情况下你会亲自过去，避免利用视频会议、电话、电子邮件、书信等手段完成：

- 订午餐？
- 在购买服务时寻求折扣？
- 在复杂的商务交易中谈判？
- 计划家庭度假？
- 解聘你的管理助手？

有些情况下，你会选择电子邮件或电话，而不是走过去（而且在时间上同步）；在另一些情况下，你可能会很开心地走相当长的一段距离。

我所知道的最成功的远程协作建立在大量的面对面沟通的历史基础之上，即使是这样，在通信沟通的过程中仍然需要一些面对面的时间。如果之前从未进行过面对面沟通，那么花在出差上的金钱和时间都是值得的。

我在IBM花得最值的钱是租了一辆巴士，将S/360项目的管理人员和秘书带到离波基普西60英里的怀特普莱恩斯（White Plains）。他们与分公司总部的对应人员共进午餐并交谈，彼此声音很熟悉，但之前从未谋面。这种磨合比更大的合作压力要有效得多。

有人告诉我，在设计开始时，波音公司把777型飞机的几十个分布式设计团队带到华盛顿的埃弗雷特（Everett），让他们在一起待上数周的时间。

人们直觉上知道面对面时间的价值。所以，尽管有强大的视频会议技术，飞机仍然运送着大量商务旅客。

干净的接口

在远程设计的组件之间定义干净的接口是很难的工作。这项工作不是定义好就结束了，事实证明，不断问答和解释定义的语义是必需的，必须进行变更、控制变更和充分沟通。

系统架构的另一个重点是不仅要定义接口，管理层还要设计一种预先确定机制，以解决观点或品味的差异。权威是不可替代的。

但是这些代价不菲的劳动的回报是难以置信的！干净的接口让设计中的错误率大为不同。有人曾估计，虽然错误和返工只影响到一小部分设计，但可能占到设计成本的一半。更糟糕的是，因为模糊或粗心的接口而产生的错误常常很晚才发现，即在系统集成的时候。它们越难发现，修复的成本就越大，从而影响整个系统的进度计划。

而且，干净的接口增加了工作的乐趣。设计是有趣的，而解决同事间的误解通常不是有趣的。在设计时，人们会觉得在取得进展；当解决接口误解时，人们会感到时间在拖延。干净的接口让多位设计师感到拥有的快乐，在一件作品上有签名权的快乐。他们也有利于后续的拥有权，一些小的组件聚在一起，形成可辨识的更大的子系统。

7.4 远程协作的技术

十年复十年，技术权威预测设计师们的旅行将因通信技术进步而消失。这还没有发生。[7]为什么？这会发生吗？我猜测越来越便捷和逼真的通信技术将确确实实地取代越来越多的面对面会谈。[8]但是，因为人类沟通中无穷的细微差异，所以经常坐在一起沟通对设计协作者来说永远是非常重要的事情。

低技术常常已经足够

文档。对远程协作来说，最有力的技术就是文档共享，不论是通过网络还是通过邮递。正式的文章和正式的绘图带来了准确性，督促学习，鼓励批评，激发互动。

Gerry Blaauw和我发现，当我们写出1 200页的《Computer Architecture》(1997)时，我们大部分的横跨大西洋的交互实际上是通过邮寄手稿完成的。但是，这种有效的远程协作是基于9年的每天面对面的工作；基于由此而导致我们对彼此的设计风格、敏感性和"协作方式"的深入了解；基于我们对计算机架构的共同深入的信念。即使是有这种基础，多次远程交换手稿仍然不够，必须辅以每季度的电话会议和每半年会面3天。

上面提到的这些事情总是有教益的。本质上，它们关注了还没有被解决的难题。我们发现当一段文本通不过时，总是缘于我们还不知道自己在说什么，通常会接着进行半小时的讨论。我们又学到了关于计算机架构的新东西。

以前红笔标注的手稿，相当于现代的保留修改痕迹的Word文档。许多评论者可以互动，每个人的修改都可以与其他人的修改区分开来。Word的修改痕迹保留是一项设计得很好的功能。但我仍觉得红笔标注的文档更容易创建和研究，主要是因为它容易以二维的方式访问。我们的电子技术还做不到这一点（或者是我孤陋寡闻）。

电话。文档之后就是电话，这是比电子邮件更大的突破。电子邮件用户知道它的危害，它是仓促的文字，没有语音语调的变化，没有立即的反馈。即时消息是电话的糟糕替代品。

电话加上共享文档。电话加上共享文档比单独使用其中一项要强大得多。这种组合加上实时交互，可以节约了许多书面的解释，也消除了许多误解。不太容易注意的是，共享文档为电话交谈添加了许多规范和细节。必须逐字逐句地达成一致意见，这迫使大家共同面对许多问题，而在其他情况下这些问题可能会遗漏。

这种组合非常强大。在我们的实验室里，Kurtis Keller是机械工程师，他与犹他大学的Sam Drake合作，设计一种新型的头戴显示装置。我们当时在犹他大学（UU）和北卡罗来纳大学（UNC）之间运营着实时的、高带宽的视频会议系统。我们的视频会议节点离Kurtis的办公室只有150英尺，一小段路。但是我们注意到，在设计过程中，Kurtis甚至不愿花这点工夫去使用视频会议系统。他在他的办公室里工作，通过电话联系；他和Drake在他们的工作站上绘图。

视频会议

视频会议曾被夸张地宣传成"改变游戏规则"的工具，现在已经广泛使用，但发展速度和广泛程度都远远不像预期的那样。为什么这么慢？在早期的日子里，低带宽导致了低帧数，给人的体验很不自然。既然现在能够提供正常的帧数，什么样的技术优势能让体验变得更好呢？

- **视野**。视频对于两个人的交谈助益良多，但如果委员会的一半成员与另一半成员开会，就很难同时看到每一个人，并真正看清楚面部表情。
- **更好地共享文档和演示**。人们希望同时看到演讲者和幻灯片或文档，而不是只能看到其中一样。人们希望在桌子上分发材料，人们希望做私人笔记和共享的标注，这确实需要一个对称共享的白板。
- **更好的分辨率**。分辨率还不够好，不能让人分享完整的 $8\frac{1}{2}\times11$ 的文本页面或看清楚面部表情。
- **更好的深度暗示**。缺少深度暗示虽然这很少造成歧义，但问题在于这种画面完全不能让与会者产生身临其境的感觉。

何时视频会议最有价值？ 尽管当前的技术有一些缺点，但是在一些社交情况下视频会议还是比电话要好得多，虽然比不上面对面的会议。在这些情况下，面部表情和身体语言确实很重要：

- 在面试陌生的应聘者，选择最终人选时；
- 在问题对一个或多个参与者来说至关重要时；
- 当一方参与者非常不安全时；
- 当组织文化或国家文化非常不同时。

高科技视频会议。在探索最大化模拟现实的电话会议系统方面，人们已经进行了相当多的研究。我的同事Henry Fuchs已经增强了视频会议系统，提供了深度暗示，而且据说这种增强有效地促进了人们"在那里"的感觉。每个参与者的头部都得到追踪，所以产生了强大的动力学深度效果——当某人移动他的头部时，屏幕上重建的对象会根据他们离摄像头的距离而变化。而且，多个摄像头产生了3维图像，利用两个带偏振过滤的投影仪显示立体的图像。[9]

远程协作技术——被动还是主动？ 在远程协作的硬件和软件方面，人们已经进行了许多学术研究。这产生了许多工具和系统，其中一些投入了商业市场。这也导致了关于这一主题（和同一地点协作）的一系列会议[10]和一份值得重视的杂志。[11]

人们不得不做出结论，这些工具和系统中绝大多数都是来源于技术思想，而不是来源于对协作模式或需求的分析。实际上，在Web上快速查询telecollaboration，前面50条中的49条都是关于工具或教育，而不是关于设计中的协作。在一个图书馆的书架上，20本书中的19本是讲工具，而不是讲应用这些工具去完成任务。

这种本末倒置让我深感忧虑。这是浪费宝贵的资源（博士研究工作），而且它误导了我们有能力的学生。有用的工具创造总是从用户和任务开始的。根据我的经验，最好是在工具创造者有一个真正的用户和一个真正要完成的任务时进行设计。这样，充满缺陷的原型就会引发争议；重要的反馈意见会马上而直率地给出。我在其他地方曾充分讨论过这个问题，这些观点至今未变。[12]

7.5　注释和参考文献

1. Lohr (2009)，"The crowd is wise (when it's focused)"，报告了"集体智慧"的概念，即专门化的团队通过因特网联合起来，完成大型技术项目：

    但最近的案例和新的研究表明，只是在小心设计特定的任务和刺激机制适合吸引最有效率的协作者时，开放创新模式才能成功。"存在这种误解，即你可以在某件事上撒上集体智慧，然后事情就会变得最好，"Thomas W. Malone（马萨诸塞技术学院集体智慧中心的主任）说，"这不是真的。集体智慧不是魔法。"

2. Clark (2006)，"The Airbus saga"是一篇出色的新闻报道。也可以参见http://en.wikipedia.org /wiki/Airbus_380，我在2008年9月9日访问了这一网址的内容。

3. 这项工作本身也需要一个小的架构团队。

4. Wise (1966)，"IBM的50亿美元豪赌"，在项目宣布的两年之后对这个项目及其执行过程中发生的问题进行了非常恰当的、完整的、公平的讨论。对于协作设计，他说："国际化的工程小组通过相当高的效率编织在一起，这让IBM有理由声称——360计算机可能是第一个完全国际化设计的产品"。

    Peter Fagg是System/360项目的工程经理，他出色地完成了几十个输入/输出设备的跨部门、跨国家的开发管理工作，没有直接对这些团队发号施令。

5. Herbsleb (2000), "Distances, dependencies, and delay in a global collaboration" 和Teasley (2000), "How does radical collocation help a team succeed?" 记录了分布式工作的不利之处。Hinds (2002),《Distributed Work》提供了一组报告，介绍了分布式工作各个方面的问题。

6. Ghemawat (2007),《Redefining Global Strategy》。

7. Garner (2001), "Comparing graphic actions between remote and proximal design teams。" 报告了在设计项目上，同一地点协作和远程协作的有意思的比较研究：

　　这篇文章介绍了一个研究项目的执行过程和研究结果，该项目比较了一些学生勾画设计草图的活动和结果，其中有几对学生是面对面地协作，另外几对学生是通过计算媒体工具协作……勾画草图活动（Sketch Graphic Acts）用于说明共享草图的现象和"缩略"草图的重要性——这通常是针对面对面的协作进行实验室研究，但很少有针对计算机媒体协助的远程协作进行研究。

　　另一方面，Sonnenwald等(2003), "Evaluating a scientific collaboratory" 不仅没有观察到区别，而且还发现科学家在每种工作模式中都找到了优点和不足：

　　科学协作的进化已经落后于科学的发展。协作带来的能力是否超出了它的不足？为了评估一个科学的协作系统，我们进行了一个重复测量的受控实验，比较了20对参与者（高年级的本科学生）在面对面协作和远程协作时，完成科学工作的过程和结果。

　　我们收集了科学结果（评级的实验报告）以调查科学工作的质量，收集了事后问卷数据以测量系统的可采用性，也进行了事后访谈以理解参与者在两种情况下对进行科学工作的看法。我们假设在远程协作的情况下，参与者会效率较低，报告较多困难，而且较少喜欢采用该系统。

　　和预期相反，量化数据表明，在效率和采用方面没有统计上的重要差别。量化的数据有助于解释这个无效的结果：参与者报告了在两种情况下工作的优点和不足，并想出了一些临时解决方案来处理远程协作中观察到的不足。虽然数据分析得到了无效的结果，但从整体上来看，这种分析让我们得出结论，开发并采用科学协作系统具有积极的效果。

8. 一位匿名作者在Economist.com (2009)上推测"周期性的下降可能正好符合因信息技术的进步而导致的商务旅行的结构化减少"。因此这种下降可能会加速视频会议技术的采用。

9. Raskar (1998), "The office of the future"; Towles (2002), " 3D telecollaboration over Internet2"; http://www.cs.unc.edu/Research/ stc/inthenews/pdf/washingtonpost_ 2000_1128.pdf, 我在2008年8月28日访问了这一网址的内容。

　　人们也通过像Second Life这样的虚拟世界来研究远程协作。参见http://blog. irvingwb.com/ blog/2008/12/serious-virtual-worlds-applications.html。

10. 参见http://www.cscw2008.org/。

11.《Computer Supported Cooperative Work (CSCW): The Journal of Collaborative Computing》，ISSN: 0925-9724或ISSN: 1573-7551。

12. Brooks (1977), "The computer 'scientist' as toolsmith"; Brooks (1996), "The computer scientist as toolsmith II"。

|第三部分|

设计面面观

John Locke (1632—1704)，英国经验主义哲学家
来自维基共享资源（commons.wikimedia.org）

第 8 章

设计中的理性主义与实证主义之争

人人都会犯错，很多时候，大多数人容易在兴趣与激情的诱导下犯错。

——约翰·洛克（1690），《An Essay Concerning Human Understanding》

人类两种最基本的认知方法——直觉与推理，都需要以渊博的知识作为坚实后盾。

——笛卡儿（1628），《Rules for the Direction of the Mind》

8.1 理性主义与实证主义

有这样一个问题：如果仅仅依靠思考，是否足以让我们合理地设计出复杂对象？在设计学的历史中，围绕着这个问题，两大源远流长的哲学派系——理性主义和实证主义进行过非常激烈的争论。理性主义者充满自信地说："我可以！"，而实证主义者则给出了截然相反的答案。[1]

也许一开始你对于这样的争论还不以为然，随着时间的推移，你会发现它变得越来越引人深思。从微观角度而言，这个哲学问题反映的是人们对于自身作为造物主最本质的看法。

理性主义者认为，人类天生具有良好的判断能力，即使偶尔会犯一些错误，也可以通过教育来进行完善。只要有良好的教育，成熟的经验以及足够多的仔细思考，设计者完全有可能创造出完美无瑕的作品。因此，设计方法学最主要的任务将归结于如何才能学会让设计变得完美无瑕。

而实证主义者则认为，人类的种种缺点是与生俱来的，这将导致他们不断犯错。人类所做的任何事情都将不可避免地烙上错误的印记。因此，设计方法学的主要任务是学会如何在实践中找出缺陷，从而在下一次迭代中提升设计的质量。

这样的例子比比皆是。亚里士多德坚信只要用推理归纳法就足以探究科学，为此，他曾经得出过一个经典的谬论：重物的下落速度比轻物更快。而伽利略则持有不同意见，他认为实验是必不可少的。当时，人们普遍接受了亚里士多德的理论。面对权威，伽利略毫无畏惧，以科学的态度进行了质疑，并用著名的比萨斜塔实验证明了它是完全错误的。

就我个人而言，笛卡儿（1596～650）或许最能代表理性主义者。而约翰·洛克（1632～1704），则是实证主义者中的翘楚。

时至今日，从傅里叶的热量分析领域，到卡诺的热力学分析，乃至布尔巴基学派所建立的数学研究的"摩天大厦"，法国科学家们在逻辑学上向世人展现了美轮美奂之感。与之相对的是，英国科学家们则在实证主义领域不停地"更上一层楼"——瓦特、法拉第、海维赛德、布拉格斯，任何一位的大名都誉满全球。

8.2 软件设计

计算机程序究竟是否属于抽象意义上的数学对象呢？其正确性是否可证？对于这个问题，以Edsger Dijkstra [2]为代表的理性主义者认为答案是肯定的。需要注意的地方，就是谨慎的思考。人们有能力，也完全应该设计出正确的软件并且证明其正确性。做到以上几点，就足够了。[3]

现在，姑且让我们暂时接受上述理论，假定程序就是一个纯粹的数学对象，可以通过正确的思考作出完美的设计。在这样的背景下，设计的媒介将不再是问题最核心的部分，设计者本身才是。实证主义者认为，人类将无可避免地在各个阶段犯下错误，无论是在对象定义、软件架构、对象实现（算法与数据结构），还是在代码实现本身。他们对于自己的观点是如此执着，以至于归纳总结出了一套完整的设计方法，包含设计、早期原型、早期用户测试、迭代式增量实现，大规模用例测试以及修改后的回归测试。

8.3 我是一个根深蒂固的实证主义者

我的经历让我一开始就成为了实证主义者，人们总是期望程序首次运行就能成功，并且按照开发者的要求去执行，而这份来自幸运女神的青睐，在我整个人生历程中，仅仅出现过两次。其中的一次来自于早期一个重要的程序。1953～1954年间，在哈佛的研究生院，有一个学期我们要参与一些程序项目。学院要求我们自己动手实践，去运行哈佛的Mark IV计算机，不过每个小组只有短短的两次上机时间，每次一小时。我们必须在这有限的时间内调试并运行课程项目。每个小组有两名成员，William V.(Bill) Wright是我伟大的搭档，我们俩一起小心翼翼地检查了那1500行代码，检查完之后，我觉得头晕目眩。谢天谢地，程序第一次就运行成功了！

看了上面那个例子，可能有人会认为它恰恰证明了设计者完全可以通过合理的设计来保证正确性。但事实却是：我们根本就没有证明程序是正确的，我们只是通过模拟方式来执行程序并进行测试。此外，我非常怀疑是否有人能够始终保持我们认真检查代码时的那种毅力。是的，理论上讲这没什么不可能。但是请回到现实中来吧，鉴于当时的开发者和软件都远没有达到那么理想化的层次，这无异于天方夜谭。

什么样的经验教训可以帮助我们设计出正确的程序呢？已经有人用形式化证明的技术验证了在那些较为安全的操作系统中，内核部分是被正确设计和实现的。[4] 技术带来的益处在此刻体现得淋漓尽致，人们需要的正是这种权威认证所提供的信心保障。

我们也应该更务实一些，虽然这样的保障很振奋人心，但它毕竟不是百分之百正确。在数学史上，许多一度被广泛接受的论证，稍后都被发现存在谬误。[5] 应该指出，形式化证明并非一种无懈可击的技术。它的优势在于：其推理方式和程序设计完全不同，这也注定了该体系通常不会重蹈覆辙，多次陷入同一错误的泥潭。

问题的关键在于：我们如何才能采用正确的验证技术。如果程序的内核是安全而又正确的，那么因错误、漏洞以及来自别处的恶意攻击所造成的破坏也是可控的。证明程序的正确性是一个非常浩大的工程，其复杂性不亚于构建程序本身。没有任何证据能够表明程序最初的目标是正确的。[6]

Harlan Mills和他在IBM工作的同事们研究出了一种完全不同的技术来验证设计的正确性，这对我来说有着非常深刻的意义。在他们的"净室"环境中，Mills团队将整个设计毫无保留地展现给外界，使其他团队也能进行审核。在会议中，整个设计团队将针对他们认为有疑点的地方向设计师提出质询，并听取设计师如何解释自己作品的正确性。[7]

完全采用形式化的证明方式是不现实的，更极端的情况下，例如彻底摒弃系统化的验证，则可能适得其反，产生危险的后果。Mills采取了折中的方法，在采用了系统化方式的同时，又进行了非形式化的小组审查，就我个人观点而言，以这样的方式来讨论逻辑问题是个聪明而实用的选择。

8.4　其他设计领域中的理性主义、实证主义与正确性验证

据我所知，在设计领域中，除了从事于软件工程领域的设计师之外，其他人都不会使用严格的形式化证明的方法来验证设计的正确性。究其原因，或许是因为软件和数学一样，本质上是非常纯粹的理论学科，严格的证明从技术上来说是可行的。而其他大部分的设计领域最终将以物理逻辑的方式得到实现，人们根本无法证明最终产物的可靠性及其空间上的适用性。

组织机构的设计在某个方面和软件设计非常相似，它们都基于抽象的思维而非具体的物质。对于一个假想的组织机构，有谁会尝试去证明其正确性，或者退一步来说，仅仅是证明其可操作性呢？

《The Federalist Papers》的作者倒是做过这方面的努力，他们以听上去充满逻辑，合乎情理的论证来证明美国宪法的可行性。他们的智慧固然让一代又一代的后继者们受益匪浅，但南北战争（一次极度严重的系统崩溃），还是无情地告诉我们：这样的论证并没能堵上每一个漏洞。

在设计领域中，除了软件工程之外，可能都不会承担起正确性证明的责任，不过他们还是通过大量的分析与模拟技术进行设计验证。

在机械制造领域，人们对零件进行压力、振动和声学分析。在建筑领域，在实时监控和录像分析的帮助下，建筑师及客户可以在所设计的建筑上模拟出预定的场景。在地理学方面，可以用压力负载分析来研究飓风与暴雪，用动态压力测试和研究地震。

计算机硬件在电子电路层面，逻辑设计层面以及程序运行层面上同样需要经过大量的模拟实验。即使是为尚未问世的计算机而设计的操作系统，同样也不例外，它可以在一台当前已有的主机平台上进行模拟运行（当然速度简直像蜗牛在爬行）。

大量的经验总结都指向同一个结论：设计过程将会出现越来越多的迭代。分析得越精密，就越能衡量出设计条件的满足程度以及设计约束的遵循程度。因此，对于特定目标的设计所进行验证也就变得更加单刀直入和不可或缺了。不过我得指出，这些分析及模拟并没有侧重于目标本身的正确性，假定环境与真实环境之间的差距也很少被考虑在内。

我们再回顾一下本章开头的那个问题：人们是否可以仅仅通过足够的思考就能正确地设计出复杂对象呢？很可惜，答案是否定的，测试与迭代过程都是不可或缺的。不过谨慎的思考对我们而言还是大有裨益的。第三部分接下来的几个章节将进行这方面的思索及探讨。

8.5 注释和参考文献

1. 理性主义与实证主义是认识论的两种不同方法，认识论指的是人们通过什么方式来认识外界。两种经典理论的奠基者之间有着不可逾越的鸿沟。笛卡儿致力于宣传实证主义科学，而洛克则将理性主义视作数学的基石。

2. Dijkstra（1982），《Selected Writings on Computing》。

3. Dijkstra（1968），《"A constructive approach to the problem of program correctness," 174-186》。

4. Klein（2009a），在"operating system verification,"和（2009b），"seL4: Formal verification of an OS kernel,"中进行了相当精辟的概述并取得了令人瞩目的成就。作者声称这是历史上第一次功能性地验证了内核关键部分的实现。

5. 例如，曾经出现过一个证明，说一次矩阵乘法最少需要用到三次标量乘法。问题在于该证明的假设前提，整个证明是建立在向量运算的基础上的。Strassen [1969]，"Gaussian elimina tion is not optimal"。

6. 有一个非常著名且异常深刻的教训，汉莎航空公司的2904航班曾经发生过意外事故，它在华沙机场脱离了跑道，原因已经查明，飞机制动系统的代码虽遵循了设计业界规范，问题在于它没能考虑到异常情况的处理。关于这件事，可以参考2009年7月16日的网页：http://en.wikipedia.org/wiki/Luftansa_Flight_2904。

为了确保反推力系统与扰流器只有在着陆的情况下才会启动，以下这些部署到系统中的条件必须全部得到满足：

- 每一个主降落架支柱的承重必须超过12吨；
- 飞机轮盘的转速必须超过72节（海里/小时）；
- 推力杠杆必须处于反推力位置。

在华沙发生的事故中，前两个条件都不满足，因此最有效的制动系统根本没有启动。对于第一点，飞机着陆的时候处于倾斜状态（为了减少潜在的风力影响）。这样的话，两个降落架支柱的承重都不可能到达12吨以触发传感器。第二个条件同样没有得到满足，这是因为机场的跑道非常湿滑，产生了水上滑行的效果。

7. Mills（1987），"Cleanroom software engineering"。

Wikipedia（引用于2008年10月30日，网址是： http:// en.wikipedia. org/wiki/Cleanroom_Software_Engineering）参考资料很好地总结了整个方法。

"净室"过程必须遵循的基本原则是：

基于形式化方法的软件开发

"净室"开发过程使用了盒式结构方法来定义并设计软件产品。有一项工作是验证设计是否遵循了最初的定下的规范，它会贯穿于团队整个复核过程。

用对质量指标的统计结果来控制增量实现

"净室"开发使用了渐进的迭代模式，产品是增量开发的，从最初的版本开始逐渐添加新实现的功能。为了检验开发过程是否可以继续下去，每一个增量阶段结束后都会用事先定下的标准来进行质量验证，一旦不符合标准，测试过程将中断并退回最初的设计阶段。

统计测试数据

"净室"过程中的软件测试会以统计实验的方式进行。根据正式文档的定义，一组具有代表性的软件输入/输出将会被选作测试用例。之后，测试人员将会仔细统计并分析这些样本以估算出软件的可靠性以及估算结果的置信度水平。

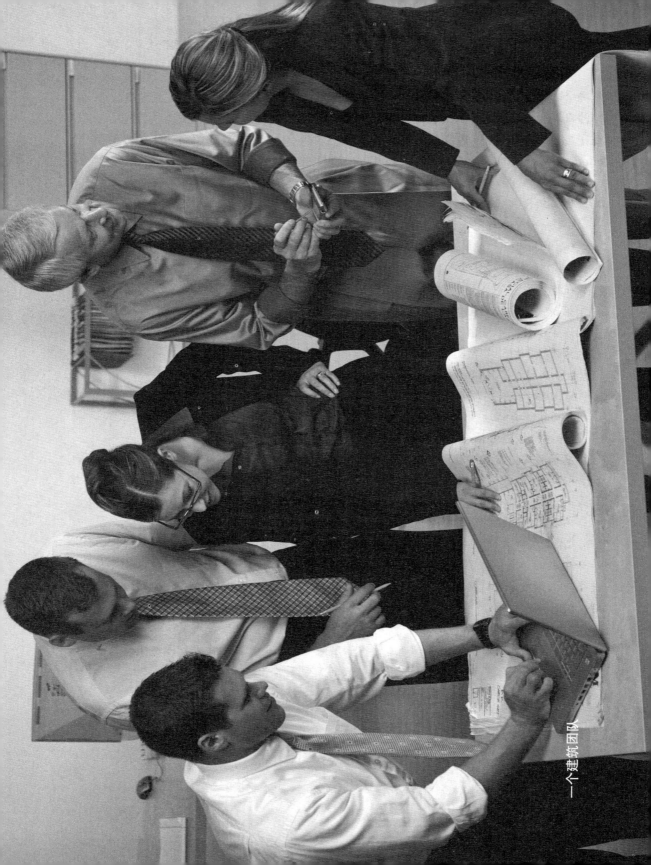
一个建筑团队

第 9 章

用户模型——宁错勿淆

错误可以让我们很快接近真理，而混乱则不能。

——弗朗西斯·培根爵士（1620），《新工具》

9.1 定义明确的用户模型和使用模型

有经验的设计师偏好于一开始就写下他们对用户的认识，用户的使用目的到底是什么，以及采取什么样的使用模式。聪明的设计师还会以同样方式写下他们不知道，但是可以假设的部门。

如果不同的用户有着不同的应用需求，那么他们会清楚地计算出各自的权重，从而定义出最终的用户模型。[1]

当假设的条件足够详细充分时，他们可以在早期的具体构思中有更为清晰的蓝本。事实上，随着设计的深入，这样的构思是迟早要进行的，趁早开始可以防患于未然。[2]

这是真的吗

到底有谁会真的在设计刚一开始就进行大量的额外工作？老实说，我也觉得只有非常少的人会这么做。根据我的长期观察和总结，理论上我们应该定义出更多更明确的用户及使用模型，但事实上现在我们做得还远远不够。如果真能做到这一点，那么设计的质量将有大的飞跃。

无论是应用程序模型还是用户模型，都直接源于现代设计学中几个奇怪的特性：由团队进行设计，并在设计时使用复杂的工具而不是简单的工具。

9.2 团队设计

所有的设计师都会自觉或不自觉地在脑海中构建出用户及用户模型，这是由于他们的职业习惯使然。团队设计则提出了一个全新的要求，那就是，整个团队将共享相同的用户模型以及使用模型。这就需要将模型和设定条件定义的非常明确。

通常情况下，很少有人会意识到这其实是一个很大的问题，因为大部分团队都想当然地认为，即使不经过交流，他们也能达成相同的意见。结果往往事与愿违，最终不得不任由企业领导对整个团队提出质疑甚至是责问。无可否认，团队中的每一位成员都是专家，他们都阅读过定义目标的文档。

但事情根本不会那么简单，每个人都或多或少有过使用类似系统的经验，也会因此先入为主地妄自揣测普通用户的需求。每个人也都接触过不同数量的应用程序，这方面的经验也会被套用到当前设计中的应用程序。如果整个团队不能制订出一套统一的、定义明确的设想，那么每一位设计师都会用自己固有的那套设计习惯。许多琐碎的细节，即使讨论过，最终也会变得各说各话，这么一来，根本无法保证概念完整性。

如果无法就使用模型的概念达成一致，团队设计将无可避免地出现分歧。以System/360（现在是z/OS）操作系统为例，该系统设计中的不一致性到处都是，最突出的是调试环境设想方面有两种截然不同的体系：一种观点认为应该侧重于批量使用，而另一种观点则认为应该为终端用户提供分时服务。遗憾的是，没有人从两种不同观点中作出取舍，这个情况使得项目中持有不同使用模型观点的小组各自为政。[3] 最终的结果是系统做得十分臃肿而又缺乏条理性。

复杂设计。随着工具的复杂程度越来越高，定义明确的使用模型也显得更加不可或缺。就算是设计一个简单的铲子，也得清楚地说明这玩意儿到底是用来挖煤、铲土、收庄稼还是扫雪的，当然，有时候它也可以兼具多种功能。除此之外，还得说明它的使用群体，究竟是小孩、妇女还是男士们；它到底适合业余用户还是正规的工人。天哪，一个小小的铲子就这么麻烦，像卡车、电子表格或者学校的教学建筑，如果要定义出详细的使用模型，那得花多少工夫啊！

更重要的是，设计越复杂，设计师就越难像相关领域的专家那样去承担用户的工作。此时，如果没有定义明确的模型，那就更加危险了。

9.3 如果实际情况难以预料，有什么对策

当设计师开始着手定义使用模型时，各种意想不到的麻烦接踵而至：他很快就会很郁闷地发现，未知的信息远比想象中的要多。要想将设计进行下去，设计师不得不询问一些细节问题，而这些问题原本是可以在很久以后才被提出的。我得说，这实在是太棒了！

现在让我们来假设某人在设计一个关于校车运营的程序。只要仔细考察两三个具有代表性的校车系统，就不难发现其中几个关键因素：时间限制、校车数量、司机人数、学生的地域分布。不过千万别高兴得太早，当真正开始制订出一个通用的路线及时刻表的使用模型时，上述因素会产生更多更复杂的问题。

作为样本的那几个系统到底有多大程度上的代表性？对于整个预测的用户集合，参数的范围从哪儿开始到哪儿为止？它们的分布又是什么样的？

时刻表上不同的阶段之间变化率是多少？五年之后的范围又会变成多少？十年后呢？

问题越来越刁钻，回答也必然变得越来越含糊不清。如果设计师下定决心，一定要定义出明确的使用模型，他该怎么办呢？

猜猜看吧

我敢说，设计师一定会这么干：先解决那些看上去可以通过简单询问来获取答案的问题，一旦列表上这些问题都解决之后，设计师就会开始自行猜测剩下的问题会有什么样的答案了。或者我们说的含蓄点，他会自行构造出一个完整的属性与值的集合，并且揣摩频率的分布情况，这样，就可以定义出完整的、清晰的以及可以共享的用户和使用模型了。

请记住，清晰表达出来的猜测远胜于埋没在心里的假设。

看似"天真"的举动，实际却带来了许多好处：

猜测数值以及分布频率将迫使设计师更仔细地思考用户集合。

写下数值及分布频率可以引发讨论。与创建新事物相比，评论总是更简单的，因此整个团队可以有更正确的输入信息。应该让所有的参与者都加入讨论，这样可以集思广益，原本各人脑中不同的设计理念此时将汇聚在一起。通常情况下，也会让人们发现原先没有意识到的问题。[4]

清晰地列举出所有可能的值和频率，有助于将最终的设计与用户集合对应起来。

更重要的是，它还提出了以下这些非常关键的问题：哪些假设至关重要？重要程度有多深？这些对于灵敏度的分析而言，即便如蜻蜓点水般浅显，也同样会非常有价值。不过，当具体的猜测事关重大时，使用更多资源来进行更精确的估算将会取得事半功倍的效果。

最后，许多假设都充满争议，同时也根本经不起推敲。主设计师必须拥有驾驭整个团队的能力，同时他还要能够向其他成员充分传达自己的意图。

宁错勿淆

至此，可能有些读者会产生这样的疑问："我如何才能知晓甚至是假设出关于用例和用户相关的细节呢？"放轻松点，答案就是"无论如何，你总归会做出这些假设的。"换句话说，在设计时，任何一个决策都会有意或无意地受到用例和用户假设的引导。再进一步从现实角度分析，那些能力不足的设计师，通常会将自己假想成用户，按照自己的假设进行设计。表面上看这样的设计是为用户考虑的，但事实上，他们毕竟不是用户，设计的结果可能会和用户的初衷相去甚远。

因此，即使是错误的假设也远胜于那些含糊不清的假设。起码错误的假设可以通过质疑来得到纠正，而含糊不清的假设则不会。

9.4 注释和参考文献

1. 用例模型是指用例的集合，其中每个元素都带有不同的权重。Robertson和Robertson[2005]的《Requirements Led Project Management》中详细介绍了用例。

2. Cockburn[2000]的《Writing Effective Use Cases》中详细介绍了用例。

3. Brooks [1995]，《人月神话》，56-57.

4. 我讲授的高级计算机架构的课程要求参与的学生将其作为学期项目。只要认真完成了该项目，那么参与者就可以从中学到大量对设计有益的知识和技能。

阿波罗火箭

第10章

英寸、盎司、比特与美元——预算资源

如果一个设计，尤其是团队设计，想要获得概念完整性，那么就应该清晰地定义出稀缺资源；公开、公正、公平地跟踪使用记录，并严格控制其使用情况。

10.1 何谓预算资源

在任何设计中，至少会有一种资源是稀缺的，需要限量供应或者将其编入预算中。有时情况会更复杂，需要将两种以上的资源综合优化；不过大部分情况下，只有其中一种会决定项目成败，其他资源只能影响或限制项目的成败。经济学家将前者称为"有限资源"。不管取什么样的名字，我觉得更重要的是：必须反复强调设计中一个不可或缺的行动——有意识地进行预算。[1]

尽管设计者们通常会声称：他们会尽量针对花费或者性价比进行优化，不过，千万不要相信他们的花言巧语，事实上他们基本上不会这么做。所以，我得再重复一次，如果想要让设计，尤其是团队设计，能够具备完善的概念性，设计师们必须清晰地定义出哪些资源是稀缺的，并公平、公正、公开地跟踪其使用记录，同时严格控制其使用情况。

10.2 钱不是万能的

请考虑下列无法用美元来计算的重要预算资源：

- 海滨别墅的英尺数；

- 最大负载的盎司数，可能是宇宙飞船的，也可能仅仅是个小背包的；

- 冯·诺依曼计算机架构所需的存储带宽；

- GPS系统中容许的误差数是多少纳秒；

- 小行星侦测系统中的日历天数；

- OS/360系统设计中的内核驻留空间大小；

- 会议持续多少小时；

- 补助金提案或者报纸的页数；

- 通信卫星所需要的动力（或者储存的能量）；

- 高性能芯片散发的热量；

- 西部农田的耗水量；

- 某门学位课程学生的学习时间有多少小时；

- 某组织章程的政治力量；

- 电影或者视频中的秒数，甚至是帧数；

- 伦敦地铁建设与维护中每天轨道使用的小时数；

- 计算机架构中用于表示格式的位数；

- 军事攻击计划中的小时数或者分钟数。

10.3 同一种资源也会有不同风格，甚至有替代品

在设计项目中，即使成本确实成为预算中至关重要的一个环节，设计师们还是应该仔细考虑成本的多样性。对于数以亿计的个人计算机而言，其制造成本占据主导地位。但是对于小规模生产的超级计算机来说，研发费用才是关键。

许多情况下，设计者会使用金钱的替代品作为需要列入预算的资源。建筑师会以平方英尺作为定量资源来进行规划安排和方案设计。计算机架构师则使用寄存器和各级缓存来作为芯片的替代品。

替代品有很多好处：它们通常更简单。人们可以在知晓性价比之前就用它们来进行设计。它们也更稳定，即使性价比可能产生变化，使用相同的替代品总是可以充分利用已有的设计经验。设计师不可能不知道一个会堂需要多少平方英尺。

不过这些替代品有时也会让人误入歧途，有些时候它们并不适合用来解决问题，但人们还是基于先前的经验继续使用它们。例如，当线路的长度或者针脚的数量成为至关重要的资源之后，芯片设计者们还是常常会墨守成规，过度考虑芯片的面积问题。

10.4 预算资源并非一成不变

随着技术的革新，有时关键资源也会由此而变化。这对于后知后觉的人来说，无异于埋下了一颗随时会引爆的地雷。例如，芯片的密度正在与日俱增，针脚数量早就取代了原先的

芯片面积问题，成为瓶颈因素，因此，它一度跃居定量资源。不过，长江后浪推前浪，功耗问题成为了新的热点，在芯片设计中，它取代了针脚数量的定量资源地位。Seymour Cray有一句名言："设计超级计算机的关键在于如何确保散热。"[2] 而Gene Amdahl则几乎在相同的时刻，给出了另外的答案——在他的设计中，片外电容才是限制运算速度的关键所在。[3]

有一部分人认为：类已经取代了功能点，成为估算软件规模与复杂度的重要度量指标。但经验丰富的咨询师Suzanne和James Robertson却指出：功能点仍然是最精确的估算指标。[4]资深开发者Eoin Woods则认为：

人们最关心的指标有两个：交付的产品到底有多大的价值以及为了交付该产品总共花费了多少精力。功能点非常有用，因为它可以衡量前者，反过来说，代码行数，类的规模以及其他一些指标则真实地反应出开发风格。如果做的够好，就能够在减少代码行数及类的数量的同时，轻松提升交付产品所能创造的价值（来自评论者的意见）。

在设计的中途，预算资源同样可能发生变化，那是因为我们会不断变得聪明起来。

1965年开发的OS/360操作系统在设计时希望能够兼容16种不同大小的计算机内存，从32K（是的，你没看错，是K，不是M）到512K。毫无疑问，有些内存空间必须为应用程序而保留，因此常驻操作系统核心的那部分就不得不一再精简——压缩到了12K这个极限值。当时我们确信内存空间会是制约整个系统的"预算资源"。很不幸，我们错了！

OS/360是首批支持存储在磁盘上的操作系统之一。而之前的操作系统大多存储在磁带甚至是卡带上。有了可以随机访问系统的功能之后，就可以很方便地在有限的空间内扩展功能了。"只要读取磁盘上的一个数据块就行了"。团队中的每个人都认为：由于访问非常频繁，数据块应该非常袖珍，以契合配置中最小为1K的缓冲区。

团队中天赋最高的开发者之一，Robert Ruthrauff在OS/360项目刚开始的时候就编写了性能模拟器，我们的运气很不错，模拟器成功运行。不过最初的结果让我们相当震惊！在第二快的计算机模型（Model 65）上，我们的程序系统每分钟只能编译5行Fortran代码！从那一天起，项目的预算资源就从内存字节变成了磁盘访问时间。[5]

10.5 那我们究竟该怎么办

如果觉得对一个设计团队而言，将资源编入预算进行监控是个不错的管理方式，那么我们应该采取什么样的行动呢？

定义清晰

在刚开始的时候，项目经理第一件要做的事情，通常就是列举出所有目标以及约束。紧接着就是清晰地定义出哪些将成为预算资源。请注意，根据我们先前已经讨论过的情况来看，这通常会是设计本身的某种资源，而非设计过程的某种资源。例如，技能分配对设计项目来说至关重要，但它本身却并不是设计的一项属性。

与之相反，项目进度表可能也是非常关键的，但一般情况下它是项目的一项属性，而不是设计产生的成果。举个例子：如果我们需要在截止日期即将来临时提交一份有竞争力的提案，"我们要在有限的时间内作出最好的设计。"不过从另一方面来说，如果设计的项目正好是准备让某个小行星转移方位，那么时间表本身就将成为预算资源。类似地，如果想让一个全新的产品在第一时间内打入竞争市场，那么也必须争分夺秒，从而时间表也将成为预算资源。

公开跟踪信息

整个团队都必须时刻了解核心资源当前的预算状况。进一步来说，每个小组，每位成员都必须清楚自己设计的那部分需要多少毫瓦来让芯片工作，需要多少事务来处理磁盘访问，到底能将预算控制在什么范围内。

严格进行控制

无论核心资源是什么，团队领导都应该保留一小部分以供可持续发展，就像将军们在打仗时总会保留一些预备队，随着战事的进行将他们投入最激烈的战场。[6]

还有一点也是非常关键的，那就是只有一个人能够拥有预算的控制权与调整权。Gerry Blaauw 在OS/360操作系统架构设计的Program Status Word模块中，对于比特位的分配，就是这样进行的。这些再加上内存带宽以及指令格式中的比特位，合起来就构成了待分配的预算资源。Gerry大气的系统全局观，勤俭节约的行事风格，能够在现有系统架构内挖掘替代品的良好创造力，这一切因素汇聚在一起，保证了我们的体系架构必然是高效的。[7]

因APL语言而获得图灵奖的Ken Iverson，将概念完整性看的比其他任何东西都更为重要，因此，他将不同语言概念的数量当成预算资源。为了能够引入新的概念，他制订了无数的提案，并与实现功能团队以及应用团队共同探讨。他的大局观、节省的习惯以及富有创造性的解决问题的能力，使他能够在现有的语言的基础上开发出了更加优雅的语言。

如今，Marissa Meyer同样拥有着良好的大局观，对设计的稳定性怀有极大的热情，同时也是勤俭节约的楷模。她正是Google的副总裁，尽忠职守，像万里长城之于中国那样保护着Google稳步发展。[8]

10.6　注释和参考文献

1. Simon（1996），《The Sciences of the Artificiamkl》,中也认为设计过程中找到限量资源是

至关重要的（143～144）。

2. Murray（1997），《The Supermen》。

3. Personal communication（约1972）。

4. Personal communication（2008）。

5. Digitek所开发的优雅、精悍的Fortran编译器（1965年），为编译器代码本身使用了高密度的、专门化的表现形式，因此根本就不需要外部存储空间。解码这种表现形式当然也需要花费一定时间，不过这样的开销完全可以通过避开使用瓶颈资源——磁盘访问来得到10倍以上的弥补。Brooks（1969），《Automatic Data Processing》，第6章。

6. 和将军门制订作战计划相类似，设计者也会面临最严峻的状况，此时他们必须针对新的情况及约束条件来作出快速而有效的修正和对应。

7. Blaauw（1997），"IBM System/360" 12.4节。

8. Holson（2009），"Putting a bolder face on Google"。

大卫·米开朗基罗，使用
丢弃的大理石块雕刻而成

第11章

约束是友非敌

适当的约束带来更大的自由。

——来自艺术家的名言

我希望能够四面有高墙环绕，它们能保护我的生活不受外界干扰，还能防止我踏上歧途。

——James Taylor, Bartender's Blues

通用产品要比专用产品更难以设计。

11.1 约束

无须讳言，约束自然是一种负担，但同样也是我们的朋友。约束会压缩可供设计者探索的空间。这样做，可以让设计者变得更为专注并加快设计速度。在初中时代，老师可能会布置这样的作业："写下任何你想写的东西"，但许多人并不喜欢这么做，我们必须注意到这样一个事实：去除了所有的约束之后，"设计"任务通常会变得更加困难，而非更加简单。

巴赫对此深有感触。Wolff说过，"虽然巴赫早期非常离经叛道，无视世俗的条条框框，但他其实更愿意在已有的框架下工作，也愿意接受因此而带来的挑战。"[1]

约束不仅仅压缩了可供探索的空间，它们同样对设计者提出了挑战，这往往是一个创新的契机。请回顾一下米开朗基罗的《大卫》雕像作品。据说，那块最终被用来雕刻的大理石在25年前就因为出现裂缝而被Antonio Rossellino作为无用之物抛弃了。这个传奇故事最后却成就了《大卫》雕像的设计完全不同于早期和当时的艺术理念。人们的好奇心完全被激发了，到底米开朗基罗怎样应对创作材料的先天不足，而艺术史上全新理念的火花又是如何点燃的。

Christopher Wren修建的伦敦大教堂则是另一个鲜活的实例。1666年的大火灾之后，Wren奉命重建50座被焚毁的公会教堂，当时的约束条件非常之多，简直到了苛刻的地步。

每一座教堂的地点，周边环境都是已定的，甚至有一些还留有先前的地基。除此之外，公会教堂中的祭坛必须面向东方，以便迎接耶稣化作"明亮的晨星"回归人间。

时至今日，人们还能参观第二次世界大战后残存的27座公会教堂。请看看每一处教堂的选址，考虑一下朝向的约束，然后再思索Wren当年是怎样找到解决之道的。

美国北卡罗来纳山脉上有一条Blue Ridge Parkway高架，其设计师需要尽可能减少与地面的接触以保护环境，结果倒是非常优雅。[2]

11.2　归结于一点

在设计任务中，人为的约束很容易就会放宽。理想状态下，约束会促使设计师去探索未知的角落，从而催生一些新的创意。不过实际上，任何约束集合也有可能起到相反作用，将设计师逼入死胡同，使得他们在设计方面束手无策。

因此，我们必须谨慎地区别：

- 真正意义上的约束；

- 曾经真实存在，但现在已经过时的约束；

- 被误认为是真实的约束；

- 可以制造出的人为约束。

过时的约束。一个有经验的设计师，有时会表现得像一只狮子那样，将自己局限在狮笼中踱步，他们会渐渐发现，自己已经受到了习惯的束缚，而随着技术的不断发展，这些约束可能已经彻底过时了。第9章的《人月神话》（1975）中曾经提到："在五磅容量的麻袋中塞下十磅重的物品"，这看起来像个笑话。但事实上，它却说明了如何将软件压缩到有限的内存空间中。在1965年，这一点显得格外重要，但在10年之后的1975年，其重要程度就要大打折扣了，不过许多程序员没有意识到这一变化，仍然对小容量内存心有余悸。（当然，内存大小对于嵌入式计算机而言始终是无比关键的，尤其是现在那些拥有强大系统的、我们称为"手机"的玩意儿）。

容易让人误解的约束。这一类型的约束更加隐蔽。图11-1中显示的就是一个非常经典的例子。（答案在图11-5中。[3]）我们在第3章中提到过边界约束，那完全是另一回事。

想要在7次而非8次乘法中增加两个2×2的矩阵，我们必须摆脱使用矢量操作的思维定势。

为联邦航空管理局（FAA）设计的IBM 9020计算机系统是个令人不堪回首的失败案例。MITRE公司的系统架构师担任了FAA的代理人，他们的目标是设计出一个可靠性非常高的系统。他们指定了系统的相关配置，如图11-2所示。

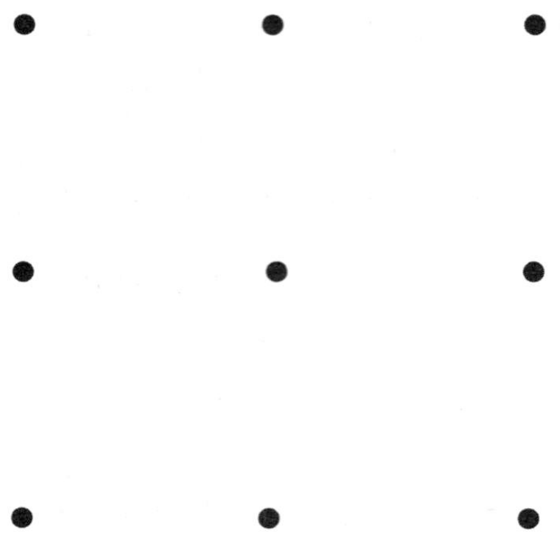

图11-1 容易让人误解的谜题:要求画一条线穿过所有9个点,而这条线最多只能分为四段

到目前为止,一切看上去都非常有条理。IBM团队在投标时发现新的System/360半集成电路技术很适合这种要求单元可靠性的项目。

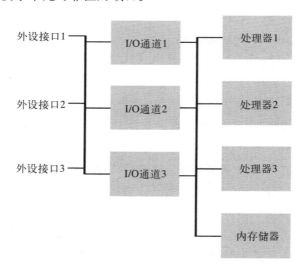

图11-2 1965年FAA系统中带有三重冗余结构的模块化处理器与I/O配置图

S/360 Model 50是一款处于中档的计算机。它同时满足且超出了处理器在速度可靠性方面的需求。Model 50的I/O系统与处理器的内存及数据通道的实现方式完全一样,不过在微编码上,它优雅地实现了I/O控制器的需求。

因此,IBM的工程师们设计出的系统框架如图11-3所示。

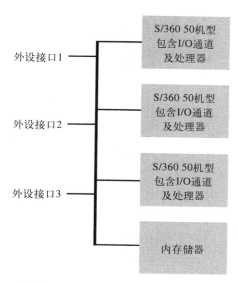

图11-3 使用System/360 50机型的FAA系统初步提案

如果仔细分析图11-3中的配置，可以发现它已经远远超出了系统所需要的性能及可靠度。但出乎意料的是，它没能成为最终的赢家。

图11-3中并没有具体的系统配置拓扑结构。MITRE的系统架构师们都错误地坚持己见，认为拓扑结构是一个必不可少的约束——但事实上，他们需要的是功能及可靠性，而非拓扑结构。按照这样的思路，IBM按照图11-4那样的设计进行投标、构建以及配置的交付。有一个得到了广泛承认的可靠性分析结果表明：该配置实际上并不如图11-3中的那样配置可靠，因为当组件规模翻倍或者采用更多连接装置后，系统可能会发生故障。但是结果却令人感到诧异，它完全满足了招标方规定的约束！

对于纳税人而言，系统的价格完全出乎他们的意料之外。图11-4中的设备数量明显要远远多于图11-3中的，但这些成本和最终价格并没有太大关系，政府部门的花费是完全一样的。究其原因，IBM太想得到这份合同了！当然了，虽然系统本身价格是一样的，但是在系统的使用期限内，能源、制冷以及维护等方面的花销则会有一定差别。

当你开始设计时，请时刻牢记，某些东西只是设计过程中需要的资源，而非设计的成果。

有时实现方法本身成为一种约束，那么一些更好的解决方法将被排除在外。为了产品和用户的利益，请对这些不合理的约束奋起反抗吧！

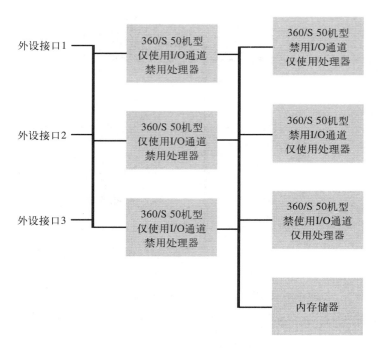

图11-4 实际交付的IBM 9020 FAA系统

11.3 设计悖论：通用产品比专用产品更难设计

之前我就提出过：设计中最大的难点就在于明确到底什么才是需要进行设计的部分。同时，我也说过：约束是设计师的朋友，因为它们可以让设计变得更简单，而非更难。目标越明确，设计也就越简单。

乍一看，你很难认同这个观点。人们很容易想当然地认为："设计一栋有1000平方英尺的房子"要比"为一个有龙凤胎，住在北卡罗来纳州教堂山的家庭，设计一栋1000平方英尺，朝北向的房子"来的简单。

话说回来，事实上前者确实更为简单，因为这样的设计很难进行评价。如果没有约束，也就不存在衡量优劣的标准。对普通的事物而言，通用设计要比专用设计更为简单。

但是，从整体上来看，如果人们更崇尚完美主义，那么后面那种设计更为合适。任何设计过程都起源于设计师对目标与约束的分析和具体化。首要任务便是缩小设计空间。在目标确定之后，约束越多，这个任务的完成程度也就越高。

赶制出来的通用设计。 为什么会发生这样的情况？让我们来考虑一下计算机架构这个例子。由于已经构建并发售了一百多种具有代表性的架构，通用的计算机已经广泛为人所熟知。

每个人都知道它是用来干什么的。一个好的设计师可以在短短几天内就绘制出草图；架构的可选集合翻来覆去也就那么几个：

- 指令格式

- 地址与内存管理

- 数据类型及呈现方式

- 操作集合

- 指令序列

- 监控工具

- 输入/输出

设计专用计算机架构。从另一个方面来说，设计出专用的计算机架构也会多出一些额外工作。设计师必须分析研究整个应用。它有什么特别的地方？操作的相对频率高低是如何分布的？对客户而言，各项指标如性能、费用、可靠性、重量各自占多少权重？说到底，设计师必须要明确整个应用有什么样的特征。

设计出优秀的通用架构。设计师还得清楚用例模型，这样才能设计出合适的通用架构，但用例模型却不是这么容易就能被制定出来的。实际上，设计师必须对应用有着通盘的了解，确定每一种特性所需的资源并保持它们之间的均衡。科学计算的难点在于矩阵代数及偏微分方程；工程计算则侧重于数据结构的简化及对公式求值；

数据库查询的关键是优化磁盘使用率。每一种不同的应用都必须被考虑在内。

接下来，我们还得定义一下各自的权重：

- 在整个应用集合中

- 在所有准备采用该架构的机器中

- 在新架构必须跨越的数十年生命周期中[4]

随着设计的不断深入，每一个实际的用例特点都将被拿来和预期值进行比较。类似的，当设计彻底完成并产生原型之后，该原型也应该让各种不同的用户来进行测试。

我开设了一门高级计算机架构研究课程，对于选修该课程的学生，我一直让他们参与专用架构研发项目。他们休想用陈芝麻烂谷子来忽悠我；应用和用户分析必须做到非常精确。值得欣慰的是，学生们做得很不错。相比之下，他们却无法在规定的时间内设计好没有任何约束的通用架构。这个任务可是要比深度分析简单多了，根本不用花费那么多精力。

软件设计。同样的悖论也存在于软件设计中。人们在通用的编程语言中必须花费大量的精力来保持表现力、通用性及简洁度之间微妙的平衡，相比之下，特定用途的编程语言无疑更为直观。约束在特定用途的设计中更容易实行。

立体设计。在建筑空间的设计中，该悖论也是成立的。设计一间奢华的卧室要远比设计公共空间简单，原因是公共空间具有更多功能，因此必须考虑更多使用场景，室内陈设的选择范围之广也同样令人头疼。[5]

类似的，设计专业实验室也要比设计计算机大楼的门厅更为简单。

小结

既然约束对于设计者来说是友非敌，那么如果一开始设计任务看上去并没有明显的约束，我们就该仔细考虑下到底需要什么样的用户和用例模型了。这样做，我们有很大几率可以找出一些约束，这对设计者和用户来说，都是一个好消息。

11.4 注释和参考文献

1. Wolff（2000），《Johann Sebastian Bach》，387。当评审者或者自身的表演才能无法提供足够的约束时，巴赫有时会自行创造出一些约束来汲取灵感。重复的巴赫主题就是一个鲜明的例子（重复演奏降B、A、C和B本位音）。不过，我并不推荐在软件工程中使用人为的约束来激发创造力。

2. http://www.blueridgeparkway.org/linncove.htm，访问于2009年7月18日。

3. 图11-1的答案。

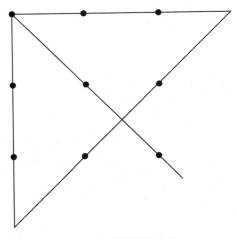

图11-5　9点谜题的答案

4. 根据几代不同的实现状况来看，我们一开始预测System/360架构可以存活25年。（Brooks（1965），"The future of computer architecture"）不过这股可以维护编程语言、计算机架构以及操作系统框架的力量之强超乎我们的意料。IBM的z/90在45年之后仍然嵌入了System/360，而且其终结的那一天还远远没有到来。今天仍在使用的Fortran（1956）同样能够展现持之以恒的生命力。

5. Robert Adam（1728～1792）为伦敦附近的Hampstead的Kenwood House设计了室内装潢的每一个细节，具体到连门把手都包含在内。（摘自《Kenwood Guidebook》）。

蒙蒂塞洛：杰弗逊（Jefferson）采用了帕拉迪奥（Palladio）所采用的罗马风格

第12章

技术设计中的美学与风格

耐用、高效和情趣。

——Marcus Vitruvius（公元前22年），《De Architectura》

风格是思想的外衣，高尚的思想正如装束体面的绅士那样令人神往。

——Chesterfield 勋爵（1774），私函CCXL，361

12.1 技术设计中的美学

Vitruvius有一句名言：好的建筑架构必须满足"耐用，高效和情趣"。从纯粹的实用主义角度来看，耐用和高效足以满足需求了，但是事实上情趣拥有同等的重要度。[1]

人类发展的历史证明了他的话是正确的。我们总是希望公共与私人建筑都能满足灵魂中对美感的追求，同时，也愿意为此付出更多的努力。

当人类还在穴居时，就已经会在穴壁上挥毫作画了；美洲原住民也懂得装饰自己的帐篷。史前的不列颠人手工雕刻他们的陶器。长久以来，模具、雕刻、瓷器、镶板以及上色等技术都在建筑的坚固性及便利性之外，起到了重要的补充作用。

美学的标准千差万别，从装饰的华丽程度到倾斜程度，会受到传统文化以及时代背景的影响，不过总体而言，视觉上的美感始终是建筑设计的终极目标。

美学与美感，在技术设计中，究竟扮演着什么样的角色呢？汽车、飞机以及轮船等交通工具都有其可见的外形，因此也就具有了视觉上的美感。但这并没有涵盖全部情况。我们通常会讨论"优雅"与"丑陋"的编程语言。当我们提到"简洁"的计算机时，通常不是指它工程上设计出的外观，而是指某些逻辑结构中的属性。

我们在观赏或使用某些设计时会感到身心愉悦。另一些设计在功能和稳定性方面同样出色，却没有带来同样的快感，这一点相当令人玩味。情趣可能会是通过视觉、听觉、嗅觉或者触觉来感知的。甚至可能仅仅是思维上的感受，比如说深刻的思想或者简洁漂亮的证明。我们的语言系统足以通过许多方式让我们理解这种感受——当不经意间提到"优雅"的程序时，受众肯定能够理解其中的含义。[2]

12.2 揭开逻辑之美的面纱

简约

简约乃优雅之本。"优雅"在数学上的定义是："用最少的元素定义出尽可能对的概念"。这对于证明显然也成立。许多数学教科书的作者认为它也适用于下定义。仅有充分性还不能称为"良好的"定义；拥有扩展性并能通过具体实例来说明同样是非常重要的。

人们总是倾向于将简约作为设计编程语言的宗旨。计算机设计中必须给简约——使用最少的元素这一目标分配极高的优先度。[3]

例如，Lisp有一个非常小的内核，但它优雅地支持了可扩展性与可兼容性。而Visual Basic，则正好相反，显得更复杂，同时很难进行扩展。

花开两朵，各表一枝。在简约之外，还有其他重要因素。例如，添加一个类似寄存器的"冗余"元件，可以极大提升计算机的性能和性价比。Common Lisp扩展了基本语言，使得程序员能够更为轻松地进行开发。

Van der Poel只使用了一种操作码，就设计出了一台计算机。[4] 每条指令都执行完全相同的操作。他证明了该操作的充分性——他设计的机器可以完成任何其他计算机能够完成的操作。但是，这样的操作很难进行编程。具有讽刺意味的是，它所带来的情趣，和玩字谜游戏没什么区别，都是通过增加复杂性，而这根本没有任何实际意义。

实际上，情况倒没有那么糟糕，如果想要更好地使用Van der Poel的机器，那么一套特殊的程序库是必不可少的。作者提供了一些子程序和宏操作，这样一来，所有人都可以进行更高层次的编程了。

无独有偶，APL也有相似的情况，这是一种非常优雅并且功能强大的编程语言。

APL兼容并蓄了多种不同的编程风格——从清晰直观的到复杂紧凑的。虽然其运算符都直接面向底层行为，但是有时还是需要使用特殊的组合来完成一些常用的功能。在《Computer Architecture》的A.6节，程序A-41中给出了相关实例，这个例子包含了"偶数化"、求半数、向下取整以及求倍数等计算（Blaauw and Brooks（1997））。

在某些情况下，人们也很有兴致想看一看一行APL代码到底能实现多少功能，虽然看上去有些复杂，但它却是符合语言习惯的。所谓的"一行代码"能实现的功能令人叹为观止。

但是，我必须再次强调，这又变成了无聊的字谜游戏，而不是优雅的设计。编程语言之所以存在，正是因为它们能够减轻编写和阅读时的工作量，而不是去制造一个又一个谜团。[5]

清晰的结构

简约并非一切。人们同样要求语言或者计算机架构具备一定的直观性。人们"想表达什么"和"如何表达"之间，应该有一条清晰的脉络。人类的自然语言可以满足所有的真实交流需求，不过它远远谈不上"简约"二字。

Shannon（1949）表示，英语的冗余度高达50%。[6] 在这样的高冗余度下，人们自然而然地研究出了各种习惯用语，编程语言也是这样。

结构。技术设计中的"优雅"要求基本的结构必须一目了然，另外，如果逻辑上并不那么直观，那么其结构还必须易于讲解。

比喻。"优雅"及可读性都能通过人们所熟知的比喻得到增强，尤其是在设计用户接口时。Macintosh操作系统中的"桌面"是个最具代表性的例子。VisiCalc的"电子表格"，现在通常集成在Excel或者Lotus中，也是一个不错的例子。[7]

什么才算是好的计算机架构

如果某种架构不能包含所需的功能，那么它就不应该存在。不过反过来说，即使所有需要的功能都已实现，架构仍有可能显得笨拙而不优雅。也有可能过于复杂，其功能及规则难以为人所熟悉和应用。如果一个架构足够直观，那么可以称之为"简洁"。

Blaauw和我都坚信，一致性在质量评价体系中是至高无上的。一个良好的架构应该是始终如一的，只要知晓了系统的一部分信息，那么剩余的那些也应该可以顺势推导出来。[8]

例如，当我们决定引入平方根运算时，就必须将运算完全定义清晰。数据与指令的格式应当与其他浮点运算相同。精度、范围、取整、有效数字位数等，都应该和其他运算的结果相同。即使是对一个负数求平方根，也应该抛出一个类似除数为零的异常。

不过，真正的一致性解决方案并不是那么容易设计出来的。对于计算机架构而言，常用的标准有以下几条：系统的说明必须简明扼要，代码构建必须简单明了，对不同的实现版本要有兼容性。

衍生出的准则。从一致性出发，可以衍生出三条重要的设计准则：正交性、专用性及普适性。

- 正交性：不将无关事物耦合起来。当具有正交性的功能发生变化时，集合中的其他任意功能都应该维持原状。以闹钟为例，其功能集合为荧光表面及闹铃系统。如果荧光表面亮起后闹铃才会发出响声，那么闹钟就不具有正交性。本书中类似的、违背了正交性的计算机架构可谓车载斗量。

- 专用性：和无关事物保持距离。恰好可以满足需求的功能可以称为"专用的"功能。对于一辆轿车而言，其方向盘、变速器、车灯以及挡风玻璃清洗都紧扣需求，拥有"专用型"。

专用性的对立面是无关性。一个反面例子是汽车中的变速齿轮。汽车行驶过程中本身并不需要转动齿轮，因此，它破坏了专用型。

计算机方面也有这样的例子：数字零在两种补码中有着相同的表示。与此相反的是，无论是有符号数还是补码，都会在零之前补上一个符号位，这样的区别就产生了无关性。我们不得不特地制订出数学运算中零作为带符号数时的运算规则以及与零比较大小的结果。这样的运算结果通常出乎我们的预料之外。

简约性是专用性的一个子集，透明性也是，它保证了在功能的实现中不会产生深藏不露的负面效应。在计算机系统中，数据通道的实现应该对开发者可见。

- 普适性：不要限制天马行空的思维。具有普适性的功能可以同时适应不同场合。它和设计者的自身专业素养紧密结合，他们通常确信用户的需求不可能超越设计者的思维，因此，用户的真实需求可能会因为他们的能力限制而被曲解。设计者应该避免将功能限制在自己划定的牢笼之内。当设计者力不能及时，就干脆放手让它自由翱翔吧。

Intel 8080A 有一个重启操作。按照设计初衷，它应该在中断后重启。但是幸运的是在设计时就充分考虑了普适性，因此现在它最常用的功能变成了从子程序中返回。

常见的实现普适性的方式包括以下几种：预留一定的扩充余地（留待将来开发），完整的功能集合，解除功能间的耦合，保持正交性以及使用组件技术。

保持一致性带来的更多好处

保持一致性可以让我们变得更为强大，也更加善于自我提高，因为它可以极好地锻炼我们的思维能力。除此之外，它还能让我们在易用性和易学性之间鱼与熊掌兼得。

易学性要求架构简单明了，而易用性却恰好相反，要求架构复杂，正如定点运算和浮点运算的差别那样。当设计者某天领悟到其实定点运算是浮点运算的一个特例时，他对于架构的理解自然而然就会更上一层楼。

12.3　技术设计中的风格

即使从中途开始聆听某首闻所未闻的古典音乐作品，老资格的鉴赏家也能立刻猜出乐曲的年代及作者。而当眼前呈现出一幅未曾谋面的画作时，我们也会猜测："这看上去像是伦勃朗的手笔"，或者"作品一定出自荷兰的黄金时代"。第二次世界大战时，英国的海军志愿队能够正确译出来自Axis广播公司的摩尔斯码"fists"，有了这项技能，他们就可以识别出行军时的作战单位。推而广之，桥梁、汽车、飞机以及计算机架构都是这样。我们也可以这样说："这个架构看上去是Seymour Cray设计的"。

有了风格（稍后会给出详细的定义），我们才有足够的动力去追求情趣。风格中有两个部分会影响到情趣的一致性以及自身固有的内涵。在建筑、音乐、烹饪及计算机中，没有哪种风格可以得到所有人的交口称赞；同时，混乱不堪的风格则会让人毫无兴趣。[9]

之前我曾经说过，设计中最重要的属性莫过于概念的完整性。毫无疑问，设计中最关键的完整性来自于整体结构，它是支撑起设计的骨架。不过，细节上的一致性同样不容忽视，它是覆盖在设计表面的皮囊。

一个能够被完整应用的风格可以称为"组件"，即便对产品的概念完整性来说，它只是一件华丽的"外衣"。它不仅仅提升了情趣，还让设计更容易被人理解。与之相辅相成的是，这又简化了最初的学习和使用，即使搁置一段时间，很快也能被重拾起来，在可维护性及可扩展性方面，它同样大有裨益。

无论对于什么样的流派，风格都具有无可取代的地位。

12.4 何谓风格

确切地说，我们的问题是怎样才能让设计者对于产品有更为正确的认识。这个问题看上去很简单，实际上却非常深奥。

定义。《牛津英语字典》里对于"风格"的定义如下：

14. 文学作品中属于形式或者表述的特性，不包括思想成事件的表达实体的特性。

21. 某种娴熟的构造、成果或者产品的具体模式或形式；艺术品的创造方式，艺术家进行创作的特色或者是他们所处的时间与空间

《韦氏字典》（1913 版）：

4. 各种艺术表现形式（尤其是音乐）；某种灵感或者作品的独特体现。

Akin（1988），"Expertise of the architect"：

设计者出于个人喜好及职业素养而选择的风格，可以有效限制设计过程中因选择面太广而造成的诸多问题。

细节特征。即使是同一位画家，其不同作品所对应的主题也是不同的，作曲的主题及流派亦是如此，但是它们却拥有统一的风格。类似的情况还有很多，Frank Lloyd Wright设计的Oak Park教堂与其他设计师设计出的教堂在某些布局上十分相像，但是，和Wright自家住宅相比、其线条、细节、装潢及涂料上却有着更紧密的关联。无论何种风格，它在细节上的联系都要比主体上的联系更为紧密。[10]

异想天开：脑力劳动最省化。所有的设计及创造都需要巨量的微观决策。人们总是希望卸下抉择所带来的重负以减轻脑力劳动。如果说这是人类天性的话，那么它自然会影响到我们的创造活动。如果没有特别原因，那么我们每次碰到同样情况时都会做出相同决策。这些微观的决策能够表明我们工作本身的特质，从而让我们拥有识别能力。

微观决策的一致性。人们总是希望微观决策不仅在时间维度上保持一致，同时它也能适用于一系列相似的情况。在相同的因素中，我们应该具有同样的思维方式，并以一致的方式其衡量它们。

Frank Lloyd Wright倾向于在装潢中使用直线型元素而非曲线型。而Seymour Cray 则在他早期的计算机框架中将性能看得比兼容性更为重要。

风格的清晰度。如果设计师在宏观和微观范围内保持了相当程度的一致性，那么我们就可以说其风格是清晰的，也就是说，可以用非常简洁的语言来进行描述。在同类事物中，它是如此特别，我们可以一眼就认出它来。

即使像巴洛克那样复杂的结构，其风格同样可以是清晰的。Wright的架构不但简约，同时清晰度也非常高，这两种属性不能混为一谈。

反之，如果在设计的关键部分中没有展现足够的一致性，那么我们就得说它是难以理解的或者混乱的。从某种程度上看，保持一致性会产生较高的清晰度，而高清晰度则让人感觉到良好的情趣。[11]

我的定义：

风格是一种不同的可重复的微观决策集合，即使所处的环境不同，但决策制定的方式是保持不变的。

再补充一点：微观决策的制定取决于相应的方式。

毫无疑问，风格是必然存在的。一些酒吧会告诉我们播放的音乐到底是巴赫的，莫扎特的还是舒伯特的。某些著名的展览会上展出了许多伦勃朗的作品以及一些被认为出自伦勃朗手笔的展品，不过其中的一部分后来被证实是赝品。专家们自然能够分辨出哪些才是货真价实的，而外行们也不仅仅只会看看热闹，他们也时常能够评头论足一番。[12]

博览群书者自然能够毫无压力地从Gerry Blaauw和Gordon Bell中找出哪台是Cray计算机。[13] 有一本未署名的《Federalist Papers》著作，其作者的庐山真面目还是可以通过行文风格的细微之处推断出来。[14] 程序员可以认出彼此的代码。

C. S. Lewis认为，耶稣所创造的种种奇迹，正是造物主富有创造力风格的忠实体现。[15,16]

12.5　风格的特点

无论设计的媒介如何，风格的特点总是相通的。

难以捉摸。想要清晰地定义出风格需要大量的文字说明。《The Chicago Manual of Style》一书中关于"英国散文"的部分足足占据了984页。Fowler的《现代英语语法》（1926）不惜耗费2800个单词来精确定义单词"the"的用法。我们对于什么是巴赫风格的描述，同样也会引用大量信息。

结构清晰。任何一种风格的表现形式（无论是显式还是隐式），都具有与生俱来的结构性。以英国散文为例：

- 方言与用词

- 人物、事态、礼节、鲜活的色调、温情的基调

- 均衡与节奏——韵律

- 俗语——例如，性别代称

- 标点符号

- 创作布局——字体，间距及其他

本书的创作风格可以在相关网页上找到[17]，包括书的样式、章节风格、标题、段落、字体以及许多其他元素。

与时俱进。即使只是个体的风格，也会保持与时俱进。真正的鉴赏家可以轻松分辨出Turner早期作品和晚期作品之间的区别。[18] 至于一些应用更广的风格，例如哥特建筑，甚至连我们这些外行都能分辨出哪些是早期的，哪些是装饰过的以及哪些是垂直风格的。不仅如此，风格中的时尚元素更是日新月异，从流行音乐，年轻人的流行用语到17世纪的英国花园莫不如此。

12.6　若要使风格保持一致，请将它写成文档

设计风格是通过一系列微观决策来制定的。一个清晰的风格必然会反衬出这个系列的一

致性。理论上说，一个清晰的风格未必是良好的，但一个混乱的风格则一定不行。[19]

志向远大的设计者必须为了风格的一致性而努力。如果设计者是一个团队，那么需要付出的努力就会更多。因为一个作者独自写上十页，还能保持风格上的一致。把范围扩大到一整本书时，他就得把一些风格上的决策记录在案了。如果作者是一个团队，那么即使只是小小的十页，他们也得用表格来保持风格一致了。（一个细心的编辑也能起到相同作用。）

在大部分设计中，许多关于风格的取舍在一开始就已经尘埃落定了。技术类文章看上去就像学术期刊一样严谨；而一本书籍则具有一切出版物应有的特质。汽车设计师会从一个庞大的SAE标准集和他偏爱的弹簧、螺母及螺栓的厂商名单中进行选择。操作系统设计师必然拥有标准的子程序库。

即便如此，设计中还是会有大量意料之外的微观决策。Gerry Blaauw和我都发现，当我们合作编写《Computer Architecture》时，曾经制定出一份整整19页的写作风格表。[20] 这自然对已经包罗万象的《Chicago Manual of Style》以及Addison-Wesley出版社的文档风格起到了有益的补充。虽然我们能够覆盖的面已经相当广泛，但总有一小部分漏网之鱼。例如，我们该如何表述某种特定的计算机？生产商加上型号？每一次都这样表述？还是只在第一次提及时采用这种方式？抑或是每章第一次提及时？

毋庸置疑，无论是工程图纸、设计蓝图还是用户手册，设计团队必须用合适的方法将设计风格记录下来。他们还得时刻思索设计者的意图，这样才能让此后的维护人员不漏掉任何重要的内容。这样的最终产品才是优秀的。在维护阶段，团队还是得继续保持概念完整性，将影响最终设计的那些微观决策记录下来。

12.7 如何形成良好的风格

要有简洁清晰的观点；要有直截了当的方法；要有坚持不懈的精神。

他山之石，可以攻玉。请尝试一下别的风格。这会促进设计者进行更为缜密和详细的思考。通过这样的做法来取得良好的成果已经有不少成功先例——例如Respighi的《Ancient Airs and Dances》和Fritz Kreisler的《Classical Manuscripts》以及《Praeludium and Allegro (in the style of Pugnani)》。[21]

公正地评价。客观地指出你所偏爱的风格以及喜欢它的原因，到底喜欢它们哪一些方面以及原因。

实践，实践，再实践。

修正和提高。找出并修正风格中的不统一之处。

　　谨慎选择设计师。请为你的产品选择那些具有清晰风格并有较高品味的设计师。哪些设计师具有这样的资质？这可以从他们已有的设计作品中看出端倪。

12.8　注释和参考文献

1. Vitruvius（公元前22年），《De Architectura》。

2. Gelernter（1988），在《Machine Beauty》一书中提出了一个颇为令人震撼的观点：美感不仅在分析设计时有用，而且应该支配设计本身。

3. Steve Wozniak（2006），在《iWoz》一书中自豪地声称：和其他相同级别的机器对比而言，AppleI的组件数量仅仅是它们的2/3。

4. van der Poel（1959），"ZEBRA，一种简约的二进制计算机"，详细的说明可以在Blaauw和Brooks（1997）的《Computer Architecture》一书13.1节中找到，也可以参阅van der Poel（1962）的《The Logical Principles of Some Simple Computers》一书。

5. 我们在Blaauw和Brooks（1997）的《Computer Architecture》一书第511页的程序9-8提供了复杂的APL单行代码。

6. Shannon（1949），《The Mathematical Theory of Communication》。

7. Blaauw和Brooks（1997），《Computer Architecture》。

8. Blaauw（1965），"Door de vingers zien"；Blaauw（1970），"第四代硬件需求。

9. C. S. Lewis（1961）的《An Experiment in Criticism》一书中旗帜鲜明地认为风格的优秀性与风格的层次（阳春白雪与下里巴人）是完全不相关的。

10. Alexander（1977）的《A Pattern Language》在架构方面是本重要的例书。

11. 下面列举了一些让我颇以为然的清晰风格，其中也包括一些可以模仿的风格：
    • 位于巴塞罗那的露天西班牙建筑博物馆El Poble Espanyol。
    • 迪斯尼中的EPCOT和国家展览馆。
    • 杜克大学的哥特式校园。
    • Jefferson位于弗吉尼亚大学草坪上的10个展馆，每一个都展现了一种独特的风格。
    • Sidney Smith的18世纪的散文。
    • 引用过的Respighi和Kreisler的作品。

12. 一件一度被认为是赝品，最终却被收入芝加哥艺术馆的艺术珍品。

13. 例如，Blaauw和Brooks（1997）的《Computer Architecture》一书中第14章（Cray）与第15章（Bell）以及"Computer zoo"部分中的12.4节（Blaauw的风格）。

14. Mosteller（1964），《Inference and Disputed Authorship》。

15. Lewis（1947），《Miracles》第15章。

16. Chen（1997），"Form language and style description"讨论了风格的定义并且尝试量化它。

17. http://www.cs.unc.edu/~brooks/DesignofDesign。

18. 大多数艺术家的艺术风格都在不断进化。北卡罗来纳艺术博物馆中的"Monet in Normandy"（2006～2007）展品就清楚地显示了在过去几年中的风格变化。

19. 对于Gaudi设计的令人震撼的巴塞罗那大教堂，有着毁誉参半的评论，但无论如何，其具有概念完整性。

20. 可以在本书的网页http://www.cs.unc.edu/~brooks/ DesignofDesign 中找到。

21. 1905年，Kreisler首次公开发表了Classical Manuscripts，并说自己是在法国南部的修道院里找到这些手抄本的。Kreisler对于其名字经常出现在他举办的音乐会上该曲的作曲者一栏这件事感到局促不安。1935年，他承认自己对这些曲目进行了改编，并在再版时以"仿作"（in the style of）的名义发表。

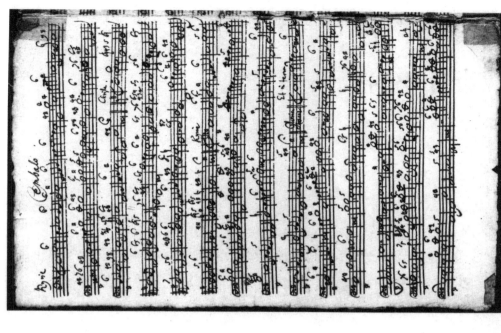

《Palestrina Mass》的巴赫手抄本

来自于柏林国家图书馆

第13章

设计中的范例

……当你寻找某样东西时，只有当你对它有所了解时才有可能找到。否则，你根本毫无头绪，甚至根本无从知晓是否已经找到。这再次证明了架构师在设计时脑海中闪过的往往还是已有的方案和风格。

——Bill Hillier 和 Alan Penn [1995]，"与研究领域无关的设计理念是否存在"

13.1　全新的设计是罕见的

不过它们一定很有趣！ 人们很少会进行全新的设计。请想象一下首个地球卫星，首部移动电话以及首个WIMP接口，首座航天站以及首台超级计算机！

英雄所见略同。 通常来说，即使是有创意的新设计也会从先前的经验中获取灵感，其构建技术同样也是类似的。设计师本人很有可能曾经使用过该设计，即使没有，他也一定曾经研究过。

那么，范例和先例在设计中到底扮演着什么样的角色呢？设计者应该如何研究、使用它们？每个设计领域都应该累积这样的范例吗？到底怎么做，由谁来做才是最好的？

13.2　范例所扮演的角色

范例为全新的设计提供了安全可靠的模型，它告诉设计师需要检查的项目有哪些，会存在什么样的潜在危险和错误，还可以成为新设计的起步基石。

因此，如果想成为伟大的设计师，就应该投入大量精力来学习先人留下的知识精髓。Palladio（1508～1580）不仅研究了Vitruvius（公元前22年）的书，还远赴罗马考察并记录下幸存的遗迹，研究古罗马的那些经过岁月洗礼后留下的最合理的设计理念。经过这些厚积薄发的努力之后，他不仅设计水平一日千里，还留下了架构风格的创世巨著。

江山代有才人出，Jefferson非常仔细地研究了Palladio的巨著，还深入观察了他在巴黎的建筑。[1]

巴赫休了半年无薪假期，徒步250英里来研究Buxtehude的理念（由于请假过久，巴赫失去了这份工作）。巴赫已经被公认为比Buxtehude更伟大的作曲家，但他的非凡才能正是基于先人的肩膀之上，而非另起炉灶。[2]

我个人认为立志成为一个伟大的技术类设计师的人也应该这么做，但是目前的设计中有着急功近利的因素，这与我提倡的理念背道而驰。

一个伟大的设计师和凡人的区别在于：他的设计相当于可以借鉴的范例，并为此提供了恰如其分的评论。

13.3 计算机和软件设计中的问题

在计算机和软件领域，基于范例的设计又处于什么样的状况呢？我得毫不客气地指出：它们远远落后于经典的设计原则。我们有很好的设计艺术和资源，但许多学校课程并没有意识到这一点，在设计中的应用更是远远不够。

我们应该采用什么样的范例

在传统设计原则下，刚入门的设计师和经过专业训练的设计师在范例的使用上有云泥之别。

新人会选择那些自己见过的范例，而专业设计师则具有更为广泛的选择面，他们所知晓的范例代表着不同年代、不同风格和不同流派。这样，它们就能从这些范本中得到专家级的指点，告知他们最重要的特质及区别。

计算机与软件领域中的设计师往往只会使用自己认知范围内的范例，即使是专业设计师也不能妥善利用现有的范例。

计算机领域。计算机架构师们首次进行大规模运算时获取了宝贵的经验，直到现在仍然可以在最新的架构中反映出来。早期的DEC微型计算机非常偏爱MIT Whirlwind；IBM 704和1401则特别崇尚System/360操作系统；早期的微型计算机毫无疑问从DEC PDP-11中汲取了灵感。

计算机和建筑不同，其架构设计者和实现者在同一家公司任职，因此这些团队对产品的感触就更深。经过培训及公司文化的熏陶，他们要比公司的竞争对手更为熟悉自家的早期产品。Intel的微处理器就烙上了深刻的公司印记。

对已有的设计进行改编在这一领域内也是常见的做法。一旦某种计算机在业界内取得了成功，模仿者及后继者就会层出不穷，最常见的做法就是在先前的模型基础上添加一些功能。

大批量生产的软件。诸如Microsoft Word之类的产品会紧随计算机的设计模式，通过修改功能及实现方式，就可以推出后续版本。Lehman和Belady对于这种软件的研究颇有心得。[3]

面向客户的应用软件及操作系统。放眼历史，绝大部分面向客户的软件及操作系统反映出来的都是设计者的个人经验而非整个设计原则。

目前，足量的文档和关于模式的教学为这一领域提供了相互借鉴的渠道。Gamma（1995）的《Design Patterns》一书中，着重介绍了数据结构及组件级别的模式。而Buschmann（1996）的《Pattern-Oriented Software Architecture》一书则致力于解决更大范围的、与系统结构相关的模式。我们需要了解更多更详细的系统描述以及系统概念，但是现实却不那么美妙，只有少数操作系统做到了这一点。

13.4 研究范例的设计原理

设计者应该怎样研究所在领域中的那些经典的范例呢？想研究架构，就应当阅读说明手册。想研究某种实现方式，就应该分析维护文档。但是如果想总览全局，那么就必须掌握所有相关的技术资料以通晓其原理。

大部分技术资料都只是知其然而不知其所以然。许多设计师根本就解释不清他们一开始设计的到底是什么东西，这也很好理解，因为他们都忙着设计下一个作品呢。

早期的技术在实践过程及随后的变革中都遇到过预料之外的情况，解决之道可谓是八仙过海，各显神通，争论之声也从未停止。那些资料纯粹是事后诸葛亮，在总结阶段看上去是那样无懈可击，与在设计阶段的漏洞百出形成鲜明对比。对于我们大部分人来说，这个过程可谓历经坎坷，不过乐观点儿看，我们在解决这些意外情况中同样获益匪浅。

计算机处理器架构则提供了大量的范例以供学习研究。这项技术尚处于襁褓中，以至于各家说法莫衷一是。一开始有许多种设计方法，到最后都归结于"标准框架"。Blaauw和我在《Computer Architecture》（1997）一书中详细地讨论了这个演化过程。这个演化过程——虚拟内存、迷你计算机、微型计算机与RISC架构——都在计算机发展史上书写下了光辉的一页。其中的任意一种技术都引起了轩然大波，这也正是不断自我完善的原动力。

计算机鼻祖

最重要的计算机方面的论文莫过于Burks、Goldstine和von Neumann（1946）的"Preliminary discussion of the logical design of an electronic computing instrument"（关于电子计算设备逻辑设计上的初步讨论）。

这是一项令人难以置信的工作——任何一位计算机科学家都应该拜读这篇神作！

它极具预见性地提出了可存储程序的概念，还有诸如包含三个寄存器的部件以及其他许多创意。其涵盖之广泛，论述之精辟，影响之悠远，无不令人叹为观止。

Maurice Wilkes则提到了另一部更早期的手稿：

我通宵未眠，一直在阅读着这份报告，当我第一眼看到它的时候，就立刻明白了它是真正的瑰宝，自此刻起，计算机的发展之路将会是一片光明。[4]

Wilkes进一步说到：宾夕法尼亚大学的Presper Eckert、John Mauchly以及John von Neumann曾经讨论过类似观点，而这篇论文则将其发扬光大。不过现在人们往往将此硕果错误地全部算在von Neumann身上，而忽视了另外两位的贡献。Wilkes对此非常遗憾，却又很难去纠正。

在"初步讨论"之后，许多团队在各个不同的地方使用真空管逻辑电路来实现可存储程序。第一个成功的团队位于曼彻斯特，这只能算是个雏形，因为它虽然能运行，但也完全没有任何可用价值。而首台可以投入应用的机器则出自剑桥，它被称作EDSAC。它们各自的工作原理都被详细记录在案：Williams（1948），"Electronic digital computers"；Wilkes（1949），"The EDSAC"。

早期的超级计算机中最重要的是IBM Stretch与Control Data CDC 6600。Buchholz（1962），《Planning a Computer System: Project Stretch》一书中含有许多讲解基本原理的篇幅。不过反差最大的是第17章，它介绍了创新性的计算机——用于密码分析的数据流所对应的协同处理器，却几乎没有介绍任何与机器特性相关的原理。

CDC 6600很快就取代了Stretch成为世界上运行速度最快的计算机，它简直就是超级计算机中的霸主，同时也是Cray超级计算机家族的鼻祖。Thornton（1970），《The Design of a Computer——The CDC 6600》一书中详细描述了它的许多基本原理。

第三代计算机

第二代计算机犹如匆匆过客，没有在历史上留下太多印迹；此时的内存价格低廉且不可或缺，成为计算机而第二代计算机却没有足够的地址来应对大容量的内存。大量产品线的架构出现了无法避免的不兼容现象，极大阻碍了计算机的发展。幸运的是，集成电路的出现极大地降低了成本，同时又让那些高级语言能够重新编译，这样就可以很快移植到新的架构中，新的架构通常伴随着新的原理。

Blaauw和Brooks（1997）的《Computer Architecture》并不是一本讲解原理的书籍，但却包含了许多System/ 360系统架构的原理，我们完全可以结合自己的实际经验来理解这些例子。Amdahl（1964）和Blaauw（1964）列出了System/360操作系统原理的简表。

虚拟内存

Manchester Atlas经历了从运行缓慢的后台存储到小型高速内存的进化,在此过程中,它引入了自动化的指令分页概念。位于密歇根和MIT的分时操作系统开发者们很快就想出了新招,用更大的命名空间将这个概念推广到整个虚拟内存中。GE和IBM建造出了这样的计算机,对于整个行业而言,这又是伟大的革新,自然也产生了新的原理:Sumner(1962)(Atlas)、Dennis(1965)、Arden(1966)。

小型计算机的革新

晶体管——二极管逻辑电路提供了进一步降低成本的实现方式。DEC PDP-8就是其中的一员,它能够让一个单独的部门拥有独立生产计算机的能力,而不需要将整个机构都投入其中,从某种程度上说,这改变了世界。除了在性价比上的意义之外,这样的技术革新还有着深远的社会影响力。自此,小型计算机犹如王谢堂前燕,飞入寻常百姓家。这些小型机和所谓的大型机共同登上了时代的舞台,但是暂时还未能取代大型机的地位。

大型机的制造商们过于后知后觉,过分依赖于曾经让他们日进斗金的固有阵线,也因此与革新擦肩而过。经过重新洗牌,新的生产商破茧而出。其中的佼佼者莫过于Digital Equipment Corporation(DEC)。Bell(1978)对DEC小型计算机的原理及革新颇有心得。

微型计算机与RISC革新

类似的,集成电路领域也发生了兼具社会性和技术性的革新。计算机价格已经低到个人就能拥有并且完全掌控的地步,而在这之前还只是某些部门才有这样的财力。由此,微型计算机也进入了量产时代。

历史总是惊人地相似,小型机时代的生产商们犯了同样的错误,大浪淘沙之后,Hewlett-Packard幸存了下来,而老霸主DEC则没有逃过劫难。倒是一些大型机的生产商,尤其是IBM,上演了王者归来的好戏,成为了主要的个人微型计算机制造商。

在这场革新中又一次诞生了大量的新原理:Hoff(1972)(单片CPU)、Patterson(1981)(RISC I)、Radin(1982)(IBM 801)。[5]

其他领域的专家同样可以列出类似的列表,记录下范例的历史、革新和具有纪念意义的里程碑。

13.5 应该用什么样的方式来改进基于范例的设计

如果设计师需要完全掌控整个行业的创意及技术,而这又大大超出了其能力范围,那么他们该怎么办呢?

范例集合

上一节刚刚讲过，计算机架构方面有着丰富的范例文档。毫无疑问，下一步我们将会在这些系统化的集合中收集所需的东西并将它们发布出来。Gordon Bell和Allen Newell在1971年出版的《Computer Structures》一书中首先提供了足够的细节来帮助其他设计者。Hennessy和Patterson在1990出版了非常有价值的《Computer Architecture》，它的附录E堪称经典，Blaauw和我将该书的第9章至第16章收录到了范例集合中。

超越集合

收集完集合中的元素之后，就应该仔细、慎重地评论每一个范本了。在计算机设计中，我们不仅可以在关于集合的书中阅览到，同样也可以在对于某些特定机器的说明文档的分析中寻觅到其踪影。

在评论之后将进入分析阶段，将一个范例与另外一个进行比较，将关注点聚焦在每个范例所对应的目标上。分析者会不由自主地喧宾夺主，将焦点集中在产品的目标上大加批判，而不是为了分析实现既定目标而采用的设计是否简洁高效。这些评论对于后继设计者而言，没有太大价值。

再接下来就需要进行比较分析了。每个设计都有各自不同的利弊，对于具体设计而言，有些方法是对症下药，而有些则是对牛弹琴了。谨慎的分析者会扬长避短，从每个鲜活的实例中提炼出经验和准则为将来做准备。在大部分工程领域中，这些准则将被修订成册，最终升华为行业标准。

软件设计领域如何

通过收集–评论–比较分析–总结归纳这一过程，计算机设计领域取得了迅速发展，与之相对的是，软件设计领域则大幅度落后。

也许这仅仅是时间的问题吧，软件工程直到1968年才渐渐兴起[6]，而计算机工程则早在1937年便处于萌芽状态[7]。目前为止，我们已经有了一部分操作系统方面的范例[8]，编程语言的原理及描述等[9]。

描述操作系统的架构难度要远远超过描述计算机架构的难度，因为其功能无论在复杂度还是数量上都不可同日而语。此外，链接操作的语义难度也是分割操作所无法比拟的。我个人认为现在的复杂度相比过去已经提升了两个数量级。这毫无疑问会对收集—评论—比较分析—总结归纳—软件范本成型这个过程造成巨大迟滞。对于Grady Booch开始编写《Handbook of Software Architectures》一书，我感到无比兴奋，这本书现在只在网上传阅，还没有纸质版本[10]。

谁执牛耳？将范例进行系统化处理以供学习研究是一个学术上的任务而非设计任务。学者和设计者的着眼点不同，后者往往会将一个项目的经验不分青红皂白地转移到另一个项目上，连停下来反思都不会做，更遑论进行什么学术研究了。只有足够成熟的学科才会吸引学者（或者是那些已经逐渐成熟，拥有反思精神的设计师）。

如何进行鼓励？现代工程学是否重视并赞扬了那些从事系统化工作的人们？人们是否会通过某些制度来保障这些做法的实施？在许多机构中，这样的工作在科学史或者技术部门是非常有价值的，而在工程部门却遭到了冷落。

13.6 范例——惰性、创新与自满

前面关于设计中范例的讨论似乎还漏掉了某些话题，这些话题是每个设计师都能真切感受到的。

- 沿袭已有的设计或者前例难道仅仅是为了省力吗？如果一个专家自认为是诚实可靠的，他是否能拍着胸脯说出这样的话？

- 人们之所以成为设计师是因为他们喜爱创造。不过有个问题非常有趣，将某人的自我展示禁锢在另一种风格的牢笼中难道是正确的吗？

- 这个时代非常重视创意和革新，它们能带来非常大的回报——尊重、声誉有时也会让人名利双收。

- 人们可以通过独到的视角来为人类作出杰出贡献，忽视乃至压制这种创意难道不是暴殄天物吗？[11]

一些观点

为了避免误解，我得说明一下，我并不认为大部分设计问题都可以通过范例来解决，对于照猫画虎的方式更是嗤之以鼻。

我真正的观点是：

- 设计师应该对他所在领域的范例烂熟于心，了解它们的优劣，用创新来掩盖自己的无知不是一个好办法。

- 在除了艺术之外的工程领域，无端的创新（意即在一些重要方面并不能做得更好）纯粹是自作聪明，也是一种极其自私的举动，因为这必将导致灾难性的后果。

- 当设计师掌握了前辈的风格之后，他们就拥有了创新的基础，从而对新的创意更得心应手。

惰性

那些惰性严重的设计师会想方设法偷懒，他们对范例只进行很小的改动。总体上来看，那些抄袭者不会使用年代久远的范例，他们所钟爱的是最新、最流行的范例。

这个世界上充斥着低层次模仿Bauhaus风格的建筑以及仿照Frank Lloyd Wright"大草原"风格的俗不可耐的住房。

在任何设计领域都不能有惰性，高度的热情和勤奋才能使得设计师们驾轻就熟地领悟前辈们留下的宝贵范例。

创新与自满

在我看来，现在对于创新的嘉奖已经误入歧途了。对于Vitruvius的改造，无论采取什么样的方式，人们都希望其设计能够满足几个最基本的功能点：在重压之下也能保持牢固性和持久性，同时还得让人身心愉悦。以这些标准来看，Shaker的家具、Revere的餐具以及Peck and Stowes的钳子都起到了表率作用。[12]

那么什么才是创意呢？首先它应该符合某种情趣。我们曾经看到过令人耳目一新的设计，我们对优雅得体的方案感到如沐春风——Leatherman的可折叠工具，一些新奇的玩具以及斜拉桥。

但是，归根结底，它们之所以让人感到优雅，是因为新方法解决了之前的问题，而非它们本身有多吸引人。我们每次使用到新事物时感受到的情趣就足以证实这一点。

它永远不会消逝，而另一方面，仅仅只有新鲜感是无法让人真正满足的，花无百日红，日久天长，新鲜感便会退散，情趣也就随之远去了。寻求新鲜感的人总是不由自主的，他们根本没有持之以恒的追求。[13]

有心栽花与无心插柳。寻求新鲜感的人追寻的是新奇的事物而不是持之以恒的情趣。另一方面，真正将设计落到实处的人倒是在创造流芳百世的价值，这可以说是无心插柳柳成荫。

自满。在创意之后，与奋斗最紧密的就是自满了，无数人希望自己能够扬名立万，自古如此。而这始终是人们失败的根源，它会毁掉一切。

早在建造巴别塔的时候，其恶果就显现无疑了——"来，让我们建造通往天堂的高塔吧，这会让我们名垂青史的！"[14]

Shelley在他的诗作中就提到了人类天性中的欲望："我是传说中的神ozymandias，我是万王之王；请看看我的丰功伟绩吧，它充满雷霆万钧的力量，但却令人绝望！"

无止境的欲望正是堕入地狱的入口。[15]

13.7 注释和参考文献

1. Howard（2006），《Dr. Kimball and Mr. Jefferson》。

2. Tovey（1950），Johann Sebastian Bach说："事实上，在巴赫时代，我们根本不可能接触到Palestrina之前的音乐分支，因为他的手稿中丝毫没有提到过这类信息"。

3. Lehman（1976），"A model of large program development"；Parnas（1979），"Designing software for ease of extension and contraction"

4. Wilkes（1985），《Memoirs of a Computer Pioneer》，108~109。

5. Hoff（1972），"The one-chip CPU—computer or component？"；Patterson（1981），"RISC I"；Radin（1982），"The 801 minicomputer"。

6. Naur（1968），"Software engineering"。

7. Aiken（1937），"Proposed automatic calculating machine"。

8. Multics，UNIX, oS/360, Linux。

9. Sammet（1969），《Programming Languages》；Wexelblat（1981），《History of Programming Languages》；Bergin（1996），《History of Programming Languages》，第2卷。

10. Booch（2009），"Handbook of software architecture"。

11. Wren爵士的圣保罗大教堂证明了光荣属于传统，也属于创新。我非常钟爱迪斯尼世界的风格，它展现了无尽的创意。请想象一下灰姑娘的城堡、汤姆历险记中的孤岛、鬼屋、罗宾逊的树屋，以及19世纪的大街。在这样的环境中，甚至连对风格的夸大和模仿都别开生面。

12. Heath（1989），"Lessons from Vitruvius"高度概括了Vitruvius。它宣称Vitruvius首创了一种设计方法，尤其是分支方法，这使得人们可以从45种建筑类型中找到自己想要的。从中我们就可以看出究竟应该怎样使用范例来简化设计方法。

13. 我个人认为这是一种分辨神圣珍品与鄙俗赝品的方法。只有珍品才能让人满足（满足也可以指代"足够"）。人们可以获取充足的食物，充分的睡眠，适量的工作，尽情的娱乐以及浓厚的情感。而赝品，却总是在追寻新鲜的美味，与众不同的感触以及飘渺不定的事物。

14. Genesis 11。

15. 我在类似的建筑中工作过。根据环境需求，Sitterson大厅可以轻松构建出完美的带有面向卡罗来那旅馆的四合院。它是由等高的砖砌成的殖民地建筑。所谓的"创意"使得Sitterson成为了一栋令人生厌的建筑，它的钢制屋顶无比丑陋，三楼的窗户过高以至于坐在里面的人无法欣赏到美景，四合院的精粹之处根本无从体现。

由于空气动力的错误设计导致了塔科马港市纽约湾海峡大桥的坍塌

第14章

智者千虑，必有一失

真切希望每个人都学会一日三省。

——Oliver Cromwell[1650]

当我犯错时，我总是觉得会失之东隅，收之桑榆。

——Fiorello la Guardia

真正困扰专业设计者的问题并不在于设计东西的方法不对，而是设计的东西就是错的。

14.1 错误

在任何领域中，业余者总会犯下许多错误，这些错误对于专业者而言是绝对会避免的。训练、实习以及实践都会大大提升专业者的技术水平。

但是，一旦专业者犯错，后果将是灾难性的，这样的例子屡见不鲜——在修建时就倒塌的桥梁，楼层间没有楼梯的房屋，严重浪费内存和带宽的计算机，太复杂以至于难以学习的编程语言。

Henry Petroski 认为，每次技术或者材料革新之后，设计师必然会重复以下举动：

- 小心翼翼地前进

- 掌握新方法

- 大踏步前进，完全忽视了脚下暗流涌动的危险

- 过度自负而提出不切实际的目标，因竞争压力及自身的傲慢而好高骛远

他引用了一份30年来关于主要桥梁坍塌的研究文档，结果表明我们很快就要重蹈覆辙。[1] Minneapolis的I-35W大桥不幸地证实了他的预言。

也许专业者的失败可以归咎于新一代设计师的涌现，他们一开始接触的就是新技术，没有经历过一路成长的风雨，这很容易让人感觉到：这些新人对于危险的迫近没有足够的敏感度。

他们通常很难意识到新的技术是怎样适用于现有技术的。他们类似于盲人摸象，见木而不见林，对于全局的认识程度过于低下，也很少想到去问："我所做的对全局有什么帮助吗？"新人们往往按照他们认为"正确"的方式埋头干活，而从来没有像Thomas Jefferson那样反思："我做的事情究竟正确与否？"

在开发System/360计算机族时，我们伟大的、经验丰富的架构师团队拒绝使用自动内存管理的疏漏直到最后时刻才得以修补。

成功对于专业设计师来说是非常危险的。失败可以刺激人们去分析、审查和反思。而成功却会让设计师对于设计技术以及自身过于自负。这两种盲信会让人迷失自我。

14.2 曾经最糟糕的计算机语言

智者千虑，必有一失的例子就是IBM的OS/360中的任务控制语言（Job Control Language，JCL），现在它被称为z/OS 系统的MVS任务控制语言（MVS Job Control Language for z/OS）。我个人认为，这是世界上最糟糕的计算机编程语言。它是在我的监管下诞生的，对于整个管理层而言，这实在是奇耻大辱。

JCL作为一门编程语言，了解其缺陷还是非常有意义的。整个软件开发团队由无数真正的专家组成，阵容堪称豪华，包括Fortran语言的最初设计者与其他许多主流语言的理论家在内，随时待命。人们不禁要问，这样一个强大的团队，难道会犯下如此低级的错误吗？

尽管这些错误已经过去了45年之久，JCL至今还以当时的形态奋战在历史舞台上，但这些错误的负面影响还没有消散，它们所带来的教训也将是深远的。

JCL是何方神圣

OS/360最初是被当做一个批处理操作系统设计出来的，但从一开始起，终端用户就可以向任务队列发送和建立任务，并查询它们的状态及获取结果，此即所谓的人机交互。JCL是一种脚本语言，它定义了一些选项和属性以处理批量任务，装载输入文件，处理每一个输出文件以及管理程序和数据文件等其他不常用的功能。JCL脚本可以编译源程序，链接到程序库，执行特定的数据集合，打印，在磁盘上记录以及在几种不同输出格式的磁带上归档。

JCL实在是难学难用。一组JCL命令可以很好地控制计算机进行处理，但许多用户只会盲目地复制这些脚本并调用。有一些参数是一目了然的，而对于其他晦涩的参数，只有那些极具探索精神的人才会深入JCL脚本并修改它们。直到今天，Fortran和COBOL语言仍然使用附带的JCL，将归档程序存储到"过时的"文件中。

JCL之殇

JCL最知名的缺点就是它本身是一门编程语言，而设计者却没有把它当做编程语言。

设计者将JCL当做面向所有编程语言的调度语言。JCL语言在其根本理念上就存在严重缺陷。

OS/360为大量编程语言提供了编译器，除了Fortran和COBOL之外至少还有六种。每位用户至少都要知晓两种语言：JCL和他自己使用的编程语言。大部分人根本做不到这一点，因此JCL语言被束之高阁了。

用户真正需要的是一种调度能力而非类似JCL这样的调度语言。PL/I和S/360的宏汇编程序就提供了这样的功能，这样一来，每位程序员都可以使用单独的语言来进行工作，分别在编译期、调度期以及运行期指定一些操作行为，这些行为大部分发生在运行期。

其语法更类似S/360的宏汇编而非高级语言。在已经错误地作出了使用调度语言的决定之后，设计者们在选择哪种具体的语言上作出了更为糟糕的决定。早在1966年，OS/360系统上线一年之后，汇编语言的份额已经被压缩到1%左右了。行业的重心早就发生了转移，但设计师们显然对此后知后觉。

但它和S/360汇编语法并不完全相同。JCL的语法和S/360宏汇编还是有许多差异的，掌握了S/360汇编并不代表着同时掌握了JCL。

依赖于卡片列。Fortran语言由于某些因素的考量，只能处理IBM 704（1956）的36位字，允许最多72个字符组成的语句以及连续的行。一行中多于72个字符的都将被忽略。（卡片第73～80列最初用于序列化的数字程序卡片，即使被丢弃，也能轻松恢复出来！）

JCL遵循了这种穿孔卡片格式，确切的时机是OS/360系统剩余部分被终端访问时（在这个时机点之后终端甚至不能显示字符的位置，用户也根本无法知晓什么时候会处理到第73列）。随后，这一方面的思维模式就有了大幅度的变换，这种变换正是由于该系统而引发的，可惜当时人们根本没有意识到一点。

动词数量太少。JCL只有六个动词：JOB、EXEC以及DD等，它的设计师们为之自豪。他们有理由为之骄傲，但是JCL所需要完成的功能数量却远远不止六个。[2] 强加的"优雅"与所谓的简化行根本不能与实际的复杂度相匹配，系统的复杂性不可避免会在一些应急方案中带来负面效应。

参数的声明暗藏玄机。动词的功能是必须提供的，因此在JCL中引入了大量（甚至是过量）的关键字参数来产生数据声明（Data Declaration，DD）语句。许多参数根本就是假借动词之名挂羊头卖狗肉，例如DISP，该命令的意义是规定在某个任务结束后怎样处理数据集合。

几乎没有分支。大部分编程语言的核心概念就是条件分支。JCL反其道而行，分支是此后才追加的，严格限定在某个操作中，通过参数来实现。

没有迭代。JCL中没有提供直接的、原生的迭代；它只能通过那些拙劣的分支来实现。设计师在调度脚本中完全没有考虑过迭代。

没有简洁明了的子程序调用。类似地，设计师没有在调度脚本中考虑过对子程序调用的需求。令人难以置信的是：在许多JCL程序中如果重复使用子程序，只能复制大量相同的命令，它们几乎一模一样，除了一小部分参数有所不同。

14.3 JCL何至于此

设计JCL的专家团队过于依赖他们先前的经验。他们的固步自封极大地阻碍了思维的提升，从这一角度来看，过分遵循范例带来了一场灾难。

OS/360 JCL的主设计师同样参与了OS/360项目，这一项目发自于取得了巨大成功的IBM 1410/7010（1963）操作系统。从功能上考量，1410/7010也许与OS/360有两个数量级的差距。它是一个非常严格的批处理操作系统，用于经典的文件维护应用，完全没有任何远程处理功能。类似文件名和I/O设备分配之类的调度功能是通过简单的控制卡片来实现的。这些卡片被放置在每个任务所对应的板面前等待进入穿孔卡片读取设备中，该技术可以追溯到使用磁带的操作系统时代。

OS/360 JCL的设计师们将他们的新任务视作对1410/7010项目经验的一种重现，他们是如此解释的："我们将使用控制卡片来进行调度。"这已经注定是一个致命的错误了。从概念上说，这个目标中的每一个部分都错的离谱，这样的错误导致了设计中的每一个想法都是荒谬的。

只有少数几种控制卡片符合1410/7010操作系统的规格，还有一小部分人把OS/360 JCL的设计目的等同于简单性，结果只准备了少量的动词类型。不仅卡片类型的不足是个大问题，而且每个任务只能由少量卡片来完成的假设同样灰飞烟灭。在这样的情况下，JCL脚本通常显得又臭又长。

卡片的使用是第二个概念上的误区。整个JCL编程语言的概念都是紧密围绕在穿孔卡片周围的，而实际上当时该技术已经是日暮西山了。

控制卡片这个名字就暗示了每一张卡片都是分别解释的，行为上应该是基本独立的——实际上，这是早期的操作系统所采用的方法。它占据了有限的分支、迭代以及子过程，从而使这门语言变得十分糟糕和丑陋。

将卡片视作单独的、完整的命令实际上说明了为什么没有任何人意识到JCL最终会成为一门编程语言（在调度期解释和执行）的原因。我们最根本的问题就是没能发挥充分的想象力。

随之而来的另一个问题是，设计师们根本没有针对JCL进行设计——只是在原有基础上不断生长而已。如果有人曾经意识到它可能成为一门系统语言，那么当初就有可能结合语言设计者的专业知识和经验、以设计系统语言的方式来进行设计。

可惜，事与愿违。一开始的"控制卡片的设计"就束缚了设计者的思维，这在设计中本来是个旁枝末节，隶属于整个任务调度器的设计。系统管理、远程处理、网络管理以及其他许多功能都随着OS/360的设计而发展壮大，每个新生的调度功能或者功能定义都集成到了JCL中。由于整个语言的灵活性、普适性以及综合结构性实在太差，新的功能只能通过增加关键字参数的方式来实现，大部分情况像就是一个DD语句。在声明中，本该是形容词的部分却被鸠占鹊巢地变成了动词，这严重影响了所有的操作。

14.4 经验教训

1）失败的例子相比于成功的例子更有学习和研究的价值。

2）成功后也要反思。成功会带来自信，对设计技术的自信，对设计本身的自信以及对设计者本人的自信。所有这一切都可能会演化成过度的自负。

3）从更高的层次去考虑设计的目标以及所处的环境。行业的思维方式是否将会发生变换？设计师的假设在十年后是否依然符合时代潮流？设计的东西本身是否正确？

14.5 注释和参考文献

1. Petroski（2008），《Success through Failure》。他援引了Sibly（1977）最初的研究"Structural accidents and their causes"。
2. 随着JCL的不断发展，后续追加了一小部分动词。最新的JCL标准（2008年11月）可以在http://www.isc.ucsb.edu/tsg/jcl.html上查阅。最初的版本是由IBM公司（1965）定下的：《IBM Operating System/360, Job Control Language》。

怀特兄弟的第一架飞机，于北卡罗来纳州的纳格斯黑德

第15章

设计的分离

大约在16世纪，在大多数欧洲语言中出现了"设计"这个术语或等价的词……总的来说，这个术语表明设计从实现中分离出来。

——Michael Cooley (1988)

15.1　设计与使用和实现的分离

20世纪在设计原则方面最大的进展之一就是设计者和实现者与用户的进一步分离。

请考虑19世纪到20世纪之交的那些发明家。爱迪生在他的实验室里制作了他发明的所有能工作的实物。亨利·福特造出了他自己的车。怀特兄弟亲手造出了他们的飞机。

一个世纪之后，哪个计算机工程师能够造出他自己的芯片？更不必说从沙子和铜开始了。哪个飞机设计师能够掌握飞机的复杂制造过程？更不必说动态稳定飞机的软件了。哪个建筑设计师完成了自己的结构工程并针对地震进行加固？

类似的，在许多学科中，设计者也与用户分离了。在建筑方面，医院、火葬场、核燃料处理工厂、生物物理学实验室的设计者很少有作为用户的个人经验，必须通过用户代表提取出预期用户的行为。也许更糟，设计者要与用户的辅助人员打交道，这些人与真正的用户之间还有一段距离。基本没有哪个海军设计师指挥过一艘舰船，更不必说指挥舰船作战了。

这与一个世纪之前的情况形成了强烈对比。今天的汽车是由高级工程师设计的，他们10多岁的时候在众所周知的绿荫树下拆分老汽车。今天的高级通信专家大多数都有业余无线电执照，可能在学校中装配过单管收音机。今天的一些英国高级机械工程师是1-3-1"三明治"计划的产物：1年在公司的亲手操作培训，公司出资在大学学习3年，再加上1年手把手的培训，然后再开始设计。许多美国的工程师是协作培训计划的产物，结合了大学的知识和手把手的行业经验。

幸运的是，这种分离仍有例外。例如，软件工程还是一门年轻的学科，系统架构师们曾经做过程序员。个人产品的设计者就是用户，如iPod、iPhone和汽车等，他们自己的使用感觉激发了他们的设计灵感。UNIX的设计者，特别是开源Linux的设计者，都是从他们自己的需要出发，构建工具给他们自己使用，并与其他人分离。我认为这对使用的成功和用户的激情都是有益的。

15.2　为什么分离

第一个理由很明显。20世纪在所有实现技术上的惊人进步要求专业化和更长的学习时间。跟上地震工程的进展，甚至仅仅是利用复合材料进行制造，这在目前都是一项全职的工种。

第二个理由不太明显，但可能同样重要。我们现在设计的东西如此复杂，以致光是它们的设计都要求专业化、更长的学习时间，以及所有设计者的努力。现在基本上没有不复杂的技术。以简单的奶油蛋糕的复杂制造过程为例，在考虑好口味的同时，还要考虑较长的保质期，以及馅料和蛋糕始终保持分离。[1]

15.3　分离的结果

结果怎样？我们可以看到什么后果？沟通不畅随之而来。建筑师建造了优雅的建筑，在其中工作却很难；工程师设计的控制面板，让核反应堆的运营人员觉得很困惑；过度指定的实现使成本超出了预定，增加的功能或性能却不多。对于用户与设计者的联系、设计者与实现者的联系来说，他们之间的沟通带宽大大减小了。人与人之间的沟通总是比只和自己沟通要差得多。灾难性的、高成本的、让人尴尬的沟通错误比比皆是。

15.4　补救措施

首先一点，设计者必须意识到，这种分离在20世纪已经发生，必须投入额外的努力和专门的工作以缓解它们带来的痛苦效应。

补救措施1：用户场景体验

即使是少量的用户场景体验，也比没有要好。即使是好的用户体验模拟，也比没有要好。全尺寸的实物模拟让我们能够尝试厨房或座舱的场景。虚拟现实的环境也能起到这种效果。

当我受命为IBM Stretch计算机设计一个操作员控制台时，我只是道听途说操作员实际上在做什么事，根本不知道他们的一些任务的相关频率和重要性。

Stretch团队在夏天停工两周，大部分成员都去度假了。所以我来到波基普西实验室运营709计算机的计算机中心，申请做2周的操作员学徒。

这个过程提供了大量的信息。我的主要工作是装上磁带，但是我完全沉浸在科学计算中心的工作节奏中，敏锐地观察那些主要操作员所做的事情。[2]

这段"用户"体验导致第一个操作员控制台的设计是程序控制的（基本上是一个紧密连接的终端），而不是直接反应并影响硬件，它能够为多名操作员提供多个终端，在多名程序员之间灵活地分配任务，并能够在线交互式调试程序。

我必须承认，我设计的这个过于有想象力的控制台似乎很少以我设想的方式在Stretch的安装上使用。在线交互式调试相当长一段时间以后才实现，部分原因是Ted Codd的Stretch多程序操作系统只是选件，不是标准Stretch软件。[3]

在我参与Operating System/360的设计时，这段经历就更有价值了。在线交互式调试的所有要素都具备了，以前的探索导致了更精巧的终端和充分的软件支持。

Dave和Jane Richardson在杜克大学的生物化学实验室的学期休假也是类似的体验。每天的接触帮助我理解了他们对模块化图形工具的需求，他们利用这些工具来研究蛋白质的结构和功能。

Philippe Kruchten在担任加拿大航空控制系统的首席架构师时将这种接触系统化了：

所有软件人员都送去进行航空控制的手把手培训，参加ATC（航空控制）课程，然后花上数天时间，在真正的区域控制中心里，坐在控制人员旁边，尝试理解他们的活动的本质。类似的，ATC工作人员则要学习诸如面向对象的设计、Ada语言程序设计这些课程，以便能够有效地协同工作，利用彼此的技能。[4]

补救措施2：通过增量式开发和迭代式交付与用户密切交互

Harlan Mills的增量式开发和迭代式交付体系，是从项目一开始就与用户保持密切接触的最佳方式。[5] 先构建一个能工作的最小功能版本，然后让用户使用，或至少以测试来驱动开发。即使是为大众市场构建的产品，也可以通过部分用户采样的方式进行测试。

在我自己为科学家构建交互式图形系统工具的实践中，我经常惊讶于用户对我们早期原型系统的反应。我几乎完全错误估计了他们使用新工具的方式。

我们的团队花了大约10年的时间才实现梦想的"room-filling蛋白质"的虚拟图像。我当初的想法是，知道了C端和N端的物理位置，化学家们就可以更容易地在复杂的分子中找到研究途径。在经历许多次失败之后，我们终于在头戴式显示器上产生了一张合适的高分辨率图像。化学家可以边走边看蛋白质的结构，研究感兴趣的部分。

我们的第一个用户来赴她两周一次的例会，一切都很顺利，她移动得不少。第二次会议也一样。第三次会议时她说："我能坐下吗？"10年的工作被一句话打败了！和体力上的消耗相比，这种导航帮助意义甚微。

我们在一个辐射治疗规划系统上也有类似的经验。辐射专家的任务是找出多个粒子束的方向，它们将轰击肿瘤，同时避免波及像眼睛这样的敏感器官。我们将病人的半透明虚拟人体放在空间中，这样医生就可以多向移动，从不同的角度来查看。而实际情况不是这样的，他们更喜欢坐着，让虚拟的病人旋转各种角度。

补救措施3：并发工程

设计者需要投入更多精力，深入到实际的体验和实现过程中去。即使是单独的、不具代表性的实现经验，也可以很好地告诉设计者，实现的某个版本太过于理想化或不完整。我强烈建议这样做。

有一种危险，那就是如果设计者的个人经验就是全部输入（这从本质上就是不具代表性的），朴素的样例实现经验将对设计产生过度的影响。也许最好的平衡是在主要设计实践中采用并发工程。在这种情况下，真正的实现者积极参与设计过程，他们的丰富经验为设计者有限的实现样例提供了平衡。（在软件领域，同样的实践有时候就被称为敏捷方法。）

将实现前推到设计过程也是有要求的。习惯按照标准工程图纸来工作的船厂工人，可能不太习惯于通过标准平面图和局部图想象出完成后的结构，因此就不能看出错误或预见到实现的"陷阱"。若通过丰富的视图来增强标准平面图和局部图，甚至通过虚拟现实的环境来察看，可能使并发设计过程更顺畅。

补救措施4：设计者的教育

设计课程必须包括理解用户需求和期望的技术与实践。[6]

Gould和Lewis在经典的、影响深远的1985年的论文中阐明了3个设计原则，首当其冲的是"从开始就直接联系用户"以理解用户及其任务。他们发现许多设计者认为自己在这样做，实际上是在听别人描述用户行为、阅读用户相关材料、分析用户的特点而已，只在开发过程较晚的阶段才向用户"展示"、"复查"或"验证"设计。[7]

在车间的扎实的实现经验，真正地参与构建软件实践，在设计者教育中是非常重要的。

学生对直接用户接触和实际实现经验的需要要求更多的项目课程和体验，即使是牺牲一些书本知识的学习时间也是值得的。分析技术和正式的综合方法是必要的工具，但高级的方法在需要时就会不言自明。得心应手的境界是很难达到的。今天的设计课程必须考虑设计的分离的现实，并付出巨大的努力让年轻的设计者接触到实现和使用的真实世界。

15.5　注释和参考文献

1. Ettlinger (2007)，《Twinkie, Deconstructed》。

2. 也包括音效。我与Grady Booch有同样的怀旧情怀："我怀念老计算机发出的声音。通过计算机发出的声音，我就能说出我的程序在做什么。"

3. Codd (1959)，"Multiprogramming STRETCH"。

4. Kruchten (1999)，"The software architect and the software architecture team"。他进一步报道说："有些人感到受挫，认为是在浪费时间，但后来很惊奇地发现这对他们的工作有很大的帮助。"

5. Mills (1971)，"Top-down programming in large systems"。

6. 在大约22个软件工程实验室课程中，我发现有必要、也有可能请一些学生团队满意且必须与之一起工作的外部用户，用户必须每周花一些时间与开发团队开会，他们的回报就是可能得到可用的原型软件。我要求的项目是那些成功了就能派上用场，但不一定是必需的项目。同时，也要允许学生团队的失败。

7. Gould (1985)，"Designing for usability"中介绍"这些原则是：尽早关注用户并持续关注用户；对使用进行经验性测量；迭代式设计"。

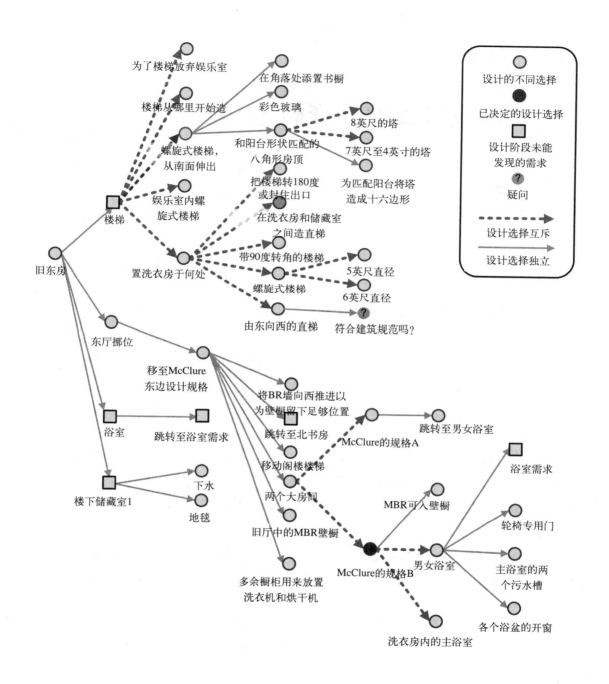

Brooks厢房设计图局部，Compendium软件生成

Sharif Razzaque整理

第16章

展现设计的演变轨迹和理由

与Sharif Razzaque合作

利用一台数字计算机，可以有许多种方法让你自己变成一个傻子，再加一台计算机也不会有什么不一样。

——Maurice Wilkes爵士 (1959)，《The EDSAC》

在修复你不懂的东西时，要小心。

16.1　简介

设计师要想从每次设计经历中学到最多的东西，他们就需要记录下设计的演进过程：不仅说明设计是什么，而且说明设计为什么会变成这样。同时，这样的设计理由文档对系统维护者的帮助也非常大，它防止了许多无知之错。记录下设计和演变途径和理由，这比初看起来要难得多。[1]

一些研究团体尝试用计算机辅助解决这一过程中的问题。[2] 所以，Sharif Razzaque决定：针对一个特定项目的设计演变轨迹，开发一个计算机展示。我们以235页的散文式日志作为原材料，这些日志是我妻子Nancy和我在设计1 700平方英尺的屋子的扩展时保存下来的。（这个设计项目在第22章中进行了简单介绍。该项目更大的设计树发布在本书的网站上。）

本章展示了我们对真实设计演变轨迹和设计演变文档的观点。这里我们的描述方式如下：

- "我们"指我们一起完成的工作。
- "我"指Razzaque独自完成的工作。
- "我"指Razzaque的解释和假设。
- "我们"指Brooks夫妇同意这些解释和假设。

16.2 知识网线性化

正如Vannevar Bush在他提案的Memex设计方案所采用的做法，讲解所需的所有知识项的相互关系需要一张图来表示，一般来说是一张非平面图。[3]

但是这样的图难以展现，也几乎不可能理解，由此各行各业的人们将知识的表示线性化，并以一种或多种辅助的表现形式作为补充。

具体过程是：

1) 切断图中的一些边，直到它成为一棵树。这一过程强加了一种以前没有的层次化顺序，不论这种顺序是否是想要的。

2) 将这棵树以某种熟知的方式映射为一条线，通常以广度优先的方式实现。

以本书为例。它所面对的主题是相互关联的。但这本书本身必须是线性的：一页接着一页，一行接着一行，一个字接着一个字。所以我将主题内容组织成一棵树，并在内容表上显示它：小节构成章，主题构成小节。页码显示了从树到线性形式的映射关系。

但是，内容表并不是故事的全部。在书的后面可以有索引，它以字母顺序的术语来组织这本书。某个术语的页码实际上成了贯穿全书的一条链子。索引恢复了我们将网状内容转为树状内容表时切断的许多链接。

组织一个图书馆时也采用了同样的过程。图会图书馆分类系统（或称杜威十进分类系统，Dewey Decimal System）将所有相互联系的书映射成一棵树。树再通过广度优先的方式映射为一条线，对应到书架顺序。但这种映射以多种索引作为补充，每种索引都恢复了一些切断的链接：作者索引、标题索引、主题索引。

主题索引特别有趣，因为书架顺序映射已经是基于主要的主题了。根据除主要主题之外的其他主题，主题索引重新组织了这些书。

维基百科通过丰富的链接来解决这种网状的表现形式，马上就能访问文章。这种能力是对我们的智能工具箱的重要增强。

任何一种设计空间都有类似的网状结构，所以设计的表现形式具有挑战性。如果说设计都难以有效地表示出来，那么设计过程更是天生如此。

第2章中介绍的理性设计模型似乎假定存在这样一棵设计树，它在每个分支节点展示了选择所带来的次级设计决定。在理想情况下，人们会将每个选择的理由与这个决定联系起来。但决定是以多种复杂的方式相互关联的，每个决定既有其简单原因，也受到它的兄弟节点或远亲节点的影响。

16.3 我们的设计演变轨迹记录

我们的目标是记录Brooks家的厢房设计所隐含的设计树，这既是第22章中简要描述的设计过程案例的补充，也是为了展示随时间推移的设计演变。更重要的是，我们希望深刻理解Brooks家的设计过程：

- 日志与Fred的回忆一致程度如何？
- 有哪些争执，它们发生在什么地方？
- 突破何时发生，如何发生？
- Fred和Nancy是否系统地探索过设计树？
- 从这次分析中得到的发现是否支持本书其他部分的观点？

结果表明，我们在尝试重建设计树的过程中所学到的，比设计树本身揭示的东西更多。实际上，树本身只带来了少数领悟，这有些让人失望。这项练习是一次失败的实验。

16.4 我们研究房屋设计过程的过程

我们从寻找已有的设计树绘制软件开始。最终我们选择了Compendium，[4] 这个工具现在主要的用途是在设计过程展开时记录和关注设计的过程。

我以日志第一页中的笔记作为设计树的根，一页一页地推进，根据我事先准备好的转换方案，将笔记转变成结点和链接。我们很快就遇到了困难，迫使我们考虑转换是否正确。这导致我修改了转换方案，偏离了Compendium隐含的方针。

我们的过程形成了一种模式：每次我们调整转换方案时，我就会回到第一页，对Compendium树进行返工，以符合新的转换方案。然后我们会推进，并不可避免地遇到另一条日志记录，它不适合我们的转换方案。这导致我们重新审视：

- 我们（不断演进）的转换方案；
- 我们使用Compendium重建设计树的方法；
- 设计过程本身。

这个过程（转换方案遇到困难–调整方案–重新开始）一次又一次发生，最初是每天都会发生，后来发生的频率越来越低。我们逐渐收敛到一个较好的方案，并决定对余下的缺点妥协，只有这样我们才能在日志转换为设计树的工作上取得进展。

什么是设计树

不久后我就意识到，我们在为设计树寻找转换方案上遇到的问题，源自于缺少对设计树的准确定义。我头脑中的定义是非正式的、隐式的、模糊的。寻找一个可用的树转换方案的过程，也是寻找设计树定义的过程，这个定义需要足够严谨、全面和精确，以便在操作上可行。

因为我的定义是非正式的和隐式的，所以我甚至都没想起来要抛开软件工具，用纸和笔构建一个设计树的例子，并针对它确定一个转换方案。

我们开始的模糊的设计树概念与图2-1中的设计树相符。这种概念就像人们在配置一个按订单生产的笔记本电脑时遇到的选择树一样。每个设计问题（也就是要做出的决定）都是一个节点。兄弟设计问题，如"可见性"和"闹铃"，相互之间是正交的，设计者必须回答每个问题。在Blaauw（1997）看来，这称为"属性分支（attribute branches）"。

对于每个可选的设计选项，每个设计−问题节点都有一个子节点。以笔记本电脑为例，人们必须从几个可选项中选择一种显示器尺寸。这些可选项是相互排斥的可选分支。对每个独立的设计问题，设计者都要选择其中一个可选项。

大多数的选择都会带来更多的设计问题（例如，决定使用发光拨号盘之后，必须选择它的发光机制）。这些设计−问题节点是以前的解决方案节点的子节点。因此这样的设计树包括独立或互斥的设计选择，完成的产品不是以单个节点的选择来表示的，而是以许多设计选择节点构成的集合来表示的，选择的叶节点代表了每个独立设计问题的解决方案。

为了展示设计这棵树的理由，每个选择都应该与一些节点关联起来，说明它的优点和缺点。每个设计−问题节点也应该有一个关联的节点，说明所做的选择和理由。

这个带理由决策树的最早概念似乎很自然地符合Compendium预先定义的节点类型。我选择了这样的映射：每个设计问题用一个问题图标来表示。每个设计可选项用一个想法图标来表示。每个想法图标有优点和缺点两个子图标。选中的可选项变成一个同意图标，再带上一段理由注解。

最后，我们认为所有的设计问题，即使是独立的，也都应该根据屋子的空间按层次组织。例如，我们希望将所有起居室的问题放在"起居室"节点之下，以符合日志记录的结构和标签。

Brooks很早就将设计任务分解成了3个独立的问题（见图16-1）。

16.5 深入设计过程

设计不只是满足需求，也是发现需求

对日志的逐页分析很快就表明，即使架构计划已经确定，需求仍然在改变。例如，建筑师Wes McClure曾建议添加公馆，一部分在北面，一部分在南面。[5] Brooks夫妇最终否决了这个想法，因为：a）这样做的结果使得屋子没有一个中心区域，以便家庭成员很自然地聚集在一起；b）南面的部分需要移动宝贵的大黑橡树。但在McClure设计公馆时，没有意识到中心区域和保留橡树是需求的一部分。通过分析建议的设计解决方案（即公馆的想法），Brooks夫妇发现了这些需求。

我们在日志中再次看到了这种模式。设计工作不仅是满足需求，它还引出需求。我们的经验与第3章中Schön的理论产生了共鸣。好的设计过程鼓励这种现象，而不是压制它。

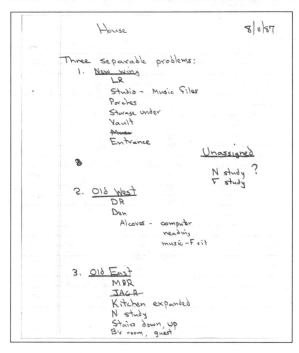

图16-1 将房间侧翼的设计任务分解为可分离的问题

设计不是简单地选择可选方案，也需要意识到存在潜在的可选方案

当设计者提出一个设计问题后，通常不可能简单地罗列出所有可能的选择。有些选择是明显的或事先存在的（也许借鉴自范例）。但其他一些选择是创新的，需要突破。在日志中，我们看到Brooks夫妇为两种可能的音乐房配置而纠结，在大量的分析和几次尝试改变两种方案之后，他们认为没有一种方案可以接受。他们发现了第3种配置并立刻喜欢上它。日志中记录："配置C——真正可行之路！"

这种模式也在日志中重复出现多次。正如第3章中讲述的，对于安放音乐房的问题来说，Brooks向邻居购买土地并不是一个明显的解决方案。设计的一部分主要工作是意识到设计选项的存在。我们的经验再一次印证了Schön的理论。

设计变化时，树也变化——如何展现演进过程

这3个独立的问题看起来非常像笔记本电脑的配置树，不同之处只是最低的节点不是叶选项，而是子设计问题。但这棵树表明有些设计已经完成了。为什么入口在新的厢房？将入口设置在新的厢房，而不是在旧的西部，这本身就是一项设计决定。设计问题树已经暗含了一些设计决定。

但随着我们深入日志，就开始不太明白为什么在设计过程中，某些房间分配在一个厢房，而不是分配在另一个厢房。Brooks随后领悟到，他考虑屋子时同时想到了原来的屋子（在这个建筑项目之前）和最终建成后的屋子。例如，今天他认为Fred的书房是新厢房的节点，因为这是建成后的结果。当他开始写第一页日志时，Fred的书房在楼下，还没有确定要移到哪里去。但在这两种状态之间还有许多不同的设计。

每一个这样的高层设计都伴随着不同的组织树结构。随着设计的改变，同样的房间和部分被放在不同的高层节点之下。例如，原来的屋子和1987年的设计将主卧室放在东厢房，但最后的设计将它放在了新厢房中。应该采用哪个树结构？我们如何展示设计随时间的演变？

我们的做法是挂上建成后屋子组织结构的所有节点，以便得到一棵结构稳定的设计树。最终的屋子设计被分成阶段I（其中又分成新厢房和旧西部）和阶段II（厨房和游戏室）。

某些设计可选项当然是设计树的高层节点。例如，"将屋子重头到底翻修一遍"肯定在阶段I和阶段II（或新厢房、旧东部和旧西部）之上。但这个节点会让读者迷惑，因为它在设计过程只占据了很短的时间。但是这样的高层节点经常是事后可见的，也是强加的。

我们考虑过将这样一些短时间的探索放在一个顶层结点中，名为"早期漫游"，表明许多项目在早期探索过一些激进的设计方式。但在设计的每个阶段都会放弃一些设计可选项。早期放弃的设计方案和后期放弃的设计方案虽然同样是放弃了，但早期的设计方案会影响设计树中的更大部分。

随着设计的演进和稳定，影响深远的变更就越来越少。

决策树的结构随着时间推移而发生变化。记录下这样的变化需要新的动态工具，而这样的工具还不存在。它不仅必须追踪随着时间推移，树向叶节点方向的发展轨迹，还必须追踪节点和它们的子树从一个分枝上砍下，嫁接到另一个分枝上的演进过程。

16.6 决策树与设计树

如图2-1所示，最终完成的设计（即产品）是由一组叶结点表示，而非决策树上的一个节点。对于这样的树来说，在设计项目中的某一天，很难显示目前完成的最好设计是什么。

所有可能设计构成的空间完全是一棵不同的树，其中每个节点确定了一些产品构成的子树，类似于在这个节点下面的所有决定，并在它下面进一步分化。我们称之为设计树。每个叶节点是一个不同的完整设计。

从组合等价的角度来看，设计树比对应的决策树更大。例如，n个独立两分设计问题构成的决策树有2^n个节点。但对于任何实际的设计来说，这棵树都太大了，人们似乎不太可能构造它，这样做不能带来什么领悟。对于实际设计来说，设计树太麻烦了。

但设计树这一概念是有教益的，有助于理清思路。例如，对敏捷软件开发有一种类比：每天晚上的构建对应于设计树的一个节点，它代表目前完成的最好设计。

16.7 模块化与紧密集成的设计

在转换Brooks屋子决策树的过程中，我们发现在一个决定的可选项之间进行选择时，很少与其他选择无关。例如，音乐房可以在新厢房的北部或西部（这是一个高层决定），但它的位置影响到书房、起居室和厨房的可能位置！

这导致了一棵不雅观的决策树，因为某些可选解决方案必须与一些属性绑在一起。例如，我们不能把方案做成"音乐房位置"加上一组后续的简单可选项，我们必须包含以下的复合可选方案：

音乐房在西部，起居室在北部
音乐房在北部，厨房在南部
音乐房在北部，厨房在北部

而且即使这样，它们也不是独立于其他设计可选项的。在《Notes on the Synthesis of Form》(1964)一书中，Alexander(1964)解释了这种紧密的依赖关系（也就是缺少模块化）是一种不利因素，因为它使得设计的修改变得困难。因此设计者不能简单地在可选设计方案的优点之间进行选择，而是有意地、正确地在设计品质和将来修改的容易性上进行折中。这正是Parnas(1979)在他的基础性论文 "Designing software for ease of extension and contraction" 中所极力主张的。[6]而且，人们也可能在设计品质和设计过程的速度和容易性上进行折中。

模块化设计更容易表示为设计树。实际上，这可能就是我们采用模块化设计的意图。

另一方面，完全的模块化也有缺点，优化的设计有一些组件可以完成多个目标。请考虑单片式车身的汽车（unibody car）：车身设计成这样，不只是为了美观和搭载乘客，也是结构使然。单片式车身比底盘分离式设计更轻、更坚固。但与单片式车身相比，底盘分离的小卡车可以更容易地转变成SUV。

16.8 Compendium和可选工具

我们调查了一些软件包，希望找到一种软件包适合构造和分析我们这个设计决策树的例子。下面是我们的发现。

Task Architect

Task Architect[7]确实对设计有帮助，但不是我们希望的方式。Task Architect这个工具协助用户进行任务分析，即如何执行工作的结构分析。它的例子既包含了手工任务，如在汽车装配线上安装头灯，也包含了思考任务，如决定是否放弃一次着陆。

因此，对于Brooks屋子的项目来说，Task Architect可用于更好地理解Brooks夫妇的用例（进行烹饪、举行会议、教授音乐等）。Task Archcitect的设计目标不是为了重构决策树，实际上也难以让它做到这一点（但我们确实尝试过）。

项目管理工具

像Task Architect一样，项目管理工具，如Mircrosoft Project、OmniPlan或SmartDraw，可能对设计系统的过程有用，但似乎不适合展现决策树。

像"项目评估与复查技术（PERT）"这样的关键路径方法是项目管理工具底层的模型。PERT似乎只支持瀑布模型。因为没有条件任务或节点，PERT技术意味着假定主要设计决定已经做出。[8]

IBIS和它的衍生品

IBIS（基于问题的信息系统）是在20世纪80年代设计的，目的是支持协作制定决策并记录下决策的理由。[9]像Compendium一样，它的设计意图是用于决策制定过程，以保持设计会议的效率，并帮助确定薄弱的逻辑。

针对我们评估的每一件工具，我勾画了一个转换方案，以符合我们对这个工具的需求。我们首先快速查看了Compendium，然后是Task Architect。当我们查看IBIS时，发现它非常自然地支持我们认为需要的许多字段和节点类型。

IBIS是一个命令行程序。Conklin的gIBIS是IBIS的图形化版本。[10]gIBIS应该比Compendium更适合我们的需要，但我们找不到一个能够运行在我们的计算机上的版本。Compendium实际上是gIBIS的衍生品。所以我们回过头来采用了Compendium。

Compendium

Compendium有很多好处。它相当灵活，而且正变得越来越灵活。它有一个活跃的开发者团队，极其负责地响应请求和求助。有一个很大的用户社区，支持着一个活跃的在线论坛。

因此Compendium总是在不断发展，以支持新的用途。

但是，在仔细反思之后，我们不推荐用这个工具进行设计或记录设计的演变途径和文档。

对于设计本身来说，我们担心，如果设计者在设计过程中使用一种结构化的表示法或软件工具，这将限制使用模糊的概念，妨碍概念上的设计。同样，对于创造性思想的快速探索来说，CAD工具过于精确了，草图则让设计者不用那么精确。Conklin自己也曾表示，对于设计过程的某些创造性的方面，gIBIS过于结构化且过于麻烦。[11]

对于我们重建决策树的任务来说，我不认为Compendium是最合适的软件工具。我们最终的转换方案与Compendium的目标用法相去甚远。我不再利用Compendium提供的功能来帮助重建设计树，而是发现一些创新的方式，重塑Compendium的功能（例如利用Compendium的参考节点来描述需求）。

而且，我们的树即使在努力减小规模之后，也比Compendium用户界面设计容纳的规模要大得多。但与大多数实际的软件项目相比，这个设计任务要小得多。在这样大的树中寻找一些节点是很困难的，要打印出来或输出成图形就更困难了。

我们最终的转换方案利用了：

• 一些绕过Compendium结构的方法；
• 我们用自己强加的一些结构来确保设计树的一致性，而不是Compendium的结构。

因此我相信，如果一种通用的画图工具包含树的自动布局、自动重排关系箭头、查找关联的结果，那么可能更适合记录设计树。Microsoft Visio或SmartDraw也许可以作为这种选择。

16.9 DRed[12]：一个诱人的工具

关于计算机辅助的设计理由文档，我们听到的最大的成功故事就是罗尔斯·罗伊斯股份有限公司（Rolls-Royce Group PLC，英国生产飞机发动机的公司，和生产高档汽车的'劳斯莱斯'品牌有历史渊源，现在虽然名字仍然相同，但已是独立的两家公司）对DRed的广泛使用。DRed是Rob Bracewell在剑桥大学的工程设计中心开发的，得到了罗尔斯·罗伊斯、BAE Systems和英国工程与物理科学研究委员会（UK Engineering and Physical Sciences Research Council）的资助。[13]

DRed的目的是记录设计理由和做出的决定。它的概念结构与gIBIS非常相似。在使用方面，它看起来很像Compendium。但是因为它主要用于记录理由，DRed的演进主要集中于这一功能，这与协助设计会议的目标是有区别的。[14]

在罗尔斯·罗伊斯，采用DRed是非常迅速的，因为公司已经有了很强的理由记录文化。

（该项目的另一位赞助商BAE Systems没有这样的文化，他们公司就没有广泛地采用DRed。）罗尔斯·罗伊斯已经要求工程师编写设计理由文字报告。管理规定的一大进步是允许项目团队使用DRed生成的文档，而不是先前要求的文字报告。DRed文档要容易得多。

根据Marco Aurisicchio的描述，罗尔斯·罗伊斯对DRed的采用是大规模的。Aurisicchio是剑桥的关键人物，负责处理与劳斯莱斯的关系，他最熟悉罗尔斯·罗伊斯如何使用DRed。他在罗尔斯·罗伊斯讲授了许多使用课程。Michael Moss是罗尔斯·罗伊斯关键人物，负责DRed的相关事宜，罗尔斯·罗伊斯的工程师如果需要直接支持就会去找他。他也负责过滤反馈信息并排列优先级，报告给剑桥的Bracewell团队。根据Brooks的观点，这种用户和构建者之间的全职两人链接关系对DRed的成功起到了主要作用。

各个团队使用DRed的方式不同，但通常的做法是在设计会议上将DRed的内容画在白板上。然后指派一个人将白板上记录下的草图变成正式的DRed文档。DRed文档也会在个人设计过程中产生。它既用于概念设计，也用于详细设计。设计者、复查者和下游的制造工程师自己就能使用DRed，并不需要协助者。

所有罗尔斯·罗伊斯的工程师中，大约有30%（共约600人）至少接受了使用DRed的短期培训，他们分布在世界各地的一些部门和实验室中。新的工程师在为期6周的项目课程中学习罗尔斯·罗伊斯的工程实践，4人一组。典型的项目就是一个真正的问题，某些团队希望解决它，却没有人力来做。但这不是一个十分重要项目，所以允许培训学员失败。[15]

剑桥团队看到过的最大的DRed树由190张图构成，每张图平均有15个节点。对于这样的项目也会有一张概要图，其中一个节点代表着其他更详细的图。

当然，罗尔斯·罗伊斯的设计会演进。他们的DRed图和其他文档随着设计的演进而演进。在多次复查过程中，DRed图对于展示者和复查者都很有用。DRed文档本身没有置于正式的版本控制之下。大家认为正式的罗尔斯·罗伊斯版本控制非常麻烦，所以"如果将DRed置于版本控制之下，那么就不会有人用它了"。

对于DRed，有一种广泛的用途是开发者们从来没有想到过的，即响应世界各地现场报告的产品工程团队将DRed作为引导和记录缺陷分析的工具。"这里是引擎熄火的时间、地点和方式，以及当时记录下来的所有读数。那么，导致熄火的原因是什么？"

遗憾的是，DRed不容易获取。RR和BAE系统公司拥有其知识产权，目前它们选择保持私有。

16.10　注释和参考文献

1. MacLean (1989)，"Designing rationale"，以及Tyree (2005)，"Architecture decisions"，讨论了理由记录。Moran (1996)，《Design Rationale》，比较完整地概述了有关设计理由方面已发表的论文。

Madison (1787)，《Notes on the Debates in the Federal Convention of 1787》是完整记录理由的一个令人吃惊的例子。Madison的文字也可以在网上看到，网址是：http://www.constitution.org/dfc/dfc_0000.htm。

2. Noble (1988)，"Issue-based information systems for design; Conklin (1988)，"gIBIS"; Lee (1993)，"The 1992 workshop on design rationale capture and use"; Lee (1997)，"Design rationale systems"; Bracewell (2003)，"A tool for capturing design rationale"; Burge (2008)，"Software engineering using RATionale"。

3. Bush (1945)，"That we may think"是一篇了不起的论文，它提出了Memex系统，包含很多通用的和定制的链接，以类似于当今互联网的形式，将知识组织成图状。其中提出的技术是原始的，但其概念具有想象力和预见性。

4. Shum (2006)，"Hypermedia support for argumentation-based rationale"，具体可以参见 http://compendium.open.ac.uk/institute/，2009年7月25日可访问。

5. 参见第22章中的规划。

6. Parnas (1979)，"Designing software for ease of extension and contraction"，使用了一棵设计树作为其基本框架。

7. 具体可参见：http://www.taskarchitect.com/index.htm，我在2009年7月25日访问了这一网址。

8. 这不是完全正确——根据每种选择所意味的时间进度，PERT可以帮助经理从可选设计中选择。

9. Noble (1988)，"Issue-based information systems for design"。

10. Conklin (1988)，"gIBIS"。

11. Conklin (1988)，"gIBIS，" 324～325。

12. 这一部分基于Brooks在2008年7月19日对Bracewell和Aurisicchio的联合访谈。Brooks看到了系统能力的全面展示。

13. Bracewell (2003)，"A tool for capturing design rationale"。

14. Aurisicchio等(2007)，"Evaluation of how DRed design rationale is interpreted"。

15. UNC-Chapel Hill的软件工程项目课程完全采用真实用户选择项目的同样判据。

第四部分

一套计算机科学家梦寐以求的房屋设计系统

UNC GRIP分子图形系统用户控制台

James Lipscomb

第17章

计算机科学家梦寐以求的房屋设计系统
——从头脑到电脑

金字塔、大教堂和火箭之所以能够出现，并非拜几何、结构理论或者热力学所赐，而是因为它们是创造者心中第一次想象的结果——简单地说就是愿景如此。

——Eugene Ferguson（1992），《Engineering and the Mind's Eye》

17.1 挑战

如果有人能够想象得出用以进行房屋和其他建筑物的架构设计的理想计算机系统，那么这会是一个怎样的系统呢？

17.2 愿景

如果要对一整套"建筑物设计"系统作出愿景展望，那么专业建筑师显然要比我更胜一筹。不过，由于我也曾经做过一些业余的房屋设计，而建筑架构又比软件架构更具体、也更容易为普通读者理解，再加上我在人机交互方面有超过50年的经验，在此，本人就斗胆为自己梦寐以求的房屋设计系统提出我心目中的设计师——计算机界面。

这一界面在很大程度上得益于我和我的学生们在参与北卡罗来纳大学教堂山分校的GRIP分子图形系统的改进过程中所获取的经验。这一实时交互图形系统的改进花费了好多年时间，在此期间，我们与出色的蛋白质化学家合作，开发应用于挑战性任务的工具。[1]

这篇文章仅限于房屋功能设计过程的讨论，不涉及结构或系统工程的设计过程。尽管我认为同一套系统对于结构工程、力学和电力系统、甚至室内装潢都有用武之地。

　　同时，也有其他令人梦寐以求的用于设计的系统，Ullman（1962）就描述了一个这样的机械设计系统。[2] 然而我们的讨论范围截然不同。Ullman所追寻的是一个程序，以求能够最大程度地进行知识管理，这也是个很有价值的目标。而我所关心的是设计者与自动化系统之间的沟通，因为我认为设计者的思维才是至关重要的。

渐进逼真

　　良好的设计都是自顶向下的。正如起草文案时，要先拟定提纲以确定中心思想，尔后再补充次要内容；撰写程序时，要先想清楚数据结构和算法；构思房屋计划时，则要先根据使用场景识别出各个功能空间，然后再考虑它们之间的连通；早期考虑建筑美学，也要先从大处着眼。

　　伟大的设计者，即使是其中最主张打破陈规者，也很少从头做起——他们会站在前人的肩膀上。[3] 他们借鉴各家所长，并融入自己的思想，从而打造出既具备概念完整性（conceptual integrity）而又自成一家的设计。

　　常用的技术是从已有的构思出发来进行设计，但是仍然保持纸面上不着一墨。先画出大块的轮廓，再渐进求精（progressive refinement），即调整尺寸，并加入越来越多的细节。

　　Turner Whitted在1986年提出了另一种可能更好的实物对象建模方法（源自计算机图形学背景）。该方法以某个已经具备了充分细节，但只是以近似于想要结果的模型作为出发点。然后，逐个地调整每一个属性，使得结果永远朝着头脑中新作品的愿景靠近，或者与现实世界中的对象的真实属性越来越符合。

　　Whitted将他发明的技术称为渐进逼真（progressive truthfulness）。[4] 毫无疑问，渐进逼真正是几个世纪以来自然科学所采用的程序，他们的模型模仿的是自然界的造化过程。[5]

　　人们在设计工艺品时，想要达到的理想设计目标，会随着设计过程中的偶发因素而发生改变。针对这一特点，渐进逼真能够提供极大的帮助。因为，设计每次要推进一步时，都有着一个原型可供揣摩。这样的原型从一开始就是合法的：换言之，在结构上没有不一致。这样的原型又具备了充分细节，所以无论在视觉方面还是听觉方面，都不会误导设计师。

　　因此，我们可以想象这样一个住宅设计步骤：

- "给我一栋带三个卧室的乔治亚风格房屋。"

- "坐南朝北。"

- "左右对称。"

- "起居室宽度要14英尺。"

- "厨房深度缩短1英尺。"

- "外墙面从砖砌改成灰泥。"

- "屋顶从木瓦改成筒瓦。"

我认为Whitted的设想很有说服力，所以我将以此作为梦想系统的先决条件。这个决定可能会给设计的方法带来变化。新型的工具将引领我们以更合理的方式进行思考。

模型库

这个梦想系统是以一个丰富的、细节齐备的良好设计范例库作为起点的。从风格一致的范例（exemplar）出发，只有设计者本身的失误才会导致一致性打折扣。模型库本身随着系统的使用也在逐渐地发展。为了进行模型的改造，需要使用捕获三维对象并约化为结构模型的计算机视觉技术。

在上面那个想象中的住宅设计步骤中，设计师仿佛一开始就对范例库了然于胸似的：因为他们一下子就把范例的名字报出来了。

可是不管设计师经验有多丰富，随着模型库的扩充，这种轻轻松松就能掌握一切的局面很快就会消失。就如同你对一片辽阔地域的了解程度，你对于某些区域就像自家一样熟悉，另一些也还说得过去，而其余部分则从未涉足。没有经验的人，会到处乱走一气。因此，模型库要拥有层次化或其他方式方便人们扫视的能力，就十分关键了。

虽然把模型库结构化是分类学的基本功，但是很多术语和概念结构是早已存在的。[6]

渐进逼真模式的风险

尽管我认为，生产力最高、最容易使用的设计系统肯定应该以渐进逼真作为先决条件，但这一模式也有其固有的风险。

有人可能会提出，过于广泛地接触范例，会无形中限制设计师的创新能力。Brunelleschi、Le Corbusier、Gehry和Gaudí打造的设计，可能会源自极其教条的设计师思维吗？

我认为事实就是如此。他们都不是业余的，而且都受过揣摩先例的训练。就像巴赫一样，他们进行创新的前提是融会贯通，而非无中生有。摩西奶奶这般人物，全世界屈指可数。

更确切地说，这些描述了"是用来做什么的？"范例所代表的，是设计中的细分片段，而优良的工具是无需照顾片段衔接问题的。

渐进逼真模式真正的风险还是在于模型库本身。低劣的、太少的、狭隘的模型——这些缺陷将极大地限制新兴的设计。万事开头难。

17.3 输入机构的愿景：从头脑到电脑

不管是由范例出发，还是一切推倒重来，怎样才能把意念之物转化成计算机模型呢？

要把空中楼阁变为现实，就得采用语音、双手和头脑，或许连双脚也不能闲着。Buxton与他在Alias Systems的同事，还有多伦多大学的学生共同开创了双手人机界面（two-handed interfaces）。[7]人们可以用惯用手进行精准操作，而用非惯用手框定上下文菜单（以下把"惯用手"简称为"右手"，"非惯用手"简称为"左手"）。双手合作就可以实现近似的尺寸——用过的人都说"好厉害啊！"

名词－动词的规律

设计语言中，正如一般的命令式语言一样，每个语句会有一个动词和一个名词，即动作的对象。该名词可能附有一个进行选择的、表达"哪一个"的形容词、短语或从句。而该动词则可能附有一个状词短语（见图17-1）。语言学上一个有趣的特点是，许多动词会把形容词指派给作为受动对象的名词："把门做成'32英寸宽的'。"、"把西墙涂成'绿色的'。"

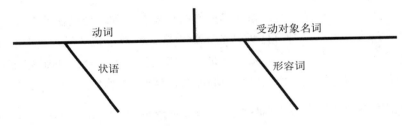

图17-1 命令式语句（祈使句）的结构

在立体设计语言中，通常希望用点选的方式来指定该名词。而对于动词而言，语音是自然的。视窗－图标－菜单－点选（Windows-Icons-Menus-Pointing，WIMP）界面使用了一种非自然的输入：菜单。可以肯定的是，在显示选项方面，菜单有很大优势。然而，对于在熟悉的任务间切换的用户而言，就没有使用菜单的必要。

使用WIMP界面工作的用户一般遵从这样的规律：点选或键入一个名词说明；然后点选一个菜单命令（动词）。这样，在编辑文档时，可以选择一个文本块，点选"剪切"，也许还会选择另一个命令或内容，点选"复制"，再选择一个字母之间的位置，点选"粘贴"。

17.4 指定动词

当单手操作成为例行动作时，会令人生厌，降低生产力。将光标从名词输入框移到动词菜单中的时候，就无法获知之前光标在哪里了。而下一个名词通常靠近前一个名词——这又需要将光标移回原来的地方。为避免这种方向迷失，会针对高频率使用的动词开发一些特殊的指定方法。双击表示动词"打开"；而键入则表示"插入"。

最常用的动词都有相应的键盘热键，用左手执行。这一技术真是天才的发明。新手总是可以选用标准技术——从菜单中选取动词。而专家则拥有更快的技术，运用双手，并将光标位置留在名词输入框中。最好的一点是，新手可以根据他自己的使用频率，一次在一个动词上获得专家水平。

语音命令。语音才是下达命令的自然模式。因此我们的梦想系统中需要一个词汇量有限的语音识别系统，并且有较大的语音误差容忍度、有丰富的同义词词汇表，以及用户可以修订的词典。菜单选项仍需可用，键盘选项也要保留。这么一来，声音沙哑的用户也不会有所损失。

通用动词。当今的建筑使用的CAD系统已经开发出丰富的通用动词集，这些都来自于多年客户经验的积累。也许动词的数量有些过多了，而如果每个用户都能选择个性化的命令选取盒（palette），然后很容易地从中选取命令的话，可用性就不会打折扣。

这些例子包括：

- 旋转

- 复制

- 分组

- 快照

- 对齐

- 空间隔离

- 缩放

- 从库中选取对象

- 命名

无论是否采用了渐进逼真，"从库中选取对象"可能都会是其中最有用的。而我们采用的正是渐进逼真，而这也提升了从库中做选取动作的频率和重要性。

库中的所有对象采用的都是同一缩放比例；使用频率高的动词应该是"选择"和"缩放"，而缩放比例会依照当前使用的比例自动设定好。

17.5 指定名词

我们在时空连续体（space and time continuum）上指定对象和区域的方式，真是丰富多彩啊！

通过名字。在大多数对话中，我们都是通过显式的名字或者是一个代词所隐含的名字来指定对象。在梦想系统中，我们也希望能这样。就算语音识别率能达到百分之百，还是比直接通过眼睛看要难。"左边那个"是指哪一个呢？还有"前面那个"、"红色的那个"、"最大的那个"。说到底，"那个"又是什么呢？有时候就算点选动作没有歧义，但选择的范围却常常模棱两可。要让系统像三岁小孩一样聪明和自然，就要求它有句法分析、语义分析，以及保存和使用上下文的能力。

更复杂的是同一对象通过不同名字调用，或者不同对象通过同一名字调用。要从陆海空军的联合数据库获取标准定义是个浩大的工程。仅弄清"现在几点钟"都堪称挑战。空军采用格林威治时间；陆军采用当地时间；而每艘海军军舰则采用其所属战斗群的航空母舰所在位置的当地时间。

因此，我们这个梦想系统必须支持个人用户以及用户组来创建个体化的同义词词典，以补充系统词典，并优先于系统词典。从理性上掌握模型库的系统命名法（nomenclature）对于我们的系统构建者来说，仿佛是深不见底的沼泽；所以用户必须拥有并主动运用工具。

通过二维点选。WIMP界面的极大成功，说明点选方式十分适用于定义良好的可见对象。的确，这个模型的使用频率会非常高。

但这还不够。当我们构建GRIP系统时，我假设我们的首位化学家客户将会通过点选的方式从某个蛋白质的数百个氨基酸残基中选择一个。然而该假设是不正确的，他反倒想要一个键盘，因为这么一来他就可以通过一个三位数编号来指定想要的残基了。他已经与这个特定的蛋白质打交道多年，他对这些残基的编号就像对自己孩子的名字一样熟悉。点选操作却要求用户调整视点（viewpoint），直到在一堆层叠纠缠的三维物体中看到目标残基才能选中它。此外，握着激光笔的手臂老是伸着，也会令人感到劳累。

通过二维草图。建筑师设计的是三维实体。但他们的主要工作模式是二维绘图，有些很严格，有些只是草图。这就是事实。尽管最好的二维投影也不过是三维对象的有限描绘。绘制草图对于思维过程而言，显得非常关键。[8]

不管三维建模工具发展到多么丰富和方便的地步，我也不认为它们会撼动二维绘图的重要地位。视网膜是二维的。能轻松引导双手的平面也是二维的。因此，我们的梦想系统必须具备二维点选和绘制草图的功能，例如，配备可以同时检测位置和压力的手写板。

对于已定义好的二维空间，例如地图或蓝图，人们通常需要同时指定"哪里"和"多大区域"。采用层次化的级别划分，例如州、国家或者房间，就会使得指定"多大"的操作容易很多。

想要精确地指定"哪里"和"多大"，就得双手操作。考虑绘制一条精确地指定了长度的线条。我们可以用右手握笔来说明"哪里"，而左手则操作数字键盘来说明"多长"。

三维点选和三维草图。以上关于二维情形的思考成果都可以应用于三维。点选注定会更加劳累——必须把手举着。手指–手腕–手肘的运动相对于手臂–手肘–肩膀的运动而言，精确性相近，所以，人们希望工作体积（working volume）起码可以让双肘在大部分时间里都能够放松。[9]

比起指定对象和为对象定位，指定任意的立体区域并将它们旋转要更加困难。在对话中，我们通常是经由双手运动来指定任意区间："这块云的形状就像这样"。这正是我们的梦想系统应有的运作方式。大量的工作都花在小部件（widget）以及三维指定的预判力（affordance）上。[10] 其中，大部分工作旨在实现徒手指定的功能，但这些工作中的大部分，最终的成果却是离该目标相去甚远的笨拙替代品。

17.6 指定文字

设计绘图中，大部分文字块是短字符串，多数是名字或尺寸。语音识别是选择这些字符串的工具，和选择动词一样。

指定的内容由文字块组成，即以不同参数从数据库中选择的标准段落。如果想要新建大量文本，靠听写显然不行，因为打字并编辑段落比听写编辑要快得多，而且两种办法都离不开字母数字键盘。

在北卡罗来纳大学GRIP系统中，我们发现把键盘放在工作台之下移走很不错。实践当中，键盘通常大部分时间都放在一边；我希望梦想系统中也可以尽量少用键盘。

17.7 指定状语

"移动。"

"什么方向？多远？到什么地方？"

"旋转。"

"什么方向？什么角度？"

"复制。"

"几份？什么方向？间隔多大？"

"选取门并缩放。"

"多宽？"

命令对话不只是由动词和名词组成；大多数动词伴随状语修饰，通常是介词短语。[11]

此类状语大多数用于量化。而且，此类状语还必须精确；在平板上点选很少能够满足精度的需要。而所需的精度通常需要通过助动词来间接地完成指定：吸附至（某位置），（与某个对象）对齐（Align With），等等。

有不少状语是通过有限项的菜单类界面指定的，它们包括命令选取盒、素材列表，以及完工日程表等。房屋设计和计算机内存访问的相似之处在于，它们都表现出强烈的局部性（locality）——对于任意给定的设计决策，虽然可能独立备选项可能为数众多，然而大部分选择都会选自某个较小的子集。因此，必须提供可以自定义的菜单是。

其余的量化精度最好使用纯数字键盘来指定。根据我们的经验，它用得很多。人们肯定不会淘汰它，正如人们不会弃用字母数字键盘一样。

17.8 指定视点和视图

大多数创造性的建筑作品都是在平面图和剖面图上完成的，但在检查作品时，人们却要观察三维设计整体，并会从很多非常规的视角来核查，包括漫游。指定三维房屋设计当前视图，是使用名词＋形容词进行指定的一个重要的特例。

有些视图参数会持续地变动，有些则变动得不太频繁。这其中的区别不是只有动态和静态那么简单。即使是变动得不那么频繁的参数，人们也希望它们能够动态地、平滑地变化。

室内视图

在模拟室内漫游时，x, y坐标位置及头部侧转角（yaw）会持续地变动。通过在一张代表一个楼层的二维绘图上滑动某个视点以实现同一平面上转动视线。

从地板开始向上计算的视线高度（eye height）很少发现变动。通常，人们都会移动至不同楼层的同一高度。偶尔，人们也会调整视线高度来适应不同设计师，或体验不同用户的视野。

滚转角（roll）的变动不那么频繁，因为我们不常摇头。俯仰角（pitch）的运动则常见得多，诸如上看看、下看看。但这些比起x, y坐标和侧转角运动来说就要少得多了。

EyeBall。我们发现有一种特殊的I/O设备在指定建筑的室内视图方面十分理想。EyeBall由一个底部切掉半英寸的台球，和它中间嵌着的有六个自由度的追踪器组成。它装备了两个按钮，可以很容易地用食指和中指推按（见图17-2）。只要把它在工作台面上滑动，就可以移动一个平面图上的V字形光标。

图17-2　北卡罗来纳大学教堂山分校EyeBall视点指定仪

（北卡罗来纳大学，Kelli Gaskill提供图片）

这一装置支持以自然、连续的方式指定全部六个视图参数，包括视点（3个参数）、视向（2个参数）、视图滚转（1个参数）——这么一来，最方便操纵的还是x, y坐标和侧转角。食指可以按动一个单键鼠标上的按钮；而另一个按钮是个离合器。如果想要将视点移至更高的楼层，只需要抬起眼球，按下离合器，再放到桌面上，松开离合器。相对于地板的视线高度保持不变。一个良好的特性是，视点在z轴上持续移动时，就如同在乘坐玻璃电梯；由于视觉没有中断，所以不太会经常在模型中迷路。

EyeBall除了可以在平面图上滑动来指定室内视图以外，还有另一种使用模式。假设工作站的一端始终放置一个三维模型（用作全貌指标），上面可以用光打出一个视点表示"你在这里"。那么你可以在标示范围内方便地点选，并发出指令"将我移动到那里，并看某个方向。"[12]

不管工作在哪种使用模式下，视线高度都是由一个滑块来设置，但使用它的机会不多。两个按钮默认将它们设置为女性视线高度的第5百分位和男性视线高度的第95百分位。

室外视图

"Toothpick"视点指定仪。任何设计工作站都需要设计对象的多个视图：既要看正在加工的工件，也要看全貌视图（context view）。第18章会把这个主题详细展开。

一栋房层的全貌视图可能是从室外看过来的视图，或是所有房间的视图，或是内墙的视图。要从对象外部指定任意视图，我们发现最有用的设备是具备两个自由度的操纵杆，如图17-3所示。

图17-3　Toothpick视点指定仪

注：由圣路易斯华盛顿大学的Charles Molnar教授领导的小组制造的北卡罗来纳大学设备之复制品

该设备通常用左手操作，可以很容易地指定查看对象的方向。处于静止位置的Toothpick指向的是用户。为实现全方位4π球面度（steradian）的视图选择，我们将Toothpick与静止位置之间的偏移角度加倍，这么一来，当Toothpick移至最左或最右的位置时，视图也就完全绕过了对象，可以查看它的正后方。用户觉得这样的加倍操作很容易上手，也很自然，这一点挺出乎我意料的。补充设备有高频使用的默认按钮，用于指定四个立面图和某个3/4侧视图（从校直的包围立方体的某个角落看过去）；以及一个很少使用的滑块，用于指定视距（viewing distance）。

深度感知。密集度（massing），即填充部分与空白部分的相对摆位，是建筑美学上的重要考虑因素。要了解密集度，就要借助三维感知。最强大的深度信号叫做动力学深度效应（kinetic depth effect），即眼睛和场景的相对运动。这一信号甚至要强过立体影像（stereopsis），如果把动力学深度效应和立体影像结合起来，效果就加逼真了。

那么，该如何指定想要的运动呢？显然EyeBall可以用来任意移动视点，但这要求一直操作它才行。不过，人们更喜欢一边思考，一边研究密集度。在我们的北卡罗来纳大学教堂山分校GRIP分子图形系统中，我们发现让整个场景绕着垂直轴摇转有助于边思考边感知。

因此我们提供了一个摇转模式，在没有操作的闲时，场景可以像扭摆一样摇来摇去。用户还可以指定摇转的幅角和周期，但通常都会使用默认值。

17.9　注释和参考文献

1. Brooks（1977），"The computer 'scientist' as toolsmith"；Britton（1981），《The GRIP-75 Man-Machine Interface》；Brooks（1985），"Computer graphics for molecular studies"都对该系统作了描述。这套用户界面令人印象深刻之处在于，它有21个自由度可以用来修改模型以及控制显示，还配有键盘。所有设备都不是摆设。其中，没有一种有大于三个自由度的设备，也没有设备给用户带来过重的使用负担。用户仅凭直觉，就知道在哪里可以更改数值。

2. Ullman（1962），"The foundations of the modern design environment"，收录于Cross（1962b），《Research in Design Thinking》。

3. Alexander，《Notes on the Synthesis of Form》（1964）、《A Pattern Language》（1977）和《The Timeless Way of Building》（1979），都与本章内容密切相关。

4. Turner Whitted，私人通信（1986）。

5. 在计算机还很慢的年代，要使用计算机图像进行场景照明时，也会采用渐进精化。头1/30秒内，仅呈现一张带有简单环境照明的图像，然后每次刷新时再迭代式地计算更加复杂的辐射照明效果。呈现结果大放异彩——例如，在一点点构建出一幅室内图像时，灯光从环境照明转化成辐射照明的同时，阴影也会迅速淡化到房间的角落中。

6. 例如，看看这40幢房屋的风格：http://www.houseplans.net/house-plans-with-photos/ （最近在2012年9月访问。）

7. Buxton（1986），"A study in two-handed input"。

8. Goel（1991），"Sketches of thought"。

9. Arthur（1998），"Designing and building the PIT"。

10. 例如Conner（1992），"Three-dimensional widgets"。

11. 可以想象构建了这么一套系统，如果指定的名词或动词不完整的话，它会提出后续问题。如果果真如此，那么用户必须能够关闭这个选项。因为专家级的设计师胸有成竹，知道接下去该做什么，这种使人分心的提问反而会令他们生厌。

12. Stoakley（1995），"Virtual reality on a WIM"。

住宅设计工作台的愿景
由Andrei state绘制

Andrei State 2009

第18章

计算机科学家梦寐以求的房屋设计系统
——从电脑到头脑

我们若是想要建筑，

我们先要测量地基，然后绘制图样；

我们看过了这房屋的设计，

便要考量建筑的费用；

如果不是我们的能力所能负担，

那么除了另画图样，

缩减房间或是终于打消建筑的计划，

还有什么办法呢?

——威廉·莎士比亚（1598），《亨利四世》下 [⊖]

18.1 双向通道

若要实现头脑-电脑协作，就要求有一条双向通道。眼睛是连接思维的宽带通道，但并不是唯一的通道。耳朵对于状况知觉、监控警报、感知环境变化和语音等方面有着特别的优势。触觉（感）和嗅觉系统似乎能抵达更深层次的意识。我们的语言里有很多用来表达这种深层意识的隐喻。我们会有"闻到耗子味儿"的感觉（smell a rat，俚语，意为"感觉有点儿不对劲儿"，此为嗅觉隐喻），因而面对需要复杂识别力的情形会产生要"牢牢把握"（原文为get a handle，意为"控制局面发展"，此为触觉隐喻）的"种种感觉"。

18.2 视觉显示——多个并列显示的窗口

使用计算机的设计师们，习惯使用一个活动窗口。然而计算机科学家早就明白，设计师

⊖ 　此译文选自《莎士比亚全集》卷18，梁实秋译，中国广播电视出版社出版。——译者注

需要至少两个窗口，并且屏幕尺寸也实在小得可怜。[1] 我们的梦想系统到底需要什么样的视觉显示设备呢？

制图桌和绘图视图

我相信二维绘图始终会是实际设计的主要工具，所以，第一台显示设备是个电子制图桌。

- **角度**。在标准手工制图中，垂直摆放的显示器和可倾斜的工作表面本来是绑定的，但是电子版把它们解放出来，成为分立的。这么一来，手和手臂就不会挡住视图。研究表明，在一个平面上移动鼠标或光笔，然后在另一个平台进行联动的显示，用户不会感觉到任何困难。

- **工作表面的尺寸**。制图桌多种多样，但比较常见的是30×48英寸。这些尺寸是根据手臂能够触及的范围决定的。

- **显示分辨率**。决定的依据应以人眼能够分辨为准，即一弧分，也就是宽1920像素的显示器从两倍于该宽度的距离看过去的程度。现在，这样的平面显示器为诸多办公室增色不少。

- **显示视距**。将画面投影至6~8英尺以外的屏幕上，可以缓解设计师的视觉疲劳。

台面上的对象几乎都是二维绘图，而屏幕上的对象则可能是绘图，也可能是其他透视图，等等。分层次地显示绘图，并保持可调控的透明度，现在已经成为惯例。这是要专注某一方面关注的同时，又能不失概念全貌的一种不可或缺的技巧。

二维全貌视图

我们在北卡罗来纳大学所使用的系统中，观察了用户实际进行的设计工作。无论用户是用它来从事建筑学、分子学，还是制作发表用的二维图表，我们都发现了一些普遍采取的步骤：

1）研究一个较大的立体区块，以了解全貌。

2）放大。

3）创建或操作某些局部。

4）缩小。

5）重复以上操作。

显然，是分时复用窗口（time-shared window）的历史局限迫使用户养成了这种既不自然、又颇浪费的行为习惯。用户所想要的是，同时能够看到一张全貌视图和一张细节视图，并且靠视线在两者之间切换，而不需要动手。我们必须提供那样的支持。把全貌视图以缩略图小窗口的形式摆放在细节视图里也不可取，因为被这个小窗口挡住的细节也可能是用户需要查看的。以现在的价位而言，凡是正经做事的设计工作室都不应该从显示设备上省钱。请始终用两个大显示器来显示两张视图！

通常，全貌视图是立体的，一般整张平面图都会展现出来。但是在执行从库中选取对象这样的操作时，也完全可以把一个视图用来显示模型库（显示带层次结构的树状图，或者某个特定节点的内容），而另一个视图则仍然显示将要把对象摆放在其中的绘图。

三维视图

人们居住和活动于三维房屋里，而非二维抽象中。在梦想系统中，设计师总是可以把三维的房屋视为当前的完工成果——始终保持所有细节。

投影虚拟环境技术（projection virtual-environment technology）看起来很适合用以完成这项工作。人们并不需要完全拟真式的（completely immersive）虚拟环境，如CAVE。[⊖]如果能有一个小型垂直圆屋顶已经很不错了。即使只有一个标准三维视图窗口，也能很好地工作。设计师显然是在绘图台面前坐着，而无需在周围走动。他肯定拥有一组方便的控制机制，而三维显示只是一种辅助创造的工具而已。CAVE设计出来是为观察，而不是为创作之用。

有一些技术问题已经浮出水面。首先，人们不愿意在做设计时总戴着立体眼镜。即使没有它，眼睛的负担也已经够重的了。所以，需要模式切换装置——也许可以用脚踏开关。或者，也可以把三维显示自动立体化（autostereoscopic）。

其次，房屋通常都有平面墙，可以用作投影屏幕。当然，这样就需要一个视点指定仪，能用上EyeBall的话就很理想了。人们可以操控标准模式，进行侧转角的转动，以让场景围绕观察者旋转，或是相反。但梦寐以求的系统还需要一种吸附模式（snapping mode），把视图与房屋的某个平面对齐。

室外视图

从室外查看房屋的视图非常实用，特别是带有开阔视野的视图。和室内视图类似，室外的观察者需要能够精确控制到小时，或是季节的太阳方位。

对于视点控制来说，理想模型的室内观察与室外观察实际上是不同的。通常采用在全貌显示中指定 x, y 坐标的办法，把视线持续地转向房屋中心。这么一来，绕着房子走动就十分容易了。

⊖　指Cave Automatic Virtual Environment，系1991年由伊利诺伊大学芝加哥分校（University of Illinois at Chicago，UIC）研发的，并由该分校研究人员在SIGGRAPH 92上发表了首个多表面虚拟环境（Virtual Environment Enclosure）。——译者注

夜间，室内灯火通明时，室外视图会令人印象深刻。若由画家Thomas Kinkade动情发挥一下，则会获得迷人、妖媚、温馨的视图效果。

我发现了第三种出乎意料实用的室视图，即夜间视图，但是需要把近墙动态地去除。在这种模式下环视整个建筑，就可以得到全面的印象（见图18-1）。

工作手册视图

另有一个同时显示设计师工作手册的窗口。设计师来到设计工作站时，会带来这些东西：

- 未完工的设计。

- 行动计划。

图18-1 一幢公寓去除近墙的视图
（由DeltaSphere Inc.提供）

而会带走这些东西：

- 更新后的未完工设计，以及未来的行动计划。

- 掌握一切行动的日志；有了这些日志，或者版本控制系统，就能够完成回溯自动化。

- 笔记，最好是录音，这样就可以将双手空出来做设计。例如，做过哪些尝试，为什么要做这些尝试、哪些尝试被丢弃了，为什么丢弃、哪些被保留了，为什么保留。

这些为什么从行动日志上是看不到的，但它们对任何复杂设计都至关重要。如果项目遭遇中断，那么在恢复时这项材料可以起到很好的辅助作用。在探讨某些特殊的设计选项时，这项材料可以提醒人们想起之前被忽略掉的一些思路。而对于新的团队成员，或是设计师的项目接班人而言，这些为什么更是无价之宝。

理想的做法是，行动计划和结果笔记应当在同一个文档里交错记录，并通过不同的颜色或字体进行区分。

在梦想系统中，在行动日志上附有两个页角插页（page-corner insert），用以展示当前成本估算，以及其他一些预算资源，如平方英尺数等。

规格视图

施工不仅需要绘图，还需要文字描述的规格。理想的做法是，文字应当与绘图齐头并进地完成，而不是后补上去。

如果采用渐进逼真的设计模型，做到这一点就并不像乍看上去那么难。规格都是高度程式化的。如果库里每个起始模型都有相应的规格，那么设计师就可以一边推进模型的演化，一边修改对应的规格。因为有了像Sweets File（现在叫做Sweets Network）这样的大型素材库，这一工作现在已经大大简化了。[2] 上百万种产品在此被陈列，还附有图片、描述和规格。麦格希建筑信息公司（McGraw-Hill Construction）维护这些文件及其分类，产品供应商提供内容，建筑设计师和承包商则订阅服务。结果就是多赢。

所以，梦想系统还需要第四个二维的窗口，用以不断精化文字描述的规格。理想的做法是，在这个显示中所发生的变更能够自动地反映到绘图显示上去。由于许多Sweets Network产品描述中早已包括了标准化形式的CAD模型，所以概念上建立从规格到绘图的关联并不困难。而反过来，绘图的变更想要传播到规格却极其困难——这也是目前正在研究的一个课题。[3]

18.3 听觉展示

很多年以前，我曾被一盘录像带所震惊，它的内容是一群赫尔辛基建筑师使用计算机图像展示的一个规划改建工程。视觉效果还不错，但并无惊艳之处。可是，录像中包含了一段事先录好的游乐园声音。尽管画面上看不到一个人，但是背景的喧声却让整个场景呼之欲出。

营造听觉展示很容易，但是构建用于展示的声音模型却是个挑战。人们想要布置室内和室外的声源：电视、交通、洗衣机的声，以及小孩子的玩耍和吵嘴声，等等。接下来，在虚拟房屋里漫游时，就要听得到这些声音，并分辨出哪些是期望的，哪些是错误的。

必需的原声模拟技术已经十分成熟。[4]即使当下还无法达到实时效果，也能够提供近似效果，并将展示结果渐进地调优。随着处理器频率的飞速提高，这些困难将迎刃而解。

挑战来自门和窗。哪些门窗是打开的？距离有多远？可能的组合数极大。设计师的说明和探索工作从原理上讲似乎不难，但实践起来却冗长乏味。对探索工作有明显帮助的是绘出声强图（sound-intensity plot），将整个房屋划分成网格，参照耳朵的高度，并响应孔隙的开闭。这个视图可以标出建议的收听位置。在用于收听的头部模型中，EyeBall仍然是个指定位置和方向的便利设备。

18.4 触觉展示

触觉展示似乎比任何其他的形式都更要牵动人的本能反应（以及内心情感）。[5]然而，尽管尝试过，我仍不觉得现有的触觉技术在梦想系统中值得一用。

18.5 推而广之

尽管这个梦想系统目前是专门用于房屋设计，但可以很容易地将它推广到许多其他领域。例如，如果想要一个开发软件的梦想系统，虽然用不上所有的三维功能，但能够利用的也应该有丰富的起始素材库、设计视图、相关素材视图、工作手册视图、测试案例视图，而所有视图的显示内容都应该以恰当的方式关联起来。

18.6 可行性

目前有可能构建出这一梦想系统吗？毋庸置疑，完全可以。所需的技术都是现有可用的。那么，如果只是想要做个人住宅这样相对较小的工程，价格是否是人们可以负担的呢？我相信这也没问题，至少规模较大的公司可以投资这套系统，然后可以由多名设计师分时段共用。

如何来构建呢？增量式地构建！任何想一口吃个胖子，只想做形象工程的系统几乎注定会失败。然而持续增量式成长的、由真正的设计师主持持续测试遴选的项目则会成功。最困难的部分在于如何汇集出一个良好的初始模型库。

可以想象，由一个学术研究项目来研发出一个框架以及必要的标准输入格式和描述格式，然后征求开源模型。而这正是开源模型的声望激励机制可以发挥作用的地方。[6]一旦设计师的住宅、房屋或其他设计项目被选入库中，他不仅赢得了声望，更获得了广告效应，如同把作品登在杂志上一样。根据模型的选用情况，自动地精选出一个核心库，并非难事。如果有的模型从未被人查看过，就将它们去除。

18.7 注释和参考文献

1. Brooks（1995），《人月神话》，194。

2. 见http://products.construction.com。

3. 即使文字处理系统远没有那么复杂，系统底层的大量机构也需要双向链接，或许可以从 Ken Brooks的Lilac系统中得到一些概念，该系统在"A two-view document editor with

user-definable document structure"（1988）和"A two-view document editor"（1991）中有所描述。难点在于某个视图会包含比另外的视图多得多的信息，这么一来在更简单的视图中所做的修改，就会触发推导并把信息送入复杂视图的工作量。

4. Svensson和Kristiansen（2002），"Computational modelling and simulation of acoustic spaces"。

5. Meehan（2002），"Physiological measures of presence in stressful virtual environments"。

6. Raymond（2001），《The Cathedral and the Bazaar》，第4章"The magic cauldron"。

卓越的设计师

托马斯·杰斐逊，美国第3任总统，《独立宣言》主要起草人

第19章

伟大的设计来自伟大的设计师

而非来自伟大的设计过程

SEI[软件工程研究所]专注于软件过程成熟度方面的工作，其背后的基本假定就是：软件产品的品质在很大程度上取决于构建产品时的软件开发和维护过程。

——Mark Paulk（1995），"SEI论软件能力成熟度模型的演化"

……虽然某些人可能将他们视为疯子，但我们将他们视为天才，因为那些疯狂地认为他们能改变这个世界的人，确实就是改变这个世界的人。

——史蒂夫·乔布斯，《Apple Commercial》

19.1 伟大的设计与产品过程

开篇两段话的作者之间存在着极大的分歧。谁是对的呢？

我曾经列出过一些知名计算机产品的清单，并依据个人的喜好进行分类，主要依据产品是否拥有充满激情的粉丝来划分。这张清单扩展如图19-1所示，加入了一些最新的产品。我相信这种划分体现了设计之中的某些伟大之处。（但说一种产品伟大，并不等于说它取得了商业成功。商业成功除了设计品质之外，还取决于许多复杂的因素。）

这个图中隐藏着一个惊人的事实：根据我的判断，右边的每件产品都是一个正式生产过程的产物，这种过程有着大量的输入信息，以及审批过程；而左边的每件产品却都是在正式生产过程之外成形的。

其他领域的例子还包括：原子弹、核潜艇、弹道导弹、隐形飞机、喷火战斗机、青霉素、间歇雨刷。这些发明都是由一个小型团队完成的，所以也就有意无意地未采用正式的产品过程。

是	否
iPhone	Cell phone
Apple II	PC
Macintosh界面	Windows
UNIX	z/OS (MVS)
Pascal	Algol
Fortran	Cobol
Python	Appletalk

图19-1　计算机产品爱好者俱乐部

（仿照Brooks（1995），《人月神话》中的图16-1）

19.2　产品过程——优点和不足

这些观察的结果，即使仅仅是基本符合事实而非普遍真理[1]，也会启发我们提出以下一些重要问题：

- 为什么这么多伟大的产品是在产品过程之外产生的？

- 产品过程的目的是什么？为什么要有产品过程？

- 人们能在产品过程中催生伟大的设计吗？如何做到？

- 我们如何使得产品过程鼓励并促进伟大的设计，而不是拖后腿？

产品过程抑制了伟大的设计吗

我相信，标准化的公司产品设计过程的确与真正伟大而创新的设计是背道而驰的。考虑到公司过程演化的方式和原因，这种结果也就不难理解了。产品过程的存在是为了摆脱新产品研发中自然产生的混乱，引入秩序。

从根本上说，它是保守的，其目的是将彼此类似而又有所不同的事情纳入到一个有序的框架中。因此，本质不同的、高度创新的设计，则不容于这样的框架。例如PC，与20世纪60年代的机关当做宝贝的大型机以及70年代作为企业部门计算中心使用的小型机相比，它完全不是一回事。

从根本上说，产品过程是以可预测性为目标的：产品大致上根据业务需求来确定，伟大的设计师还来不及在这个问题上投入足够的时间去思考，而交付却是有着固定的排期和价格的。由此可见，可预测性与伟大的设计真是格格不入！

从根本上说，产品过程是"按老战役的打法来设定"，它鼓励使用已证明有效的战术，而不鼓励使用以前失败过的战术。因此，如果产品所面对的是一场全新的战争（全新的需求或操作模式），这两类战术可能都不管用。例如iPhone，它与简单的移动电话相比完全不是一回事，若与由贝尔发明、AT&T垄断的固话机相比，更是有着天壤之别。

从根本上说，产品过程是否决导向的（Veto-oriented），其目的是要阻止不好的想法，并防止疏漏。过程的目标是要防止产品的销售不能达到预期、防止产品的成本超过预期的交付成本、防止承诺的功能和时间进度不能兑现。更微妙的，公司产品过程也是为了防止产品线之间彼此混淆，以免自己的一件产品与另一件产品发生严重竞争，使得客户不知道购买哪一件才好。由于失败可能由多种原因导致，产品过程通常要求在多人之间达成一致同意，每人分别是某一种潜在失败因素的专家。

这种对于一致同意的要求，从若干方面抑制了伟大的设计。首先，高高在上的专家们拿报酬是为了避免错误的发生，而不是催生伟大的事物。所以他们中的每个人，都偏向于找理由不作为。即使某种本质上全新的产品没有被否决，要求一致同意的机制也通常会强制达成妥协，而将棱角磨去。但是，这些棱角才是先进的优势所在！

其次，产品过程不仅需要与当前的情况保持一致，还需要与过去的成文规则保持一致。产品过程会增长，规则也一样，除了已有的各种规则除外，每次失败的教训都会带来新的规则，或设立新的批准流程，以防止同样的失败再次发生。没有什么能阻止这些额外规则诞生，而它们一旦问世，除非危机的到来暴露了此规则的弊端，否则再无力量能够将其消除。于是，事物发展便不能免俗：官僚主义丛生（Byzantine），过程不堪重负，随着组织的成功和成长，它也变得尾大不掉。[2]

20世纪60年代初，我还在管理IBM的System/360计算机系列硬件开发时，S/360 20机型主机正在德国Böblingen的IBM实验室研发。这个团队拥有卓越的人才和有能力的领导。但是，尽管已经运作多年，并且为一些专业市场生产了许多成功的产品，该团队却从未成功地把一个产品送入IBM的主要产品线并投入全球市场。对于具有"拿公司前途打赌"意义的System/360项目来说，这非同小可，所以我前往调查。

原因查明：这些工程师们一直小心翼翼、顾虑重重地遵守IBM官方发布的公司产品过程，而这个过程文档超过了100页！而其他实验室里成功的项目经理则大胆适时地采用"非常手段"来规避过程规则，成功的秘诀就在于选择的智慧！[3] 我派了一位经验丰富的过程操纵者去管理那个项目，他启发了该团队的天才们去开发自己的潜能。因此，S/360 20机型取得了惊人的成功。

最后，要求一致同意的过程也会吞噬资源，从而使得创新的设计得不到足够供给。欲取得一致同意就要开会，开大量的会。开会要花时间，花大量的时间。伟大的设计师非常稀有，而且分布严重不均，时间对于他们来说真可谓一寸光阴一寸金。

那到底产品过程还有何用

我是在堂吉诃德式地想要鼓吹革了所有公司设计过程的命，并且唯恐天下不充满创新的混乱吗？非也。上文提及的许多采用过程的理由，都是无可避免的。有些时候，必须要拿到公司的批文才能继续推进；有些时候，应该汲取此前的经验以发现明显的疏漏；有些时候，产品的时间和预算必须经过审批。这里的诀窍是，把"过程"搁置足够长的时间，以容许伟大的设计诞生。这么一来，当伟大的设计已经摆上台面时，需要争论的问题自然就少了很多——这总好过将它们扼杀在摇篮里。

后续产品。产品设计过程经常发挥重要的作用，原因在于，大多数设计的初衷并非想要高度创新。并且，这样做有着充分的理由。当用户接触到成功的、真正创新的产品时，至少有四种不同的效果会接踵而至：

- 用户在使用的过程中，发现了产品的一些缺点，需要在后续产品中修正。
- 用户将创新点用于意料之外的用途，扩张了产品概念（通常以增量方式）。
- 创新展示了产品更大的效用，从而促成了用户对于更强力产品的需求，并且用户也愿意为后者花费更多的费用。
- 产品的普及在驱动变化的同时，也催生了锁定效应；用户不希望下一代产品是"颠覆性的"——他们想要的是熟悉并喜爱的东西。

因此，后续产品受到的限制更多、真正创新的空间更小。但另一方面，产品成功也为后续产品带来了更多的机会和可能。但是，没有任何一个组织能做所有的事情。所以，后续产品的发展之路，必须在可能的范围内小心加以选择。它们的研发必须在监管下进行，以确保产品能够不走偏路，达到预测客户的既定要求。

产品过程通过以下的往复循环：

- 产品定义
- 市场预测
- 成本估算
- 价格估算

有效地实现了这种选择和监管。

但是，准确的市场预测依赖于对类似产品的一些销售经验。准确的成本估算则依赖于对类似产品的一些研发和制造经验。

因此，产品过程为后续产品而设计的，在这里，它有一定的用武之地。但如果想要创新，就非跨越过程的"雷池"不可。

提升设计实践的水平。产品设计和发布过程无法使得优秀的设计师变成伟大的设计师。如果没有伟大的设计师，这些过程基本上不会催生伟大的设计。但是，这些强制推行的纪律能够将设计曲线的低端加以提升，并将平均的设计实践水平加以提高。对此，我们无可厚非。

软件工程社区对于开发过程一直给予高度关注。这是需要的，因为据我所知，少数设计社区的平均实践水平目前和最佳实践还有差距，而最差实践目前和平均实践亦有差距。

Watts Humphrey和SEI致力于能力成熟度模型（Capbility Maturity Model，CMM）方面的工作，并不遗余力进行推广，这是有价值的。[4] CMM是对于良好设计过程各个方面的严格度量，这些方面普遍对于良好设计而言很有用。如果一家设计公司进行了CMM评审，并且得分很低，它就不应该只参考自己以往的实践，而且要参考那些更成功公司的实践。过程改进对于提升社区实践的水平底线最有价值，而CMM在这方面做得非常好。

这里面没有什么魔法。过程再改进，也不能帮助社区实践提升其最高水平。伟大的设计并非来自伟大的过程，而是来自卓有天赋且工作努力的人。苹果公司有句名言："我们只有CMM 1级，并将永远如此。"[5] 但是苹果公司取得的成就有目共睹。

过程对于创新设计难道不也是必要的吗？有人曾问我，"S/360项目要协调多个国际实验室和多个市场的需求，其中肯定充斥着大量的过程。你是如何利用过程，而又不被过程左右的？"

我们的核心设计团队被很好地隔离在一般的IBM监管过程之外，得到几个层级经理的大胆、有力支持。我们有特殊权力，可以从公司其他团队中招募人才，项目资金相对充足。

让设计变成产品，需要执行标准过程。但最高层有言在先，这次冒险是颠覆性的，本来就需要在标准过程上做一些让步。我们的团队每周都与过程团队正面交锋，努力争取在市场预测、成本估算和定价方面追求更多创新。但是，过程团队的人长于条理，他们的技能对于我们的成功也不可或缺。

19.3　观点碰撞：过程扼杀创新，但又不可避免，如何是好

既然伟大的设计来自伟大的设计师，那就找出他们

作为一个五音不全、不爱运动的人，我认为，无论哪方面的才能，音乐、棒球、舞蹈还是设计，分布都严重失衡，并且，各项具体才能的个体差异也可谓天壤之别。

即使是在一个由类似学历和经历的人组成的团队中，才能的个体差异也很大。我的一些

团队成员和学生是天赋异禀的设计师——他们在我的记忆中熠熠生辉。在艺术的历史长河中，也点缀着太多的榜样。

而且，没有两个人具有一模一样的才能（我想上帝这样安排是为了让我们每个人都能为他人提供一些与众不同的东西，或提供与众不同的服务。）因此，有智慧的领导者会给他现在已有的以及未来会招到的下属明确责任，而不是用绝对理想化的白日梦来要求下属。

我们正确而基本的民主思想是"法律面前人人平等"，而更难实现的一点是让人人享有平等的机会。但是，在对平等目标进行不懈追求的同时，不应该掩耳盗铃地忽略天赋的分布不均，以及培养、打磨和表达天赋诸条件的失衡。

因此，我们的结构也好，过程也好，都要冷静地意识到：对于曾经完成过伟大设计的人而言，如果赋予他们自由和权力，并把事情委托给他们，则其完成另一项伟大设计的可能性就更大。[6]

伟大的设计需要大胆的、要求创新的领袖

首要的一点是，组织的最高领导者必须对卓越设计的创新产品充满激情。在史蒂夫·乔布斯领导苹果公司的第一阶段，情况显然就是如此。他的继任者使得情况发生了变化，而当乔布斯重新做回苹果公司掌门时，情况又回到了正轨。在Thomas J. Watson (CEO，1914~1956) 和Thomas J. Watson, Jr. (CEO，1956~1971) 领导下的IBM也是这样的组织。其他例子还有许多。

如何设计一个鼓励伟大设计的过程

我曾饱受过程负担之苦，我也有一些绕过或违反此类过程的经验，但我从来不曾剪裁或改造过程。每个组织机构都不时地需要对过程加以剪裁或改造。我希望将这项工作委托给一流的人才，赋予他们一路绿灯的权力，并在有限的时间内达成有限的目标。

如果你正在设计一个新产品过程，或正在改造一个原有的过程，应该怎样积聚力量去克服会自然产生的消极倾向呢？要怎样设计一个过程才能容许、支持，甚至鼓励伟大的设计呢？

首先，产品过程必须明确地确定具备根本重要性的事项和约束，此外一概不提。这是一种固有的保护机制。它必须对皇冠上的明珠提供妥帖的保护，但同等重要的是，它要防止人们建造了高高的篱笆却保护的仅仅是垃圾桶。要做到这一点，需要判断和克制，因为保护者本能地倾向于过度保护。第27章展示了在该特定案例中，如何有效地识别和分离出具有根本重要性的事项。

其次，产品过程必须提供易行、迅捷的例外机制，并在任何项目经理请求、高一级的领导同意之下就能实行。换言之，必须明确地提出并运用判断和常识："规则皆可打破"。

拥抱概念完整性：将设计托付给一名主设计师

既然概念完整性是伟大设计的最重要的属性，既然概念完整性出自一个人，或几个同心同德的人（uno amimo），聪明的经理就会大胆地信任有天赋的主设计师，由他来完成每项设计任务。[7]

托付（entrusting）意味深长。首先，经理本身一定不能对设计方案出尔反尔。这是实际存在的诱惑，因为经理都很倾向于成为设计师，但他们的设计天赋可能不如他的下属那样出色（设计和管理是非常不同的工作），而且经理的注意力肯定会分散在其他任务上。

其次，必须和所有人彻底说明白，虽然主设计师仅管理几名助手，但是他在职位上与项目经理是平等的，并且他对设计拥有绝对优先权。

第三，主设计师必须不受项目以外的监管者影响，并且要防止他们的精力分散。

第四，只要主设计师感觉需要某样工具或帮助，就必须满足他。他要做的事情是至关重要。

19.4 注释和参考文献

1. Air Force Studies Board（2008），《Pre-Milestone A and Early-Phase Systems Engineering》，表明在许多最成功的、最具创新的武器开发项目中，这一点都是正确的。

2. 这一普遍的现象也存在于软件之中，Lehman和Belady的经典研究令人信服地记录了这一点，他们研究了在IBM运营System/360的过程中熵的增加：Lehman and Belady（1971），"Programming system dynamics"更全面的论述可参见一篇重要的论文：Lehman and Belady（1976），"A model of large program development"。

3. 参见文章 "Template zombies"，DeMarco（2008），选自《Adrenaline Junkies and Template Zombies》的第86章。我不相信这个IBM实验室遭受了模板僵尸的"形式与本质的对决"病的折磨，而只是谨慎地遵守远处寄来的编写规则。

4. 这一点得到了承认，并由此获得了2005年的国家技术勋章。

5. Atlantic Systems Guild公司的James Robertson在2008年告诉我这句苹果公司的名言（私人通信）。

6. Cross（1996b），"Winning by design"是关于Gordon Murray（获胜的赛车设计师）设计方法的有趣的案例分析。这篇报道介绍了一个主设计师团队如何绕开大多数类型的过程，并从约束条件中受益的方法。

7. 英国副首相要求皇家工程学院（Royal Academy of Engineering）提供一份报告，关于如何让雨天行车更安全。RAE将这个任务委托给了只有一个人的委员会：委员会的主席David Davies爵士。这份报告以破纪录的时间完成了，它干脆而坦率，充满了具体的建议（Davies（2000），《Automatic Train Protection for the Railway Network in Britain》）。

John Cocke (1925～2002)，计算机天才

第20章

伟大的设计师从哪里来

即使不加训练，天才也能够生存，并取得成功。但一分耕耘一分收获的真理仍然丝毫不差。

——Margaret Fuller（1820～1850），日记内容

每个超越了普通水平的人都接受过两种教育：第一种是老师教的；第二种则更个性化，也更重要，也就是自我教育。

——Edward Gibbon（1789），《Memoirs of My Life and Writings》

我刚刚论述过，伟大的设计来自伟大的设计师，而非伟大的设计过程。尽管技术设计现在肯定要团队作战，我们仍然能感受到有那么一批伟大的设计师，团队是围绕他们组建起来的，如John Roebling之于布鲁克林钢索桥、George Goethals之于巴拿马运河、R. J. Mitchell之于喷火战斗机、Seymour Cray之于CDC 6600和Cray 1超级计算机、Ken Thompson和Dennis Ritchie之于UNIX等。

对于高科技设计的生产者而言，特别要关注的是单人设计模式和团队设计模式的本质冲突。前者在艺术、文学和工程领域产生了伟大的作品，而后者则是现在人造产品的复杂性和经济的快节奏所要求的。

- 如何才能培养出伟大的设计师？
- 如何研发一套设计过程来支持伟大的设计师，增强他们的战斗力，而不是束缚他们的手脚，使其作品陷入同质化？
- 如何让团队为伟大的设计师发挥最好的支持作用？

20.1 我们必须教会他们设计

我们对设计师的正规教育经常错得无可救药。Schön[1]说过这样的话：技术理性主义观点

认为，所有的专业人员，都应该采用至今仍在用以教导工程师的教学方法：先教授相关的基础和应用科学，然后再培养应用技能。

在这一点上，Schön对技术理性主义的观点持强烈反对态度。他辩称，所有专业技能都是经过接受批判的实践（critiqued practice）方能掌握。他认为医药、法律、政府、建筑、艺术、音乐、社工等诸领域中都是如此，实际上工程领域也不例外。医药教育早就意识到了这一点，所以医学院的学生从第三年起，就要在诊所、轮岗，以及临床上投入越来越多的时间。建筑业的教育也从未忽视这一真理，所以多年来，参与工作室的实习是贯穿整个教学的。

而另一方面，在美国，大部分工程设计师在接受正规教育时，将大部分的时间花在了教室里，或者在实验室里做规定的实验，而不去做准备接受批判的设计作品。软件工程师的情况尤甚。

我认为，Schön的观点听起来正确可靠。在这样缺乏批判的教育中，我们浪费了教育过程中最宝贵的资源：学时。工程学院正越来越多地将接受批判的设计实践重新排入课程设计中去，尽管这需要很高的师资投入。

有人认为，软硬件工程师必须掌握实践背后的基础科学，而且应该先掌握。一流的工程教育驳斥了这一点，它们在大学一年级就开始了带批判的设计，与科学教育同时进行。只有很少的计算机科学课程设计会这样安排。

类似的，好的工程课程设计中通常还包含"高校合作"或"半工半读"项目，学生通过这些项目，得以在学院教育的头尾之间穿插工作岗位实践（以及公司培训）。可是，这种方式在计算机科学课程设计中还远远不够。

过于学院派的正规教育的弱点在于，它依赖的是讲课和阅读，而非接受批判的实践。想要有效地教授设计风格，就会让学生以Cray风格设计一个有约束条件的计算机架构，以巴赫风格设计一首赋格曲，或以Wren风格设计一幢建筑。知识丰富、富有洞见的导师会指出学生的设计与标准风格不一致的地方，并参照约束条件对设计的整体水平进行批判。

在工程和计算机科学领域中，此类批判需要导师具备一定自信，甚至胆量。在科学方面的素养可能使得我们不愿意发表随心所欲的主观批判，对于提出这样的批判也缺乏经验。但是，这在教学设计中却十分重要。

学生之间也可以通过这样的批判实践进行相互指导，设计师学习其他设计风格的最佳方式，就是负责将这些设计风格教给其他设计师。

20.2　我们必须为伟大设计而招募人才

经理常常会在招聘一些新的设计师后，下意识地以自己的工作为标准对其进行评判：

"他能做好我做的这些工作吗？"这就会使得能说会道、指手画脚以及善于开会的人占有优势。同时也会忽略性格内向、说话迟钝，特别是不合常规的人。但是，优秀的设计师也可能来自于这样的人！（我不是说，优秀的设计师来自于这样的人可能性更大，关于这一点我不敢肯定。）如果我们的经理忽略了这些天才，这是我们的巨大损失，也是这些天才和社会的巨大损失。

我们怎样才能更好地选人？首先，要提醒自己我们到底要找怎样的人。其次，要检视候选人设计工作本身的具体工作内容，而不只是工作的口头演示。例如，微软就有候选人技能甄别项目（candidates craft programs），这在软件工程公司中还没有普及。

20.3 我们必须有意识地培养他们

大多数重要的工业和军方组织都已具备精细而成熟的培养方针，将工人培养到经理，再到执行官，直至最高执行官。在每个职业阶段，针对新晋升的中尉、少校和将军，还有另外的教育科目。有前途的人才很早就被发现，并跟踪培养。组织为他们指派教官，并让他们轮岗以具备经过周密计划的多种经验。最有前途的人才被安排到快速通道，给顶尖专业人士做助手。最有前途的年轻律师都被聘为最高法院的职员。

就连上帝也用这种方式培训出来许多领袖。通过一次"偶发事件"，摩西接受了领导一个民族的培训：他在法老的宫廷里作为王子长大。大卫通过给扫罗当竖琴师，看到了如何经营一个王国，以及如何做出正确的判断。使徒保罗通过在迦玛利跟前接受出色的《旧约》教育，为布道和释经打下了坚实的基础，而迦玛利是他那个时代最伟大的犹太教士。[2]在遇到成年的耶稣基督后，保罗被派往沙漠一段时间后，他彻底脱胎换骨，思路也焕然一新了。[3]

可在大多数技术型组织机构中，我都没看到过有人考虑打造类似的现实机制来培养非管理型的技术领导。而如果说起公司所仰仗的伟大设计师，那么这种针对他们的培养的方式就更罕见了。

让双梯制真实而体面

在培养设计师时，要比照培养经理的思路，第一件事就是要为他们打造一条职业发展路径，让他们的报酬和社会地位能够反映他们的贡献对于创新型企业的价值。这通常被称为双梯制（dual ladder）。我曾在别处讨论过这个问题，在这里只想重复一点。为对应职位支付相应工资是容易做到的（市场力量通常会促成这样的结果），但需要很强的主动措施才能为他们树立平等的威信：平等的办公室，平等的支持人员编制，职责从设计师变成经理时反而调低待遇，等等。[4]

为什么需要给予双梯制足够的关注？也许因为经理们亦不能免俗，会从内心深处容易认为他们自己的工作要比设计更困难、更重要，所以，他们需要更小心地评估如何才能促进发明和创新。

规划正规教育学习经历

新秀设计师和新秀经理一样，需要持续不断的正规教育，并配合穿插其间的真实的、亲自动手的、由高水平的设计师提供批判性指导的实践活动。

为什么需要正规教育？因为当今世界在不断变化。在高科技学科中，技术教育的快速更新是显而易见的，几乎让人吃惊。自从1952年，我进入计算机领域以来，我的职业生涯和精神生活一直像在大海中与拍岸的大浪搏斗，而且一波未平，一波又起！这些经历令人激动、令人喜爱，并且永远在变化。所以，接受正规教育的首要理由就是要不断地进行知识回炉。

我发现，正规短期班是知识回炉有效而经济的方法，我平均每年都会参加一个班。为什么非要这样做呢？难道人们不能够通过阅读杂志，或者参加会议来赶上时代吗？确实可以！但我信任正规教育：一名好教师，精心准备好一个主题的全面综述，这可以让我的学习效率提高两倍以上，很快就掌握全面的观点。否则，我可能需要研究几十本期刊才行。身为一名教师，我向我的客户交付的正是这样的学习效率。同样，我也为自己购买这样的效率。

第二个理由，是拓展深度和广度。实现这一目的最有效的方式就是研究历史和当代的设计作品，好坏都看。针对该目的，正规教育的老师研究过多种设计概念和风格、不像专业设计师那样只对自己有经验的部分有概念，所以，接受正规教育的好处在于可以把不同的概念和风格区分开来，开阔视野。正如设计公司的内部文化会强调它自身的传统和观点，公司资助的正规教育也会如此。这是新秀设计师和他们的教练向外部寻求正规教育的最佳理由。

我在出任IBM经理一职期间最有成果的一件事情，与产品开发没有关系。我将一名有前途的工程师以IBM全职雇员的身份送去密执安大学读博士学位。这件事在那时对一名繁忙的计算机架构经理来说，似乎只是一项非常偶然的个人决定，但它对IBM的回报超出了我的想象。Ted Codd的博士学位为他的职业研究生涯奠定了基础，而这些研究促使他发明了关系数据库概念，并荣获了图灵奖。[5]在过去的25年里，关系数据库一直是IBM利润最好的计算机产品线上运行的主要应用程序。

规划多样化的工作经历

最好的组织为新秀经理所做的事，我们也需要为新秀设计师做到。这里的关键在于计划性，年轻人的课程本身也需要设计：要有多样性、要有参与的深度、要有螺旋式上升的挑战和责任。

通常来说，在项目初期就给年轻的设计师分配任务，并让他们在自己设计的产品的用户组织中服务，这样会产出最多的成果。我自己打过的一些短工为我深入理解计算机用户需求而言是无价的：我曾在一家商业数据处理公司编写过40个州使用的工资表程序、在一家科学计算公司计算火箭弹道、在一家工作室从事密码分析、在一个电话交换实验室负责识别四方通话的拨号者、在一个工程物理实验室测量微小的地面振动。我在前面也曾提及，我做过两周的计算机操作员学徒，专门在一间玻璃房里将磁带挂起，这段经历在设计操作员控制台时使我能够感同身受。杜威说得好，我们要在做中学。对于设计师有用的成长课程，必须包含各种经验才行。

规划离开组织去享受休假

处在职业发展中的设计师可以通过离开组织而恢复活力，并开拓视野——这样的途径也许是借调到客户方，也许是到大学教书，也许是接受联邦机构的任命。防止创新性人才停滞不前，是一本万利的投资。

20.4 我们必须在管理他们时发挥想象力

John Cocke和Ralph Gomory的故事。在我认识的人当中，John Cocke可能是最伟大的一个，肯定是最富创新力的一个。1956年7月，我们同时加入了IBM，并参加了Stretch超级计算机项目，那时我们刚刚拿到博士学位。我们先是被安排到同一个大房间，后来则共用一个二人办公室。这种安排很合理，因为John一个人在晚上工作，而我则在白天工作。John对计算机的方方面面都充满激情。我怀疑，他在一天里思考计算机的时间可能比思考所有其他事情的时间加起来还要长。他不仅对计算机本身有着深刻的理解，而且还理解所有的支撑学科和技术。[6] 他的性格中包含一种少见的组合——既深入思考，又外向开朗。如《古舟子咏》所言，他会"逢众阻一夫"，来解释他的最新思想。没法不喜欢他——亲切，大方到极点，总是很开心。Harwood Kolsky的回忆录生动地记录了John的个性、风格和态度。[7]

Cocke吸引了一群伟大的合作者，这些合作者帮助记录和实现了他多得难以置信的想法。他的想法中，有三个都值得获得图灵奖，它们分别是与Kolsky合作的指令管道[8]，与Fran Allen及Jack Schwartz合作的全局编译器优化[9]，还有与George Radin合作的RISC架构[10]。

那么，像John Cocke这样一个特殊的天才，并没有管理一个小组，也几乎没有发表过任何东西，他如何能够做出如此之多的重要贡献呢？其实，这个故事中包括两个天才，另一个便是Ralph Gomory，IBM研究主管和科学技术高级副总裁。像Cocke一样，Gomory也因他的贡献获得了美国国家科学奖章。

Gomory创造了一个组织、一种气氛和组织管理风格，目的是促使IBM研究部门的每个人都能够以最适合自己特殊才能的方式做出贡献。Ralph曾说，"我对John和其他人是一视同仁的。"但他的话没有点出要领：他对每一个杰出的部属都是"因材施政"的——他完全根据部属的天才和需要来给予支持。他十分自豪地说，"John是IBM研究部门里薪水最高的人，因为他的贡献最大。"[11]

20.5 我们必须积极地保护他们

防止他们分心

如果我们招到了伟大的设计师，自然希望他们去做设计。设计效率讲究连贯，即一种不受打扰、富有创新、高度集中的精神状态。我们这些设计师们都有体会，并希望得到这种快乐。在《人件》一书中，DeMarco和Lister对连贯及其重要性，以及如何实现连贯进行了极好的讨论。[12]

现代组织中存在许多障碍和分心的事务，阻碍了连贯，例如：

• 会议

• 电话

• 电子邮件

• 规则和约束

• 官僚主义和"服务"小组，他们制定规则只是为了简化他们自己的工作

• 客户

• 专业访客和记者

许多创新型组织都采用了"安静的早晨"这样的过程来强化连贯。当苹果引入第一台个人计算机，IBM试图迎头赶上的时候，当时的CEO John Opel在Boca Raton建立了一个实验室（现已关闭）来开发IBM的项目。而其他的IBM员工，甚至包括有相关职责的合作员工，都不得进入。

类似的，我也把非项目访客拒于System/360项目门外，包括IBM员工和客户，时间从1964年2月到4月。因为，我们有太多的工作需要连贯。[13]

Jeffrey Jupp是英国空中客车的技术主管，我对他进行采访时，论及空中客车的机翼在英国设计和制造，而机身却在法国设计和制造。接下去，我问他，是否能够与他的主设计师谈谈，他的回答却是"不行"。我理解并尊重这一点。

防止他们被经理们干扰

平庸的、不可靠的经理可能会扼杀设计师的创新力。平庸的经理常常不能意识到团队中的宝石般的人物。有的时候，他们认识不到设计对于团队成功的重要性。也有的时候，他们无法理解自己要为设计魔法提供支持的职责。

有的经理会怨恨，或不愿承认"居于下位"的设计师其实是更好的设计师。当优秀的设计师拿了相对更高的薪水时，有的经理会觉得受到了冒犯。这样的结果就是设计师缺少鼓励、缺少帮助、甚至被卑鄙地贬低。

所以，高管们的任务也就清楚了：他们必须积极地改造一线经理，最好能够提升一线经理们对于自己才能和特殊角色的眼界，并在团队鼓励和领导力方面给予培训。

防止他们承担管理工作

我曾看到过一些有潜力成为伟大设计师的人，从设计领域转到了管理领域。这么一来，他们的潜能就完全失去了充分发挥的机会。然而，我们的组织文化却鼓励甚至强制这样做。我们需要意愿、拒绝和决心，逆流而上，与这样的文化坚决斗争。

Seymour Cray就是一个有启发意义的例子，他是有史以来最伟大的超级计算机设计师。Cray是第一代电子管计算机的设计师，工作地点是明尼苏达州的St. Paul，他先后服务于Engineering Research Associates和Control Data Corporation。为了设计CDC 6600，他将"包括看门人在内，一共35人"的团队隔离起来，并让自己从所有其他CDC事务中解脱出来。[14]

当6600的巨大成功让他再次陷入CDC的管理事务时，他选择了离开。带着在CDC打下的基础，他在一个僻静的牧场里建立了Cray Computer Corporation。他以一己之力，监督了Cray 1型计算机从排线到冷却再到Fortran编译器的方方面面。

然后，当Cray计算机公司因成功而壮大，让他再次陷入管理事务时，他将一个团队带到科罗拉多，建立了Cray Research Corporation。令人扼腕的是，一名醉酒的驾驶员使得这样锲而不舍的模式戛然而止。[15]

20.6 把自己培养成一名设计师

假如你是一名技术设计师，并希望有所精进。有没有来自学科之外的建议，能够对你有所帮助呢？我认为是有的。你一定要从规划自己的成长道路着手。[16]这件事只有你自己对自己负责。

不断绘制设计草图

设计师通过设计来学习设计。有些草图需要很详细，因为魔鬼确实隐藏在细节之中，许多伟大的模式都建立于看似毫不起眼的细节之上。达芬奇的《笔记》就是说明这种最佳实践的一个很好的例子。有志向的年轻软件设计师也可以保存一本笔记，记录下自己遇到过的模式，以及设计时的发明。

寻求对你的设计有见地的批判

Donald Schön在他的大作《Educating the Reflective Practitioner》中，认为大量接受批判的实践实际上是唯一成功的教学方法。他引用了一个又一个的学科（法律、医药、建筑、石工、中世纪的工匠行会），并说明它们都已经（可能是独立地）进化成了这种教学方法。[17]现代的博士论文，也完全是用这套方法来教授科研实践的。

研究范例和前辈作品

在这项实践中，你是在模仿许多伟大设计师。Robert Adam研究过Christopher Wren的作品。Wren则研究过Palladio。Palladio请求他父亲支持他去罗马对优秀的罗马建筑进行测量和写生。而罗马人则研究并融合了伊特鲁里亚人和希腊人的建筑风格——每位伟大设计师都对前辈留下的丰富遗产了如指掌，然后再加上自己的新概念。

研究范例的正确态度是虚心在先。这些范例经受住了几个世纪的批判，必然有其优秀之处。在较新的领域里，能研究的时间范围往往只有几十年。但不论前辈留下的遗产有多么博大精深，学生的任务就是寻找并掌握这些作品的过人之处，即使经过深思熟虑，或者环境的变迁让他们转到了完全不同的方向上去。

计算机体系结构的设计师需要研究各种为商业而制造的机器。有些人认为它们足够地好，值回投资。（还有很多昙花一现的体系结构，它们没有经过严格的测试，因此不值得深入研究。）

在研究之前的设计作品时，关键在于要承认它的能力——正确的问题是：

什么导致了一位聪明的设计师这样做？

而不是

为什么此人干了这样一件蠢事？

通常，答案就藏在设计师的目标和约束中，发现这些目标和约束常常会带来新的洞见。在夫妻间的分歧中，对于"你为什么……？"或"你为什么不……？"这样的问题，有智慧的、通常也是真心的答案往往是"缺乏意识"。但在探索设计决定时，答案往往并非如此。

如有可能，多听听当代设计师们对于他们的工作的讨论。如有可能，多看看设计师们针对其设计工作留下的文字记录。

Gerry Blaauw和我发现有一种做法很有益，我们将自己针对别人设计的计算机体系结构的研究成果整理成一种通用格式（通用的结构、标准的草图比例、通用的文字描述元素、通用的正规描述语言等），然后加上对每一种架构的亮点和特性的简单文字评价。[18]

一个自我教育项目：1000平方英尺的房屋建筑平面图

下面是设计师的一个有用的自我教育练习，选自北卡罗来纳州立大学设计学院的设计入门课程，无论设计师的设计学科是什么都可以采用。

项目。设计1000平方英尺家庭住房的建筑平面图，这个家庭包括夫妻二人，以及两个小孩——一个3岁的儿子和一个6岁的女儿。地点在北弗吉尼亚郊区，离街道50英尺，径深70英尺，周围有一些树木，房子坐北朝南。

工作日志。用标明日期的工作日志记录下你的设计问题、设计决定以及理由。下面是要考虑的一些问题：

- 虚构一个更详细的建筑项目，发挥想象。将这些内容写进工作日志。

- 从给定的项目描述中，你可以导出什么约束条件？

- 哪些是要列入预算的物品？你如何对它们进行管理？

- 你打算满足哪些必要条件，无论是显式还是隐式的？

- 你如何判断在两种设计中，哪一种更好？

- 你是否使用了CAD工具？如果使用了，请评价一下在任务的不同阶段，使用CAD工具和与手绘草图分别有哪些优缺点。

- 你如何推进？分析工作日志并勾画出你的设计轨迹。

- 评估：你的设计中有哪些优点？有哪些不足？

20.7　注释和参考文献

1. Schön（1986），Educating the Reflective Practitioner。
2. 《圣经·使徒行传》22:3的Wikipedia的"Gamaliel"条目（http://en. wikipedia. org/wiki/Gamaliel），最近访问于2008年4月25日。
3. 《圣经·加拉太书》1:17-18；《圣经·使徒行传》22:3。但是与这些内容形成对照的是，在许多年里，耶稣被禁止从旧约专家那里接受培训，不得不依靠记忆圣经，并通过在木匠作坊里沉思来实现对圣经的全新理解（《圣经·加拉太书》2:41-52）。

4. Brooks [1997]，《人月神话》，118~120，242。

5. Edgar Frank Codd，如果你想寻找他的著作，请使用这个拼写。

6. 甚至在他的病重时期，已经离不开坐椅的情况下，Cocke仍然让我欣赏到了他的一些新的科学知识以及如何将它们应用于计算机的最新思想。

7. http://www.cs.clemson.edu/~mark/kolsky_cocke.html，最近访问于2012年12月。

8. Cocke和Kolsky（1959），"The Virtual Memory in the STRETCH Computer"。这实际上讲的是指令管道，而不是我们今天所理解的虚拟内存。

9. Cocke和Schwartz（1970），《Programming Languages and Their Compilers》；Allen和Cocke（1971），"A catalog of optimizing transformations"。

10. RISC的概念常常被误解。它的基本思想不是指令的精简集合，而是精简指令的集合，也就是更简单的指令。在极端形式下，RISC没有任何派生的指令，甚至没有N位移位指令或乘法指令。这使得累加器－加法器－累加器循环得以最小化，利用指令缓存和一个优化的编译器，所有任务都执行得更快。据我所知，除了John这样既掌握计算机设计、又掌握编译器优化的人之外，没人能够这样结合这些概念。George Radin是重要的合作者，但最初的论文Radin（1982），"The 801 minicomputer"和Radin（1983），"The IBM 801 minicomputer"应该加上Cocke的名字作为第一作者，虽然我猜想他一个字都没写。

11. 与Ralph Gomory的私人通信（2008年11月）。

12. DeMarco（1987），《人件》。

13. 在这本书的网站上，有我在1964年2月4日发给市场部门领导、我的老板和实验室经理信件的节选。

14. Murray（1971），《The Supermen》。

15. http://americanhistory.si.edu/collections/comphist/cray.htm，最近访问于2009年8月12日。

16. 我看到的关于学术生涯规划的最好建议是由Gilbert Highet在《Art of Teaching》（1950）中给出的，书的第21页写道：

当一名年轻的德国学者开始他的职业生涯时，他通常会选择三四个真正感兴趣的领域。这些领域有大量的工作需要去做，而且，重要的是，这些领域都相互关联。最重要的是，他觉得这些领域汇聚在他选择的课题中心上。他会针对这些领域写几组课程，加强并丰富每组课程，直到形成一本教材。如果他的精力和理解力足够，他会因此成为三四本书的作者，每本书都引用并阐明其他的书。然后他会继续深造……年复一年地、战略性地扩大（每个领域），直到他积累起整个课题真正权威的知识……以这种方式规划他们的学习和教学的学者们，通常发现……他们有足够的兴趣和几乎足够的知识来担负起三种不同的职业。

17. Schön（1986），《Educating the Reflective Practitioner》。

18. Blaauw和Brooks（1997）Computer Architecture，第9至16章，"A computer zoo"标准格式曾在本书第9章中介绍过。

第六部分

设计空间之旅：案例研究

回顾一下，大多数的案例研究都有一个突出的共性：最大胆的设计决定，不论是谁做出的，都对好的结果产生了重要影响。这些大胆的决定有时候是因为愿景，有时候是因为铤而走险。它们一直都是赌博，要求更多的投入，希望得到好得多的结果。

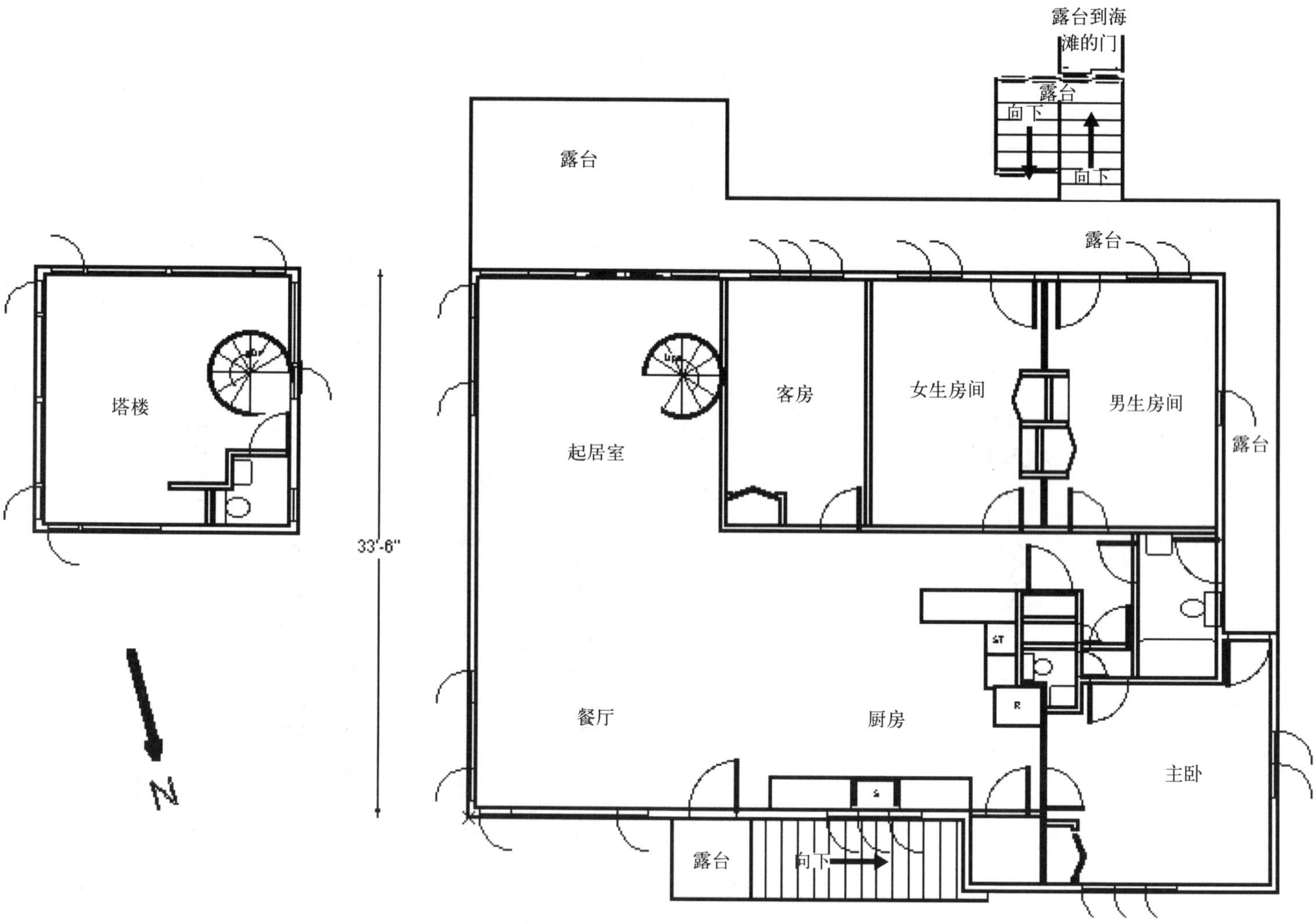

露台到海滩的门

露台

回下

回下

露台

露台

露台

男生房间

女生房间

客房

主卧

厨房

起居室

餐厅

露台

露台

ST

R

S

向下

33'-6"

塔楼

N

"View/360" 海滨小屋的主层和塔楼平面图

第21章

案例研究：海滨小屋 "View/360"

世界上最美丽的房屋（就是你自己建造的房屋）。

——Witold Rybczynski (1989)

21.1 亮点和特性

为什么是这个例子？ 它记录了一个简单的、可以理解的结构，说明了如何必须做出许多决定，以及影响这些决定的无数考虑。

大胆的决定。 让小屋尽可能靠近大海，同时又仍然在有担保契据的地块上。它比所有邻居的小屋大约向前延伸了40英尺，被潮水冲走的风险更大一些。

需要精打细算的资源。 对于这座小屋的设计来说，后来发现需要精打细算的资源是朝海一面的长度，亦即景观和微风。

旋转楼梯的巧事。 木楼梯因底楼空间压缩而添加，后来发现它是一件特殊的艺术品，是视觉上的亮点。

构建期间的改动。 在构建期间所做的设计改动极大地改进了视觉感受、小屋的整体感觉和它的价值。没有利用构建期间所有的改动机会，这是一个错误。

打桩的位置。 业余建筑师和专业建筑师都没有仔细考虑如何将桩打在小屋的重心之下，没有仔细考虑桩的分布，以便让每根桩的承重大致相同。桩不均匀地打在沙土中，在应该有桩而没有桩的地方，小屋发生了下陷。

21.2 背景介绍

位置：

北卡罗来纳州，Caswell海滩，Caswell海滩大道321号，北纬33°53.6'，西经78°2.1'。该

处是一个东西走向的岛屿，有一条主干道。一排地块位于大西洋和主干道之间，另一排地块介于大西洋、恐怖角河（Cape Fear River）和它的湿地之间。小屋在朝向大海的一边，南偏西15°。

所有者：

Frederick和Nancy Brooks一家

设计师：

Frederick和Nancy Brooks，建筑设计师；Arthur Cogswell，美国建筑师协会会员，负责结构工程和塔楼屋顶

日期：

1972，框架和外墙完成并入住

1997，建造完成

1972年8月当地家庭成员：

父母：Frederick和Nancy

孩子：Kenneth，14岁；Roger，10岁；Barbara，7岁

奶奶：Octavia，71岁

亲密的小孩朋友：Chandler，10岁

21.3 目标

首要目标。 我们的首要目标是为家庭成员和朋友建造一个舒适的、非正式的度假小屋，充分利用朝向大海的自然景观。这个小屋不打算出租。

其他目标。

- 充分利用景观。
- 设计随意的、不张扬的、休闲的内部装修。
- 充分利用白天和晚上的海风。
- 可睡下14个人，供22个人同时就餐。
- 提供一间奶奶的房间（或作为客房）、一间主卧、一间男孩卧室、一间女孩卧室，共4间卧室。
- 提供足够的淋浴和卫生设备。

- 建造的小屋应该能承受风速大于100英里/小时的飓风。飓风的危险每年会出现两次，10年会有一次真正的袭击。
- 设计一间一人用的厨房，但也可以容纳4～6个人同时工作。
- 隔离男孩和他们的朋友的噪声。
- 保持较低的维护要求。
- 让这间小屋成为大家一起参与的项目，让家庭成员得到锻炼，并增进彼此间的感情。

21.4　机会

建筑位置。这块地朝向大海的一边有75英尺。东南面是秃顶岛（恐怖角）和船只进出恐怖角河的漂亮景色。小屋"前面"定义为朝向大海的一边，而不是朝着道路的一边。地面是粗糙的海沙，植物是低矮的灌木、海燕麦和菝葜属蔓藤。

沙丘。这间小屋可以离最高水位标识仅65英尺，因为它受到一排沙丘的保护。

景观。因为这个岛屿是狭窄的，所以小屋不仅在前面有180°的海滩景观，还有背面的135°的恐怖角河及其湿地的景观。

微风。小屋的位置自然朝向南偏西15°。主要的海风是南风和西南风，在温暖天气的多数时间里都有。

21.5　约束条件

预算。没有足够的钱一次建造完整的带4间卧室的小屋。

时间。在任何一个夏天，家庭用于建造小屋的时间都是有限的。

法规与契据要求。

- 小屋必须建在16英尺的桩上，其中8英尺必须在地下。
- 地块每边要求留出的距离是10英尺。
- 小屋必须是独户住宅。
- 与电力和化粪池有关的法规必须遵守。

前面的沙丘。前面的沙丘只能稍微处理，例如，在上面架设木板铺成的小道。

公共设施。这个位置只提供电力和水，没有燃气或下水道。

契据。自1938年绘制地图以来，这个地块朝向大海的一面大约增长了65英尺。我们对这部分土地有产权转让契据，没有担保契据。

外观。外观没有限制，我们也不认为这很重要。

21.6 设计决定

在一段宽松的时间里建造小屋。

- 马上建立起框架和外墙，里面是干燥的，可以宿营，一间浴室装好水管，安装好化粪池，为小屋提供临时电力。
- 将所有最初能提供的现金用于使建筑面积和窗户最大化。
- 家庭成员将完成所有内部工作，包括内墙、门、橱柜、电线，以及大部分的管道。

利用75英尺的地块宽度。 大多数海滨地块的宽度是50英尺。大多数朝向大海的小屋是长而狭窄的。为了充分利用55英尺的允许宽度，我们让小屋斜向一边，这样它的宽度就大于它的深度。因此需要一张定制的平面图，而不是书上的例子。

利用景观。

- 让小屋建在地块中尽可能靠前的位置，但仍在有担保契据的地块上。
- 在二楼前面建造一间视角最大的塔楼间，四面都是玻璃。

推论：屋顶沥青是受到限制的。屋脊不能够高于塔楼的窗台高度。

- 在所有高处装上大量的大型窗户。

推论：结构必须加强，以防歪斜。

利用微风。

- 让每间卧室都有朝向大海的一面。
- 计划让小屋对微风开放——不安装中央空调。

推论：预期到处都会潮湿，并有盐沫。

- 在起居室的前面设两扇6英尺的推拉门。
- 提供足够大的前露台，带防晒设施。
- 使用带窗扉的窗户，可以最大程度打开，并可以调整方向，收集微风。

推论：窗户安装的方向朝向西南方或东北方。

建筑防潮。 小屋既需要预防微风引起的潮湿，也需要预防飓风引起的漏雨。利用木质墙板来尽量减少预制板墙的使用。不使用地毯，只使用分离的垫子，大部分垫子都较小。

为春天、夏天和秋天的使用而优化。 冬天偶尔使用供热。使用电能踢脚板供热，而不是集中供热。它的单日使用成本较高，但资金投入低很多。

让噪声局部化或最小化。

- 为女孩卧室、男孩卧室和主卧室提供独自朝外的门，这样早起的人可以到海滩上去而不影响睡觉的人。
- 将小屋划分成卧室区和公共区，将卧室、浴室以及通向它们的大厅从公共区域里区分出来。

隔离男孩的噪声。 将男孩卧室放在卧室区的最远端。

设计随意的、不张扬的、休闲的内部装修。 所有墙面都使用护墙板，而不是涂料或墙纸。在起居室和塔楼等光线最刺眼的地方使用深色护墙板和踢脚板，厨房、餐厅和公共房间、男孩卧室也是这样。让所有地方有暗的、安静的、清凉的感觉。在其他卧室使用浅色护墙板，制造欢乐的气氛。在大厅采用北极白的镶板，这样就不需要获取日光。

14个床位。 4人睡在男孩卧室，4人在女孩卧室，2人在主卧，2人在客卧，2人在起居室，2人在塔楼。在起居室提供2张沙发，适合睡觉。在塔楼提供2张可变形或可储藏的床。女孩卧室和男孩卧室各提供2个折叠铺位和2张永久的单人床。

22把餐椅。 在小屋中放3张餐桌——两张8人桌，一张6人桌。

不装吊顶。 出于经济和视觉效果的考虑，除了浴室和起居室外，都不装吊顶。房梁是双重是两根2×12米的梁搭在4英尺的中柱上，设计能承受1英尺的降雪。屋顶由舌榫嵌入凹槽的2×6的梁构成，上面铺有绝缘垫衬，然后再铺上涂了沥青的防水层，上面再使用白石材反射热量。内部可见的部分只是上了清漆。

推论： 不装吊顶使隐藏电线问题变得复杂。

优化塔楼楼梯占用的面积。 为了将塔楼朝前推，楼梯必须位于小屋的前面，而前面的空间是很宝贵的。起居室将是前面唯一的公共房间，所以楼梯装在那里。

如果起居室希望让朝南的视角最大化，而且要通向其他朝北的公共空间，楼梯就必须靠东面或西面的墙。东墙有景观窗口、灯光和微风，所以楼梯将靠西墙。

似乎节省空间更好的办法是让楼梯占用正方形的空间，而不是长方形的空间，因为长方形的空间使整个起居室变得狭窄。所以我们使用了旋转楼梯。盐末撒在钢材上会很明显，所以楼梯选择木质的。既然楼梯是必需的，就将它装饰得像雕塑。

为采光控制而设计屋檐。 屋檐必须有4英尺，以便从当年9月到来年3月之间允许中午的日光进入前面的房间，但在3月～9月之间则不会。

21.7 考虑正面

机会和约束条件让小屋的最大宽度可以是55英尺或660英寸。既然要充分利用海风和海景，下面就是关键的设计规划。

起居室。 起居室对海景和海风的要求最高。很明显它将占有相当大的一部分空间。粗略地计算下，大致将它定为16英尺宽。除前窗和门外，起居室还可以有侧窗，所以我们将起居室放在小屋的东南角，以利用东南面的景观，即恐怖角河口和船。

西露台。 在小屋的西端设计一个狭窄的露台，可以直接走到海滩，吹到主卧的海风主要通过它，同时它也提供一条直接通道，让人从海滩走到内部的淋浴间，这样浑身湿漉的人不必穿过小屋。

卧室与餐厅-厨房。 由于采用不装空调的决定，因此卧室的微风就变得非常重要。卧室直接能到海滩是次要的，但考虑到我们的孩子的个性，这可不只是个细节。所以卧室移到了前面，等分了小屋正面其余的部分。

女孩卧室与男孩卧室。 这些是卧室中优先级最高的，因为它们在每次海滩旅行中都会使用（客人房间就不是这样），也可以作为孩子们的书房。

客人房间。 主卧主要解决睡觉的需求。客人房间也可以作为书房，所以它赢得了正面的位置。

布置男孩卧室。 为了隔离噪声，男孩卧室安排在小屋的西南角。一张床放在正面窗户下面，另一个铺位靠西面的墙，与前一张床重叠。如果另一个铺位靠北面的墙，可以很高（有探险的意思），接近房梁。衣橱就靠东墙放。房间最小的宽度等于门的宽度加上床的长度。

布置女孩卧室。 如果不是完全放在上层铺位下面，较低的床就会感觉不那么局促。将一张床放在窗下，一个铺位靠东墙。另一个铺位也放在东墙，共用一个梯子。另一张床靠北墙，衣橱靠西墙。房间最小宽度等于门的宽度加上床的长度。

布置客人房间。 这间房间只需要一张双人床。它不需要通向海滩的门。最小宽度等于床的宽度加上床边的通道。房间的深度足够，所以将衣橱放在靠北墙的位置。

21.8　小屋的尺寸

平方英尺。 可用经费决定了最多可以建2 000平方英尺，因为有许多窗。

房顶结构和房间深度。 在两端起支持作用的均匀承重的横梁，其偏差与长度有密切的关系：

$$d = k\, l^4 / w^2 t$$

其中，w是木材的宽度，t是厚度，l是有效长度。有效长度会因支撑点之外的支架而缩短。

基于夏天和冬天日照的角度，我选择了4英尺的屋檐。全部计算表明，对于双重2×12s on 4' center木料，最大水平长度是16英尺。这确定了前面卧室、起居室和塔楼的深度。

餐厅–厨房的尺寸。如果主卧有一个门直接通向厨房，就像有一个门直接通往大厅一样，显然会有好处。于是厨房西墙尺寸就变得很关键，它的长度必须至少是一个工作面的宽度加上炉子的宽度，再加上冰箱的宽度，再加上卧室门的宽度，再加上炉子和冰箱之间的工作面。

我选择让厨房的宽度大致等于小屋背面的宽度，这样比较简单。这使得厨房的工作区很大。这样的设计需要为屋顶横梁添加一些组合板条，以支持17英尺的跨度。

21.9　设想的开始

碎浪屋顶。开始我计划让屋顶轮廓线呈现碎浪的样子，如图21-1所示。

Cogswell强烈反对："我的建筑学教授告诉我们，'如果你们可以设计一个屋子抵挡风雨，孩子们，你们就做得很好了。'也许你可以在不伦瑞克县（Brunswick County）找到一个承包商让那个水槽不漏，但我怀疑做不到。"我听从了他回到基本样式的建议。

Brooks设想的无特色的塔楼屋顶。我为塔楼设计了一个完全无特色的屋顶。Cogswell进行了重大改进，如图21-2所示。

图21-1　Brooks建议的屋顶

图21-2　Brooks和Coswell设计的东面高处

21.10　在设计之后，构建之前的设计改动

在底楼设计两个室外的沐浴间。为了不让沙、盐和湿漉的泳装进入小屋，我们设计了两个底层的外部淋浴间，换泳装将在那里进行。我们为每个淋浴提供了充足的换衣空间，可以容纳多人，这样父母就能帮助小孩。

用衣橱替代原来计划的大厅里的沐浴间。这部分空间变成了一个大的家庭日用织品橱和全高的杂物橱，有12英尺宽，它带有一个架子，下面存放一张可折叠的床，上面放纱窗。

将吃饭的区域从餐厅移到厨房。模拟研究表明这样让提供食物更方便。这使得餐厅变成了会客、工作、游戏和解决问题的区域。

将底层的储藏室扩大一倍，从8'×16'扩大到16'×16'。

将主卧的纱门换一个方向开。当浴室的窗打开时，纱门就打不开了——这是在建造时发现的设计错误。

21.11　在框架和外墙完成和初次入住之后的设计改动

决定不在卧室区域和公共房间之间建造隔断。

安装嵌入的斜线撑杆。起居室东墙和西墙上的撑杆，客人房间北墙上的撑杆，以及男孩卧室西墙上的撑杆提高了在大风中抵抗平行四边形歪斜的能力。这项工作在框架建好之后，安装墙板之前进行。

安装飓风防护固定夹。框架和外墙承包商没有安装规定的垂直的拉杆，所以我们换上了这些固定夹，以便在大风中保住屋顶。

在露台安装水龙头用于冲洗。

为前面大的露台提供一个雨篷。雨篷为全部或部分露台遮阴。我们使用了定制的雨篷，针对高速路上70英里/小时的风速而设计。很久以后，我们用一个固定屋顶代替了雨篷，它向外伸出一半，让坐着的人可以选择晒太阳或待在阴凉处。

替换并扩大塔楼的窗户。飓风Diana（1984）吹走了所有原来的塔楼窗户、玻璃和窗框。我们将前面的多块小窗玻璃换成了两大块窗玻璃。这使得景观尺寸和效果都变得更好，防风能力也更强。

在西墙上加一个门。这让北面的小盥洗室既可以与主卧在一起形成一个套间，又可以成为公共卫生设施的一部分。

做了一些可移除的胶合板百叶窗。我们用这些百叶窗挡住小屋迎风的两面，以抵御冬天

的风和飓风。

淘汰了多余的声音隔离（减少了墙的厚度），这面墙在起居室和客人房间之间。这项改动在框架建成之后，墙板完成之前。Brooks奶奶在1973年去世了，所以这间房间就变成了客人房间，而不是奶奶房间，不再需要特殊的声音隔离。

将前面露台的东面栏杆换成长椅，专门为了享受海风和夕阳而设计。

安装了一个基槛（1997），以稳定固定桩。

在男孩卧室的西墙下面安装支撑（2000）。原来规划在西露台的边上打桩，而不是在西面的承重墙下，这是结构设计的错误。

21.12 结果评估（在项目验收37年后）

乐事

塔楼。塔楼后来成为了一间很好的书房，地平线的景色可以放松眼睛，能够看到沙滩上的活动，东南面可以看到大海水道上行船的景色，东北面可以看到河中行船的景色，还有很多灯光。《人月神话》的许多内容是在那里写成的。

开放规划。省掉原来规划的厨房和大厅之间的分隔，确实增加了乐事。这样一来，扩大了视觉空间，让人在进入小屋时更容易看到里面的人。同时也为主过道带来了日光和海风。厨房可以通过女孩的卧室和它打开的外门看到大海——这极大地提升了士气。彩色的卧室门成为了主要的装饰元素，大厅的白墙则很适合挂图。

旋转楼梯。橡木旋转楼梯是视觉上的亮点，像一座雕塑。白天，它的轮廓映在前面的玻璃墙上。

设计合理。我们的建筑顾问Arthur Cogswell有一次笑称"View/360"是"该死逻辑的海滨小屋"，就因为这里介绍的详细理由和与他沟通的那些理由。我从未弄清楚他在拿什么做比较。当我在那里时，这种合理性就是我个人的一件乐事。

外观。从外面看，小屋很有趣，但不算美——功能决定形式（见图21-3）。Cogswell的不对称塔楼屋顶是正确决定，它似乎在向前跳。

实用性

目标实现。小屋很适合居住。

设计改动。在最初设计之后的那些改动已经证明是很大的改进。

图21-3 从东南面看"View/360"小屋

省掉一面墙。省掉原来规划的大厅和厨房之间的墙，这使得大厅为厨房提供了最大的工作面。菜品以自助餐的形式提供，这是在设计时没想到的方便之处。多名厨师可以更方便地工作。

塔楼上的卫生间。在塔楼上放一个卫生间使它成为了一个独立的卧室套房，这是未曾预料到的好处。

餐厅。在原来的餐厅提供了一个独立的会客、交谈、工作、游戏区域，更适合居住。实际上原来设计作为厨房附件的部分，变成了第二起居室。它有时候也作为第二书房，虽然它不是隔离的。

主卧。主卧成为了另一个未曾预料到的第三书房，能看到湿地的景观。

容纳群体。虽然没有明确地为群体设计，但小屋可以容纳最多25人的周末人群，可是不能超过，这是基于我们成功和失败的经验。容纳25人时，睡觉（包括折叠床和地铺）、就餐、浴室和会客空间比较紧张，但还能应付。

家庭规模。小屋现在（刚好）容纳全部家庭成员的聚会：我们的3个孩子、2个女婿与儿媳，9个孙辈小孩和我们——和当时设计的家庭比有了很大的变化。

厨房。厨房很容易容纳一组厨师，但一个厨师会觉得水斗离工作面-炉子-冰箱有点远。

露台。小屋西端的露台是一个大错误。它占用了42英尺的关键的精打细算的资源，即可建屋的海景空地。这个露台很少使用。这块空间用于其他用途会好得多。

后来我们决定将为去海滩而服务的主要沐浴间放在底楼，这使从海滩到主卫的外部过道变得没有必要了。用日用织品橱替代第二个内部沐浴间进一步减少了这种需要。当决定建造沐浴间时，我应该重新考虑露台的决定。

主卧。主卧朝外的门常常因为需要海风而打开，但很少是为了通行。住在主卧里的人可以通过厨房和后门安静地走到海滩。通过西面的窗户和两个朝内开的门，主卧通常能够得到足够的海风。缺乏海景并不重要，因为它是睡觉的地方，不是起居室。如果露台取消掉，这扇门也可以取消。

主浴室。主浴室朝外的门大多数时候是开着的，为整个屋子通风。如果没有露台，可能需要一个上下部分可分别开关的门，下半部分固定关上。

隐私。考虑到对话的私密性，以及难以找到一个避开整个屋子噪声的地方，起居室、餐厅和厨房的开放性是不利的。塔楼在视觉上和社交行为上是隔离的，但不能隔音。

牢固性

小屋已经抵御了3次飓风的直接袭击和其他各种暴风雨。

- 1978年的暴风雨。我们失去了塔楼的组合屋顶（柏油浸透的织物单体壳）。风和伯努利效应将它掀起来，抛在了后院。
- 1984年的飓风Diana。风眼最近时不超过10英里，当地最大风速达到135英里/小时，是南风。大风掀起了除塔楼屋顶之外的所有组合屋顶，整个抛在了后院。屋内降雨达到16英寸。风暴吹坏了塔楼所有的窗户玻璃和窗框，并将床垫、地毯和灯吹到了湿地。
- 1996年的飓风Bertha和Fran。风眼最近时不超过10英里。除了一扇百叶窗和一块窗玻璃，没有造成其他破坏。

桩上差异巨大的承重导致了在沙土上不同的沉降。设计没有考虑到不同的沉降。这是奇怪的疏忽，因为在沙土桩上的每幢小屋都会遇到这个问题。塔楼南面两个角下的桩承受了额外的重量，因此沉降得厉害一些。非承重墙下面的桩沉降得少一些。这个问题在起居室的大双扇门中央尤其糟糕。门的导轨中间上拱，导致移动门不能正常关上。我们在1997年安装了一块4"×6"×16'的地下基石，拴住塔楼南面墙下的三根桩，这样将来的沉降会少一些，并且会均匀沉降。

最西面一排桩打在露台下面，而不是在支撑栋梁和屋顶重量的西面墙下。地板梁在无支撑的重量下发生了弯曲。28年后，不得不在那面墙下加一些桩。很明显，这是一般的疏忽。Cogswell和我都没有仔细对照主地板平面图的桩平面图。

平开的窗户是一个错误。收集微风的功能像计划一样。虽然窗户是木头的，但铰链是钢的，小屋朝海浪的两面每5年要更换一次铰链，背风的两面每15年更换一次。在第35年，当老的窗框坏了的时候，我们将大部分的平开窗换成了双悬挂窗。

什么因素导致了平开窗的错误？没有充分考虑长期项目的维护重要性，也没有充分考虑所有的建材。

如果我"废弃一个计划"呢

假定我现在针对这个位置和1972年的家庭情况设计这间小屋，基于现在的知识，我的设计会有什么不同呢？前面的"评估"小节详细介绍了各种较小的漏算和错误，下面是大的教训：

来自于前面文章（见第10章）的第一大教训：更加注意精打细算的资源，在这个例子中就是朝着大海一面的每一英寸。现在既然明白了这很重要，我会研究边线留出距离的要求细节（弄清楚屋檐算不算），我的设计会利用每一英寸，甚至会打破平方英尺的预算。

第二大教训（见第11章）：要注意到早期在规划中添加了底层淋浴间，这消除了从外面进入主浴室的迫切需要或约束条件。因此我会移除西面的露台，并重新分配它占用的42英寸朝海的一面。

21.13 学到的一般经验

这里学到的局部领域的经验可以广泛地应用于所有实际的设计项目，不论是硬件、软件，还是建筑：

1）非常仔细地检查你的专业建筑师或架构师的工作，并询问理由。即使是诚实的、有能力的、尽职的建筑师或架构师也会犯错误。

2）在建造过程中从头到尾经常检查。即使是诚实的、有能力的、尽职的建造者也会犯错误。

3）仔细考虑所有的维护方面。任何成功的设计都需要你维护很长时间。

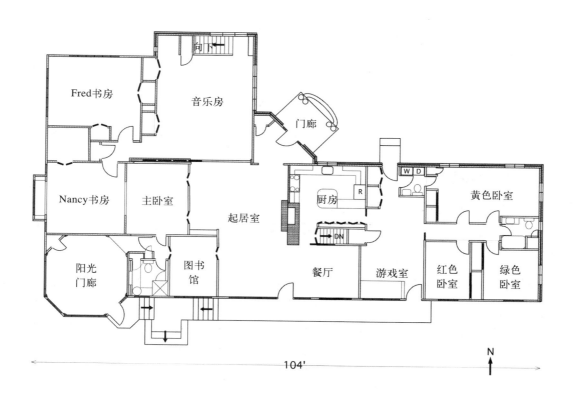

向下

Fred书房　音乐房　门廊

厨房

W D

黄色卧室

Nancy书房　主卧室　起居室

R

阳光门廊　图书馆

DN

餐厅　游戏室

红色卧室　绿色卧室

104'

N

1991～1992年增加厢房后屋子的平面图

第22章

案例研究：增加厢房

实际上，在语义丰富的任务领域，架构总是可以看成是设计过程的原型。

——Herbert Simon (1981), 《The Sciences of the Artificial》

22.1　亮点和特性

为什么是这个例子？ 对于这个设计，我们有大约235页的设计日志，记录了当时的设计问题，包括优点和缺点，以及在60多个月中所做的决定。这个例子展示了第3章中讨论的设计与需求发现之间的相互影响。

大胆的决定。 推迟预算约束条件，针对功能设计，然后是价值工程。这些决定是在设计工作进行到一半，还没有什么能工作时进行的。

大胆的决定。 将主卧室移到公共空间和半公共空间的中间。这个决定是在设计过程较晚的阶段做出的，当时一个发生频率较低的用例揭示了之前未注意到的需求。当时这个决定似乎意味着基本上放弃屋子的东面。随着后来家庭的发展，拥有这样的"旅馆"部分变得非常有用。

关键的决定。 向邻居购买5英尺的条形地块，以解决难处理的设计问题。这个故事在第3章中介绍过。

阶段划分。 整个屋子的重新建模分两个阶段进行，以简化我们的设计和监理任务，本章和第23章将详细介绍。

充足的设计时间。 设计直到我们满意为止，不受任何建造进度目标的限制。在这件事情里，设计超过了60个月（中间有一些明显的中断），建造只花了9个月。

22.2 背景介绍

位置：

北卡罗来纳州教堂山市（Chapel Hill）Granville路413号

屋子朝向正北，所以描述将用东、南、西、北的方式。

所有者：

Frederick和Nancy Brooks。

设计师：

Frederick和Nancy Brooks。

Wesley McClure（美国建筑师协会会员）和Alex Jones（美国内部装饰协会会员）有时提供建议。

建筑图纸由另一位绘图员完成。

建造者：

另外加上承包商Stanley Stutts和项目主木匠Gary Mason。

日期：

设计从1987～1992年

建造从1991～1992年

辅助网站：

在设计过程中，Fred和Nancy保存了一份详细的日志，大约235页，记录了设计问题、困难、想法、朋友和专家的意见、决定等。Sharif Razzaque将日志中比较重要部分编成了一张概要图，展示了决策树，但没有包含决定的详细理由。这棵树可以参见本书的网站：www.cs.unc.edu/ brooks/DesignofDesign。

背景

1964～1965年

原来的屋子（见图22-1）是1960年造的，1964年购入，选择它的主要原因是这块地有大片树林，并与小河相邻，位置也很方便，尽管屋子有明显缺点。最严重的一个设计缺陷就是通行方式，特别是餐厅与厨房之间的设计瓶颈，所有从东到西的通行都要通过它。而且，屋子的每个房间相对于它的功能来说都感觉小了。

我们在1965年搬入的时候，两个儿子一个7岁，另一个3岁，女儿才6个月大。为了靠近孩子们，我们将红色卧室作为主卧，另外3间东面的卧室留给小孩。原来的主卧在西面，在1965年～1986年间作为客人套房。

1972年

我们将地下室改为一间房间，将大儿子移到那里，二儿子不久也移到那里。这让我们能够移除两间东面卧室之间的分隔和壁橱，得到一间更大的卧室，即黄色卧室，给女儿用。绿色卧室变成了Nancy的书房。

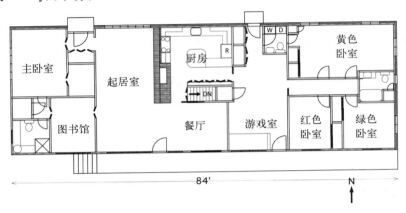

图22-1　1987年的主层平面图

1987年

我们的女儿在1986年从大学毕业了，成为一名军官。我们的儿子当时在读研究生和实习，一个儿子结婚了，没有小孩。孩子们长大了，我们有了更多时间做其他事情，因此感觉需要更多的特别空间。Nancy Brooks从20世纪60年代中期一直在家中教授小提琴，现在她可以教更多学生了。

Nancy鳏居的父亲Joseph Greenwood博士刚搬过来，需要和我们长期住下去，他住在西面的主卧（客人）套房。Nancy继承了她父母的大钢琴。再加上我们拥有的一架钢琴，可以演奏双钢琴的音乐了。

从很多方面来看，这幢屋子都需要一次30年大修。Fred的书房在地下室的房间里（从地面可以进入），那里曾是男孩宿舍。考虑到我们的年纪，似乎最好能够考虑只用主层的普通户内起居室，有一天会需要这样的。

在前面的几年里，我们曾试着看看500平方英尺的增加面积如何能够让屋子更宽敞，最好是交换功能，让每个房间的功能有更大的空间。这些设计努力并不成功。

所以，现在我们开始非常认真地设计增加面积。

22.3　目标

最初目标

- 改进通行方式。
- 让每间房间有更大的空间。
- 建造一间足够大的音乐房，能容纳2架大钢琴、一架小型管风琴、一个八重奏弦乐的所有乐器，并在八重奏的周围留出1英尺的过道，便于指导。这间房还必须存放音乐文件。这样的尺寸可以让两架大钢琴移出起居室，它们在起居室里占据了北面，从前门进入只有一个狭窄的入口。音乐房应该能够举办小型学生音乐会，包括作为听众的父母。它最好有一个独立的入口。
- 将Nancy的书房从东南角的绿色卧室移出来，以便从Nancy书房方便地走到音乐房和Fred的书房。我们需要扩大它的面积。
- 从Fred的书房上楼能到主层。
- 提供更多的功能空间：房间和空地。
- 添加一个足够大的前门廊，可以放一个门廊吊椅和其他坐椅。
- 提供一个装玻璃的后门廊（这就是阳光门廊）。
- 扩大厨房并使之现代化。
- 扩大餐厅。
- 当有人从车道开车过来时，能更明显地看到主入口（见图22-2）。

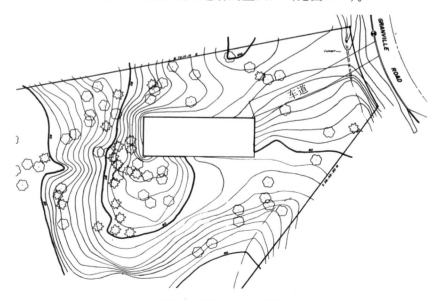

图22-2　屋子地块的北部

- 改进设计的美观度，特别是外观，也许可以换一个更有趣的屋顶。
- 增强庭院和场地，至少不要损害。
- 保留西南面、东南面的树和北面的花。
- 在屋内能看到庭院和花园的景观，特别是从公共房间。

后来发现的目标
- 更好地容纳我们指导的学生组进行开会。聚会两周一次，大约40个人。
- 提供放大约40件外套的地方，针对参加音乐会的人和的开会学生。
- 为现在放在租用储藏室的家庭用品提供储藏空间。

22.4 约束条件

原有的结构。 平面图、布局和原有结构的朝向决定了重新建模的范围。

位置。 北面的地产边界线和15英尺的留出距离，17英尺的阴影投影（shadow-casting）留出距离要求，这些都是扩展的约束条件。

树。 后院的一棵大黑橡树是这个地块的主要特征，我们希望保留。

地块。 西南的地势相当陡峭地下降，从原来屋子的西端开始。

预算。 我们的目标是10万美元，预期增加的成本是每平方尺100美元。

22.5 非约束条件

预算。 我们的10万美元的目标不是绝对约束条件，因为购买时的抵押贷款已经全部还清。

转卖价值。 不需要考虑对增加部分的投资是否会增加转卖的价值。根据预期寿命和我们不打算搬迁的计划，预计我们可以花30年时间分期清偿增加部分的费用，再卖出这幢屋子时，房屋又需要再次大修了。

土地面积。 土地很充足，这块地的面积超过了1.5英亩。

时间和工作量。 我们有充足的设计时间，并愿意在设计上投入很多工作量。

22.6 事件

在设计过程中，一些事件改变了设计：
- Greenwood博士在1988年下半年去世了。

- 建筑师请的绘图员（负责绘制建筑图纸），把基础图纸和主层图纸的定位弄错了。这一差异在基础浇注之后才发现。修复方案就是将主层向西和向北增大1英尺。本章首页的插图展现的是建造时的情况，而非设计时的情况。

22.7 设计决定和迭代

考察

将屋子重新翻修一遍。进行大规模内部改造，让原有的卧室成为公共房间（音乐房、起居室，也许还有Nancy的书房）的厢房，将主卧和客卧放到老音乐室的位置。**好处**：这会使主入口和学生入口的通行变得容易，而且我们也许可以添加一个书房，作为东南面的扩展。**不足**：这是成本很高的改动；我们需要在西面有更多的浴室空间；我们会取消壁炉；从餐厅到起居室的通行与其他穿过厨房的通行将分离开来。我们很快放弃了这个选择。

东南厢房。在屋子的东南面建造新的主卧套房，包括新的绿色卧室。为了保留屋子东南面的白橡树和红橡树，也为了从车道能够进入房间和后院，我们放弃了这个想法。

McClure设计的公馆（见图22-3）。好处：音乐房（北面的部分）变得几乎完全独立，

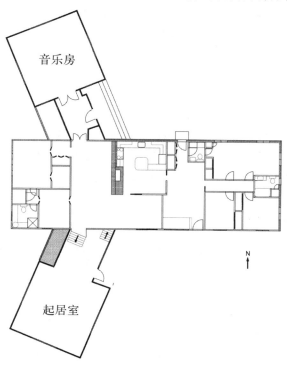

图22-3 McClure设计的公馆的草图

而且很容易从车道进入，与屋子的隔音也很好。起居室（南面的部分）有很好的景观，能看到花园和院子。空出来的原来的起居室变成围绕壁炉阅读和谈话的地方。**不足**：南面的部分要牺牲掉那棵漂亮的、四根主干的黑橡树。在举行小型音乐会时，我们不能利用起居室的空间来扩展音乐房。

南面的部分很快放弃掉了，所以导致了重新设计起居室，用以包含吸引人的炉边空间。

北面的设计保留在设计主线中，经过了许多形状和配置的考察，最后成为北面的厢房，包括音乐房、Fred的书房、门厅和前门廊。

分割设计问题

在设计过程中，我们逐渐明白屋子的重新设计可以划分成3个几乎独立的问题：

- 旧房东部：卧室部分，还有可能包括游戏室。
- 中部：厨房、北大厅及其壁橱、游戏室、洗衣房与卫生间、地下室楼梯。
- 旧房西部：音乐房、餐厅和西面卧室套房，以及新加出来的部分（即新房西部）。

这种划分被证明是自由的，所有后来的设计都基于这种划分。

阶段。很早的时候，我们决定有两个设计和建造阶段，中间隔几年，主要是为了让设计和监理任务可管理。阶段I是老西部–新西部的部分，阶段II是厨房和游戏室的部分。阶段II作为单独的案例在第23章讨论。

东部

东部进行了各项重新设计，目的都是为了让主卧室有自己的沐浴卫生间，并为Greenwood博士提供一个舒适的套间。一些试验性的考察考虑了将地下室楼梯移到红色卧室，或放在它与游戏室之间。在Greenwood博士去世之后，除主卧外还需要一个卧室与浴室套间的需求消失了。因此在设计过程中，在我们将主卧移到西部之后，我们放弃了东部的重新设计工作，让它保持原样。

它作为客人套间，只在有访客时供暖或制冷。Roger的家庭现在有3个小孩，Barbara的家庭有4个小孩。不论哪个家庭来访，都会住在这个套间和地下室的房间。

西部一半的功能安排

最多的考察是考虑旧房西部和新房西部的功能安排，它们被视为一个可分配的空间，虽然原有房间的墙会尽可能保留。

这些考察发生在决定将主卧保留在西部之前，旧的主卧被视为可分配空间的一部分。所以，所有早先的设计预案仅考虑了音乐房、起居室、餐厅、书房、Nancy的书房和Fred的书房。本章首页的平面图在这个阶段可能会引起读者的误解。

既然排除了在南面扩展，我们考虑在北面、西面添加，或在两面同时添加。功能分配的考虑是：

- 音乐房在西面，起居室在北面。
- 音乐房在北面，起居室在西面。

方式变化：忘掉预算是设计约束条件

在进行这些考察时，显然预算上的约束条件转化为1 000平方英尺上妨碍了我们思考。所以我们决定先让设计满足目标，然后再进行成本工程，或者在觉得值得的时候再决定花更多的钱。这极大地解放了我们的思维。

我已经在计算机图形系统的设计中宣传这种方法好几年了。我发现要得到一个有成本效益的应用系统，最好的方法是先设计有一个有效益的应用系统，然后再削减它的成本，而不是先得到一个便宜的应用系统，然后再扩展它直到能用。我花了太多的时间才在屋子设计上想到同样的方法。

新发现的需求：在哪儿放置外套

1990年11月，我们进行了检查试验性的设计，针对它执行各种（临时准备的和没有记录文档的）用例。我们比以前更详细地执行用例，因为设计更确定了。我们执行了两周一次的聚餐场景，有30~40名学生，我们是他们的技能导师和房主。

当客人在冬天到达时，我们将他们的外套放在某处。放在哪呢？门厅的外套壁橱不能容纳。放在乐器上？放在我们的书房？它们现在是放在哪里？放在客房的床上，与起居室相邻。哦，在设计里没有考虑到这个房间。

一个解决方案是扩大外套壁橱，幅度相当大。另一个解决方案是在西部保持那间客房，我们搬进去作为主卧，再重新设计东部。毛成本：朝西扩展得更大，至少是那间客房现在的宽度。净成本：毛成本减去东部未发生的成本。

问题。如果朝西的扩展超出主卧室，那么扩展部分必须与主卧室集成，以满足睡眠空间准则方面的需求。在卧室和窗户之间无法加一扇可以关上的门。

推论1。如果我们把Nancy的书房放在朝西扩展的部分，那么这种集成就不是问题。其他房间都不能放在那里（Fred经常在Nancy睡觉时学习，但反过来不是这样，所以Fred的书房不能放在那里）。

推论2。如果音乐房不放在西面的扩展部分，它就应该放在北面的扩展部分。这让它与主要的生活区域隔离开来，而且能够方便地从车道进入。

功能安排的会合

事情之后就很快安排好了。

起居室。为了满足音乐会的要求，最好是有时候能够让起居室和音乐房成为一个整体，但并非所有时间都要这样。这个问题是通过一个12英尺的移动门（四扇）解决的，它可以移入主卧北墙外面的一个新容器里。

起居室的扩大是通过合并原来的门厅、原来的门厅衣橱和原来的客房衣橱来实现的，原来的这些功能都放到新的厢房中。当然，将两架大钢琴从起居室移到音乐房使得起居室的有效面积大为改观。

Fred的书房。它现在的合理位置是北面厢房和西面厢房之间的角落。这样也为新主卧和其壁橱留出了空间，新主卧的壁橱不在Nancy的书房了。北面大厅还放置了复印机，在音乐房、Nancy的书房和Fred的书房中间的位置。

阳光门廊。我们想要的南面门廊很漂亮地放在了新西厢房的西南角。原来我们设想它是一个地面上的门廊。当我们发现主层到门廊的台阶将占用门廊较多的面积时，我们决定将门廊保持在主层。同样的，用例检查引导我们为它装上了玻璃，有许多可以打开的窗，而不是为它遮光。户外的门廊使用率会比较低——冬天太冷，夏天太热。

前门廊。前门廊历经了几次修改，最初它占据了北厢房的整个东面。在这个项目过程中，我们保留了McClure的北面部分的最初的斜线朝向，直接面向从车道到屋子的小路。它造得足够大，能容纳两个面对面的门廊吊椅。

门廊45°朝向所形成的人字形屋顶解决了两个问题。首先，它为屋子提供了一个明显的入口。其次，它恰好平滑了老屋子8英尺的屋顶和新厢房9英尺的屋顶，以及它们相应的屋檐（见图22-4）。

地下储藏室。我们在较晚的时候发现了一个机会，就是可以在西面厢房下面设置廉价的储藏空间，因为地势下降得很快。通过适当挖掘和低成本修整，就在音乐房的下面得到了530平方尺的封闭储藏空间，一间小的工作室，以及放置新厢房机械设备的空间。这让我们能够放弃一直租用的远程存储空间，使用也更方便了。

地产边界线留出距离约束条件。第3章讲了一个最有趣的单项设计问题和决定的故事。音乐房的目标相当具体，使得它必须近似方形。这一点以及Fred书房的合理安排与法规要求产生了冲突，教堂山市（Chapel Hill）要求阴影投影留出距离（shadow-casting setback）是17英尺。花了大量时间进行设计修改也不能解决这个问题。我们最后向邻居买了一条5英尺宽的地。

图22-4 从东北面看重新建模的屋子的景色

餐厅。我们为餐厅设计了一个简单的朝南扩展。这使得餐厅的长边是南北向的，而不是东西向的。它需要一个人字形屋顶，同时也使屋子南边的露台看起来有些别扭。在估计了成本之后，我们放弃了这一设计，这纯粹是成本工程的一部分结果。

构建期间的改动

Fred的书房窗户。根据设计，Fred的书房西面的窗户有4英尺高，离地板3英尺。在制作窗框时明显发现，西面下降的地势意味着从这些窗口看到的景色只是树梢。所以窗户改成了6英尺高，离地板1英尺。这确实改进了这间房间看到的景色和感观。这就是那种计划和立体图永远也不会揭示的问题，但虚拟环境模拟将在设计时就能发现这类问题。

管风琴壁龛窗户。儿子Ken Brooks建议在新管风琴的长凳背后装一个狭窄的窗户。这为音乐房提供了第三个方向的采光。[1]

22.8 结果评估——成功与缺憾

现在离第一阶段项目完工已经过了大约17年，离第二阶段厨房-游戏室的重新设计已过了14年。我们没有一份"希望当初做得不一样"的清单。异乎寻常的长时间设计努力和对细节的仔细关注，在宜居性、功能和快乐方面带来了回报。当然，考虑到约束条件，并非所有的理想都能实现。

厨房到起居室的门。增加从厨房到起居室的门带来了最戏剧性的效果。这极大地改善了屋子的通行状况，并带来了通透的视觉效果。

主卧室。这张平面图确实有些奇怪，在主卧室周围有一圈其他功能。这样设计是因为不考虑转卖价值。很少有家庭需要那么大的音乐房、书房（Fred的书房和Nancy的书房）。

音乐房。这个空间很适合授课和个人练习，因为它可以是一个封闭的空间。它很好地容纳了一架大的管风琴。它适于举办音乐会和年度研讨会，因为它可以与起居室合并。但它没有独立的进出通道。学生将鞋和乐器放在游戏室，然后走过厨房和起居室。

起居室。将两架钢琴移出起居室使它成为了一个新房间。通过壁橱合并而带来的空间扩大受到了欢迎。但是宽度增大让人觉得屋顶更高一些就好了。照片和视频投影有点尴尬，因为没有合适的地方挂屏幕。

餐厅。这间房间仍然很拥挤。桌子可以扩展到起居室，补充的桌子也放在起居室，所以可以让许多人坐着就餐。

前门廊。两张面对面的吊椅创造了一个独立的谈话角落，我们经常使用它。主要入口现在很明显了，外观也有了很大改进。

新功能

后来我们发现，重新设计的屋子满足了一些我们从未想到过的需求。正如在前面的内容中提到的，这对于产品是常见的情况，并不是例外。

阳光门廊作为会议室。我们发现阳光门廊非常适合不超过11或12人的会议。

音乐房作为起居室的扩展，用于会议。最初的需求是起居室作为音乐房的扩展，举行音乐会。这个需求实现得很好。学生和他们的父母，一共大约25人，坐在几排椅子上，位于音乐房和向后扩展的起居室中。

没想到，后来我们发现相反的方向也是成立的。InterVarsity基督教联谊会（IVCF）的毕业会议通常有30～40人，但偶尔会吸引超过50人参加。这些会议的焦点是在起居室壁炉边的演讲人，音乐房可以容纳后排的座位。

露台、台阶和作为会议及就餐区域的庭院。南面外墙边的露台通过一些宽台阶可以下到地势较高的后院，露台上安装了一张可折叠的桌子。我们后来发现这是户外就餐和IVCF全体成员开会的好地方。台阶提供了很多座位。

22.9 学到的一般经验

1）在设计上花时间。我们在每平方英尺的设计上花了太多时间，如果设计师的时间是产品价格的一部分，那么这根本就不可能有成本效益。对于Linux来说，情况可能也是如此。对于OS/360，如果开始实现之前花更多的时间进行设计，我们可能会受益良多。我不认为这样会使产品的总成本会更高。

2）与主要用户进行多次长时间的交谈，向他们展示他们能够理解的原型。

3）执行大量的使用场景。

4）再次检查专业人士的工作，如建筑师、工匠和装修人员。确保你能理解这些工作，并确保这些工作是准确的。

22.10 注释和参考文献

1. Alexander (1977)，《A Pattern Language》，主张确保每个房间的日间采光至少有两个方向，最好更多。我们严格地遵守了这一点，为Nancy的书房和Fred的书房加上了天窗（但有意没在主卧室加天窗），并在Nancy卧室与阳光门廊之间的墙上加了一个窗户。这样，每个新房间都有3个方向的日间采光。

重新建模厨房的虚拟环境模型

第23章

案例研究：厨房重新建模

如果你不能忍受热度，就不要待在厨房里。

——杜鲁门，美国第33任总统

23.1　亮点和特性

为什么是这个例子？ 这个简单的例子展示了设计工具的威力。图纸、计算机辅助设计（CAD）软件、按比例绘制的模型、全尺寸的仿真模型，以及虚拟环境（VE）下的查看都为设计带来了好处。VE和仿真模型带来了相互不可替代的价值。

大胆的决定。移动外墙。这个改动改变了设计。

大胆的决定。在厨房与起居室之间增加一扇门。设计这个门完全改变了屋子的通行方式。

天窗。两个天窗让黑暗的、朝北的厨房变成了明亮的、舒适的空间。

23.2　背景介绍

位置：

北卡罗来纳州，教堂山市（Chapel Hill），Granville路413号。

拥有人：

Frederick和Nancy Brooks。

设计师：

Frederick和Nancy Brooks。

Wesley McClure（FAIA）和Alex Jones（ASID）提供了建议。

日期：

1995年～1996年。

背景

这部分设计是对20世纪60年代的房子在90年代重新建模的第二个阶段。第一个阶段包括西面的厢房、一间门厅和一个门廊。这在第22章中进行了介绍。第二阶段安排在第一阶段过后几年，以便为第二阶段留出充足的设计时间，并对第一阶段的构建进行充分检查。

23.3 目标

首要目标。我们的首要目标是对又小又暗、朝北的厨房兼早餐厅进行改造，将它扩大、重新安排，并增加亮度。

其他目标。按重要性递减的顺序：

- 改进屋子的通行方式，原来游戏室和音乐房之间的所有通行都要通过地下室楼梯旁边的狭窄过道。我们也需要让练习小提琴的学生从后门进来，从琴盒中取出小提琴，将琴盒放在游戏室，走到音乐房，再走回来。
- 将厨房的桌子移近朝向花园的窗户，以便有更好的景观。
- 安排空间，让厨师能够与来访者交谈。
- 使厨房能够方便地：
  - ■ 让一名厨师准备早餐；
  - ■ 让一名（矮）厨师进行一般的烹饪、烘焙和制作罐头；
  - ■ 让多名（最多3名）厨师准备大餐。
- 通过自助餐的方式方便地服务30～40名学生。
- 增加相当多的操作台空间。
- 安装一个更大的水斗。
- 设计一个步入式的餐具室。
- 保持外观舒适。
- 照亮到房屋"后门"的入口，这也是家庭成员、学生和非正式访客的主要入口。
- 让后门与外部正面相配。
- 为沉闷的、砖砌的烟囱添加一个装饰性的壁画。
- 将杂物藏到橱柜里。
- 展示少量的玻璃制品。

23.4 机会

较小的家庭。由于孩子们长大了，家庭变小了。所以一般在厨房就餐为两个人，偶尔是三个人，四个人已经是例外，而不像以前总是五个人。

游戏室中可用的空间。由于1992年在新的西厢房建造了一间音乐教室，以前由管风琴占据的5英尺×5英尺空间现在可以利用了，还有以前的高保真音响设备占用的2英尺×6英尺的空间。

三足屋檐（Three-Foot Eaves）。受到Frank Lloyd Wright在20世纪60年代农牧场风格房屋的启发，这幢屋子的屋檐很深。

设计时间和工作量预算。这些方面基本上是没有限制的。

23.5 约束条件

用户高度。厨房主要用户的高度是5英尺1英寸。

建造预算。预算不紧张，但不允许进行较大的结构变更。

房屋外形。房屋的外形通过1991年的扩建（见第22章），已经变得很有吸引力，我们不希望破坏它。

原有的厨房。原有厨房的面积和形状（见图23-1）将决定新厨房的形状。

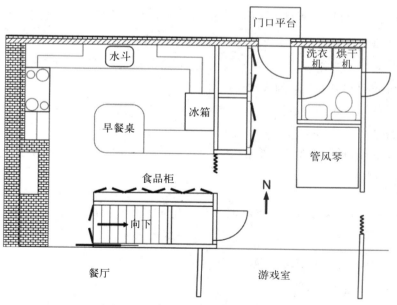

图23-1 重新建模之前的厨房平面图

砖砌的烟囱墙。这面墙有8英寸厚，限制了通行的方式。

地下室台阶。它们的位置不能改变。

游戏室朝外的门。这扇门的功能很重要，但位置可以改变。

后门。它开在砖墙上，所以移动它的成本很高。

原有的洗衣房/卫生间。这间房间不需要改变。

食品柜。我们需要保持食品柜的功能和容积，但不一定保持它的位置。

壁橱。北大厅一些壁橱的功能和面积必须保持，但不一定保持它们的位置。这是一个很有趣的例子，说明了仔细研究原有使用场景的重要性。这项需求不能从先前的厨房设计经验中推想出来。这项需求的强大之处在于，它来自我们30年所遵循的特定使用场景，如果这些壁橱里的东西分散在屋子各处，就会带来极高的"混乱成本"。

结构上的考虑。地下室楼梯墙上的垂直结构构建支持着屋顶。

屋子其他在使用的部分。在建造过程中，其他房间将一直使用。

23.6 关键宽度预算的推理

从北到南需要的宽度

在早期寻找可行设计的所有尝试中，我们发现宽度是一个障碍。考虑以下目标：

- 窗户边的就餐区域；
- 从水斗处可以看到窗外；
- 从水斗处可以与就餐区域的人交谈；
- 容易穿过厨房，东西向通行；
- 足够的操作台/橱柜空间；
- 炉子-水斗-冰箱形成短三角形。

试验性的设计

这些要求意味着需要设计一个岛状的水斗，朝向窗户和就餐区域。让带炉子的操作台背靠南面的墙似乎是必要的。

这样一来，从北到南的宽度必须考虑下面的部分：

- 餐桌（不少于30英寸）；
- 通行通道（不少于24英寸）；

- 水斗岛（不少于24英寸）；
- 水斗和炉子之间的通行/工作空间（最初估计不少于36英寸）；
- 炉子和操作台（不少于27英寸）。

这些加起来是12英尺3英寸。而原来的宽度是12英尺。

餐桌坐4个人的要求可以通过让来访者坐在过道上来满足，这实际上堵塞了过道。但这是可以接受的，因为这只是偶然的情况。

但是仿真研究表明，从水斗到炉子之间的空间实际上需要44英寸，而不是36英寸，因为柜橱需要开门和抽出，炉子需要开门，洗碗机也需要抽出。所以总的宽度需要不少于12英尺11英寸。

另一些宽度解决方案

取消通行通道。取消通道，让东西向的通行经过水斗和炉子，这会干扰烹饪。这个设计被否决了，这意味着宽度仍需要12英尺11英寸。这表明我们可以：

- 收回食品柜和地下室楼梯的空间，将它们移到别处；
- 为就餐区域设计一个凸窗；
- 在屋檐允许的情况下，将整个厨房的北面墙外推。

在后面两种情况下，可以将食品柜移到别处，从而换来9英寸的宽度。

移动地下室楼梯？对移动楼梯的大量研究表明，唯一可行的替代方案是在屋子外面加一个旋转楼梯塔，连接到游戏室南面朝外的门。其他解决方案要么不能与原有的或合理的楼上布局相匹配，要么不能与地下室的合理布局相匹配。

楼梯塔的替代方案研究了几个月。最后它被否决了，因为造价高，而且不美观，虽然它能够解决通行问题。

对于设计过程来说，得出所有"移动楼梯"的替代方案都不可行或不可接受是一个关键的时刻，这极大地缩小了可能设计的范围。这个子设计是Simon"搜索树"过程的一个好例子，因为我探索了多种"旋转楼梯"的设计方式，在没有一种可行的情况下，回溯到设计树的上面一层，决定根本不移动楼梯。

是采用凸窗还是将整个北墙外推？外形仿真研究表明，将整个厨房北墙外推比加一个凸窗要好看很多，同时成本上大致差不多。所以我们选择将整个北墙外推。同时仿真研究还表明，外推18英寸或24英寸是美观的，因为屋檐有36英寸。

最终的宽度设计

有了外推得到的24英寸和移动食品柜得到的9英寸，宽度限制大大缓解了。水斗从24英寸加宽到36英寸，提供服务、工作台以及存储空间。北面的通道加宽到39英寸。南面的通道加宽到44英寸。

23.7 长度预算的推理

长度的困难。南面墙的长度成为了一个难题。它必须容纳48英寸的炉子，在炉子左边和右边分别是一个工作台。西边的工作区域决定用作早餐和烹饪区域，所以它必须容纳一个微波炉和一个烤箱，总长度不少于36英寸。

东边的工作台是主要的一般烹饪和烘焙区域，可以拿到干的配料、调味品、搅拌器和其他烹饪所需的东西。仿真研究表明，操作台的长度最好有48英寸。

设计。南面的墙向东增长了18英寸，使厨房和游戏室成为隔离更好的两间房。将新餐具室置入设计草案后的仿真研究表明，5英尺的（对角线方向）开门就足够了，而且有很好的视觉效果。

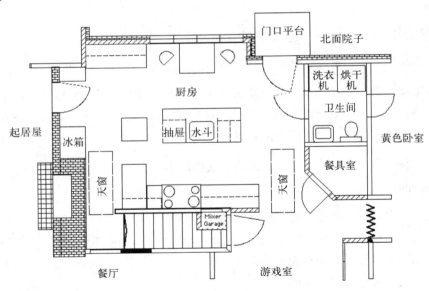

图23-2 重新建模的厨房平面图

23.8 其他设计决定

门。我们应该在起居室和厨房之间开一扇门吗？是的，这意味着要切开8英寸的砖墙，所以代价比较大。屋子的通行方式需要这扇门。从餐厅到游戏室需要一扇门吗？不需要，这两间房间的靠墙空间更有价值。

壁橱。另一个决定就是要确定把北面过道的那些壁橱移到哪里。我们决定将它们移到游戏室的东面墙上。

食品柜架子。我们将食品柜架子（原来在南面墙上）移到新的餐具室，它是靠着游戏室的北墙建的，占据了移走管风琴后空出来的空间。

厨房与游戏室之间的开阔构造。让餐具室的门沿对角线方向打开，这增加了视觉的开阔性。

通行。南面的通道是专为厨师留的，北面的通道留给访客和屋子里所有东西向通行的人。

橱柜。将橱柜放在水斗岛的上方是一种选择，但虚拟环境下的查看表明，这会影响这间房的视觉空间。

水斗、炉子、冰箱构成的三角形的周长。小家庭委员会（Small Homes Council）建议，连接这三个工作地点的三角形的最大周长不超过26英尺。我们最后的设计周长是24英尺。

存放碟子、杯子。对于个子较矮的使用者来说，将这些东西放在抽屉里比放在橱柜里更好。

辅助岛。26英寸×26英寸的水斗岛带有一个12英寸的掀起式扩展部分，为银器、玻璃杯和工具提供了存储空间。它也为放入冰箱的食物提供准备的地方，并为可以作为提供自助餐服务的主岛的扩展。

较低的东面工作台。东面的工作台设计得较低，以便于较矮的使用者操作。这也使得电器库可以比较高。

电器库。这部分空间嵌入在相邻的壁橱中，穿过南面的墙。

照明

天窗。两个2英尺×4英尺的天窗处于水斗岛的两端，位于房间较暗的南部的上方。这项设计决定来自于Alexander的设计模式："每个房间的日间采光应该有两个方向，最好是有三个方向"。[1]

后门。我们将结实的后门换成了一扇玻璃门。

窗户。我们安装了新的厨房窗户，并与整个早餐区域匹配。

人工照明。7条电路可以有不同的配置，重点针对用途、气氛和通行方式。

颜色方案。灰白色有助于增强亮度，并能够突出色彩。我们保留了游戏室原来的护墙板和厨房东面的墙，为砖砌的烟囱覆盖上了预制墙板。

23.9　结果评估

尺寸。通过墙体外推和移走食品柜，使宽度增加了2英尺9英寸，这改变了工作空间和通行空间。移动壁橱使视觉空间增长了2英尺3英寸。厨房的面积几乎增加了54平方英尺。

通行。起居室那扇代价不菲的门极大地改变了整个屋子。几乎所有东西向通行都会通过这扇新门。从厨房可以看到黄色卧室东面的窗户和Nancy书房的西面窗户。

亮度。天窗、玻璃、灰白色的颜色基调和灯光照明改变了房间的感觉。

游戏室的效果。由于那些橱柜，游戏室明显觉得狭窄了，但仍然足够让：

- 音乐学生做准备和存放乐器箱子；
- 音乐学生在课程中组队演奏；
- 孙辈们玩耍。

南面的门。通向南面朝外的门的通道有一些狭窄。

23.10　满足的其他迫切需求

- 就餐区域也很适合作为会客区域。这里也是观看喂鸟的地方。
- 早餐-烹饪区域很方便——站在一个地方，就可以使用微波炉、电煎锅、烤箱、抽屉、炉子和盘子。
- 多名厨师可以方便地一起工作。
- 新的厨房很适合团体自助餐：
  - 通行方式是从餐厅进来，从起居室离开。
  - 人们从西南操作台的抽屉里取自助餐用的银餐具。
  - 盘子、碟子和供应品存放在西南操作台的橱柜里。
- 新的餐具室容量更大、更方便。
- 外观没有受到影响。

23.11　在设计中使用图纸、CAD、模型、仿真模型和虚拟环境

我们在设计上花了许多工夫，因为

- 对厨房的满意度占了屋子整体满意度的很大一部分。
- 厨房使用很频繁。
- 这个重新建模项目在很大程度上受到原有结构和通行方式的约束，有很多设计难题。
- 设计者对设计工作量的预算是没有限制的。

设计工作后来使用了各种设计工具。

图纸和CAD。大量设计是通过草图完成的，然后考虑合理性以及与原有结构的一致性，使用Macintosh上的MiniCad建筑CAD系统。MiniCad的文件作为设计文档。

大多数CAD的工作采用1/4英寸＝1英尺（1∶48）的比例尺，但CAD系统和双图层显示器能够方便地在屏幕上使用1∶6的比例尺处理细节。1/2英寸＝1英尺和1英寸＝1英尺的比例尺也常常采用。

CAD设计是分层的，这些层分别是原来的厨房、移除的结构、添加的结构，以及电器和家具。

设计日志。重要设计决定背后的理由，以及做出这些决定之前的探索过程，都及时记录在设计日志中。本书的网页上有一些经过编辑的设计日志示例页。

等距离的画图工具。我们还使用了一个厨房设计工具，它提供一组等距离的网格和一组等大的电器、橱柜、操作台的图形，缩小到正确的比例，并打印在EAP塑料（electrostatically active plastic）上。这很容易使用，速度很快，并且产生了很好的结果。主要的限制就是它提供的那一组家具和单色效果。

模型。Nancy根据1/2英寸＝1英尺的图纸制作了一些简单的纸板模型，以感受3D立体效果。我们后来发现这些模型比等距图纸要丰富得多：它们让人们能够从任何角度看到厨房的内部，虽然只是缩小的模型。

仿真模型。我们使用与实物等大的仿真模型来测试最重要的设计决定。这些仿真模型是非常重要的。

将外墙外推的效果用一些床垫纸板箱来仿真，目的是预测屋子的外观。内部操作台的安排用桌子、纸板和锯木架来仿真，在另一个较大建筑的内部空间里进行。然后针对内部单元的各种空间安排来排演厨房的使用场景。这是一种非常有效的方式，它让我们知道最小可容忍的空间，以及扩大这些空间的尺寸所带来的舒适感。

这反映了我以前在一个教堂建筑委员会的经验。我们最后仿真了教堂厨房的空间。后来我们发现，这是确定这些空间的唯一令人满意的方式。

虚拟环境可视化。因为我的UNC研究团队当时正在建设一个虚拟环境实验室，Nancy和我就用它来测试我们规划的厨房设计，作为对这个实验室的测试。本章首页的插图显示了头戴式显示系统生成的一张视图，这是一名观察者在虚拟厨房中走动时看到的视图。我们的追踪技术允许观察者在15英尺×18英尺的空间内自由走动，这几乎包含了整间厨房。

在20分钟到40分钟的厨房设计会议中，现场感十分强烈——人们忘记了虚拟环境设备，注意力都集中在厨房上。

虚拟环境的发现

- 虚拟环境会议中最重要的发现就是水斗翼侧的吊橱破坏了视觉空间，使厨房感觉又小又狭窄。所以我们重新设计，取消了这些橱柜，仍然保留了所需数量的搁架。
- 早餐–烹饪区域的一盏吊灯显得很突兀，需要换成凹陷的天花板吊顶。
- 虚拟环境下的体验肯定了为巨大的烟囱墙绘制壁画的计划。
- 硬木地板的对角线排列看起来很有效果。
- 其他发现表明虚拟环境设备和技术还需要一些改进。

23.12 学到的一般经验

1）厨房实际上是屋子里最重要的房间。大量的设计工作是值得的。

2）14年之后，我们觉得应该采用不同方式设计的只有一些小细节。这个愉快的结果有一部分原因与Linux一样，设计者就是用户，所以用例是实际的、有代表性的。

另一个巨大的因素是在设计上所花的时间和精力。像System/360架构（见第24章）一样，我们有充足的时间。在软件行业，人们希望利用大量的设计时间，与真正的用户一起测试原型。同样，我们使用了很多设计时间来测试伪原型（仿真模型和虚拟环境模型），执行了大量的用例。

我确信，大多数项目需要将总时间表的更多部分投入设计工作之中。

3）与朋友们的广泛交流和咨询产生了决定性的好想法，这其中包括基本构成。

4）全尺寸的仿真模型与使用场景结合，这是非常重要的。

5）虚拟环境技术提供了重要的信息，这些信息是平面图甚至仿真模型都不能提供的，特别是关于视觉空间和房间气氛等方面。

从实用的角度来看，虚拟环境会变得更便宜、更易于使用。仿真模型不会这样。所以关键问题不是"虚拟环境提供的价值是否超过了仿真模型"，而是"仿真模型是否提供了虚拟环境无法提供的价值"。

关于这个问题，我在设计空间方面的经验和虚拟环境实验室的科学研究成果都给出了肯定的答案。Insko发现，为虚拟环境增加能够触摸的泡沫塑料仿真模型（甚至只是作为模型图片来查看），可以极大地提高现场感。[2] 那些在带有可触及的实物模型而不仅仅是在只能看到示意图像的虚拟环境里接受过训练者，在走一个真实的迷宫（蒙眼）时，不仅速度有显著地提升，而且所犯的错误也比那些在同样的虚拟环境受训但只看过示意图像者大大减少了。

因此，我相信在设计厨房这样频繁使用的空间，或在设计大量复制的空间时，例如设计办公大楼中的办公室时，仿真模型和用户场景执行仍有价值，值得在它们上面所花的精力和成本。

23.13 注释和参考文献

1. Alexander (1977)，《A Pattern Language》。
2. Insko (2001)，"Passive haptics significantly enhances virtual environments"；Whitton等 (2005)，"Integrating real and virtual objects in virtual environments"。

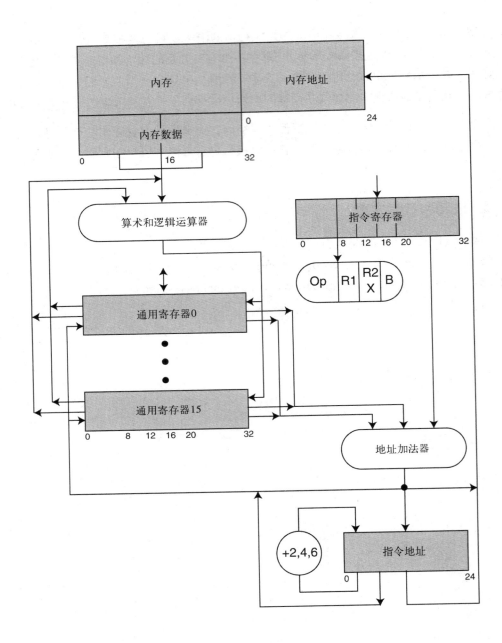

IBM System/360的基本程序设计系统

Blaauw和Brooks(1997)，《Computer Architecture》，图12-78

第24章

案例研究：System/360体系结构

IBM的50亿美元豪赌。

——Tom A. Wise (1966)，《财富》杂志

（IBM的System/360大型机以及与其兼容的后续机型）……是计算机业界长久以来的主力军，而且将继续发挥作用。

——Gordon Bell (2008)

24.1 亮点和特性

最大胆的决策。舍弃IBM已有的6条产品线的所有后续研发，在一条新的产品线上孤注一掷，将已有客户群全部转让给和IBM已有产品线兼容的竞争对手的计算机产品。毋庸讳言，这种决策当然是CEO Thomas J. Watson, Jr.做出的。

大胆的决策。将新的6条计算机产品线全部规定为仅与一种体系结构严格地向上和向下二进制级兼容。这一新方案由Donald Spaulding提出，由Bob O. Evans将它形成决策。

大胆的决策。将体系结构建立在8位字节的基础之上，淘汰全部已有的I/O和辅助设备，连卡片穿孔机也不例外。

24.2 项目介绍和相关背景

所有人：

IBM公司。

设计师：

Gene Amdahl，架构经理；Gerrit Blaauw，次席设计师，用户手册作者；Richard Case、

George Grover、William Harms、Derek Henderson、Paul Herwitz、Graham Jones、Andris Padegs、Anthony Peacock、David Reid、William Stevens、William Wright，以及Frederick Brooks，项目经理。

日期：

1961～1964年。

相关背景

很少有哪一种计算机体系结构像IBM System/360产品家族这样，其原理被如此彻底地加以讨论。本章"注释"一节给出了部分最重要的有关原理的讨论。[1] 因此，这篇案例研究文章只是列出其亮点所在。

20世纪60年代，显而易见，IBM的第二代（基于分立式晶体管技术的）计算机产品线已经在体系结构业界逐渐失宠（主要是由于其内存寻址能力太差）。IBM已有的、互不兼容的、有着各自的软件和市场支持的产品线，是以下这几个：

- IBM 650（第一代，电子管）及其不兼容的基于晶体管技术的后续产品1620；
- IBM 1401及其不兼容的后续产品1410；
- IBM 7070-7074；
- IBM 702-705-7080；
- IBM 701-704-709-7090；
- IBM 7030（即Stretch，仅生产了9台，市场方面再无下文）。

以上头两项，以及所有列出机型的大约三分之二，由通用产品部（General Products Division，GPD）负责；其余机型由数据系统部（Data Systems Division，DSD）负责。1410和7070是直接竞争的产品，7080和7074也一样。几条产品线代表着若干个截然不同的体系结构理念和基本决策。

数据系统部已于1959年开始研发一条新的产品线，亦即"8000系列"，它基于第二代分立式晶体管技术，反映了Stretch体系结构的设计理念，并被设计为7074、7080、7090和Stretch的替代性后续产品。首批工程样品开始试运行，8000系列的四种机型也经历了"从零开始"的成本估算、市场预测，以及定价的过程，这是1961年1月的事。市场预测的一个关键组成部分是基于电话线路进行计算机通信的一组新应用。

1961年上半年，数据系统部内部发生了一次有关产品的暴风骤雨式的争论，问题集中在是否应该继续沿着8000系列的老路坚定不移地走下去（正如我错误地倡导的那样）还是应该花3年的时间，并基于即将到来的集成电路技术来设计一款新的产品线再投产。后一个计划，倡议者是Bob O. Evans，他最终胜出。8000系列的研发投入中止了，当年6月，一个新的、基于集成电路的数据系统部生产线开始动工。Evans遂任命我作为其负责人，这真是个完全出乎我意料的安排，它反映了Evans为人的宽宏大量。

与此同时，公司的技术顾问Donald Spaulding也逐渐接受了这个观点，即IBM需要的是一条统一的、全公司范围内的新产品线，而非仅仅是一条新的数据系统部主导的、仅仅关注高端市场的产品线。他说服了公司副总裁T. V. Learson，后者成立了一个全公司范围内的战略委员会，即SPREAD委员会，以便研发这样一个计划。该委员被深思熟虑地置于John Haanstra的领导之下，他是通用产品部的工程副总裁，他被认为也许是在通用产品部的自治权受到任何一点儿约束时都会跳出来的最强烈的反对者，而且他的1401产品线被证明取得了巨大的成功（史上首例卖出了多于一万台的计算机机型）。SPREAD委员会最终在1961年底给出了它的报告，公司管理委员会采纳了其建议的以新产品线作为全部已有产品线的继任者的提案。[2] 这个令人震惊的大胆举动后来被《财富》杂志戏称为"IBM的50亿美元豪赌"。[3] Evans称之为"把整个公司都押上去了"。我被任命为公司管控经理，以协调所有的研发活动。幸运之处在于，除了在职种上我拥有全公司范围的权力之外，当面对市场需求以及整个项目在体系结构方面的生产组织时，我还是整条产品线的负责人，人事权为我提供了签署各类文件的权力，而产品线的管控权则实实在在地带来了金钱和劳动力的支持。

SPREAD的报告中要求一开始就研发6种机型，包括一种成本超低的机型和一种"超超级计算机"，并且要在两三年内就完成。前六个机型分别被命名为30、40、50、60、64以及70；后面的两种则得名20和90。20和30这两种机型由通用产品部负责研发，其余的研发责任则落在数据系统部肩上。

24.3 目标

主要目标

- 建立严格向上和向下二进制级兼容的计算机体系结构。
- 这些机型必须在商用数据处理、科学工程计算和远程计算等方面适用，并提供竞争力。
- 拓展新应用的效能，在均摊到每台计算机的费用降低到原来的一半的前提下，仍然使IBM得到稳定增长的销售收入规模。我们不能依赖于IBM已有的应用所占有的市场份额有爆发式的增长，或是那些应用的数量迅速翻一番。
- 使每种机型在其各自的市场内实现（有竞争力的）性价比期望，从最便宜的机型到最快的超级计算机都是如此。

其他重要目标

- 研发单一的、新的全面软件支持，利用二进制级兼容性来使用单一的、丰富的系统来替换已有的、不完整的第二代软件系统。这就必须包括一个新的操作系统，以配合从第二代计算机操作系统的经验中衍生出来并迅速演变的各种概念。

- 想方设法地帮助客户从他们的第二代系统转换到System/360，即便竞争对手已经提供了IBM业已停产的产品线的后续机型。
- 提供这样一种体系结构，有时可以采用旧有的技术实现，以期能够满足IBM联邦系统部无论是军用还是政府的使用（例如美国国家航空航天局）产品之需。
- 达到可靠性和可维护性的新水准，包括极端可靠的多处理器系统。

24.4　机遇（截至1961年6月）

一种新体系结构的必要性。磁芯内存已经被证明是相当可靠的，并且已经跌到了白菜价。其后果是，所有的客户都想要更大的内存。由于全部已有的产品线都已经耗尽了它们的寻址能力，采取一个或多个体系结构方面的重大修正变得必不可少了。这给了我们一个机会来改正从第一代和第二代计算机的用例和用户那里得来的许多教训。而这些教训在旧有的体系结构中基本上是不可能加以改正的。

新的、更廉价的技术。IBM的技术部门当时正在热烈追捧集成电路，并即将达到一个重要的转折点，称为固态逻辑技术（Solid Logic Technology，SLT），而且预备在1964年开始量产。这将保证对于任意给定复杂性的机型，都可以把成本降到原来的一半，并同时提供更小的尺寸、更低的能耗，以及更高的可靠性。这种性价比的激增保证了给予客户以足够的激励，去克服十分劳民伤财的、向新的不兼容的系统转换过程中的种种困难。

充裕的设计时间。新技术的来临时机意味着系统架构师有了一次难得的机会获得充裕的时间（差不多有两年）来完成深入细致的工作。

新型的I/O设备。随机存取磁盘技术进展迅速，使得全新的数据处理方法和一种从根本上不同的操作系统实现方法成为可能。

新的远程计算能力。计算机通信技术，这种最初为防空（air defense）事业研发出来的技术，已开始彰显在商业应用方面的吸引力，并已率先应用于航空订票系统。

24.5　挑战和限制

兼容性——地址尺寸。到目前为止，最大的技术挑战是实现严格的（二进制级的）向上和向下兼容性，同时使各个级别上的机型在各自的市场中与神枪手般的竞争对手短兵相接。如何为最小的机型保持低成本的同时，又不会同时给超级计算机套上过分的限制？又如何让超级计算机快如闪电，又不会同时让低成本机型不堪重负？关键问题在于地址尺寸。顶级产品线需要大量的地址位数；那么，最落后的产品线（串行方式实现）能够承受内存地址的开销，以及取回的地址被大量闲置带来的性能冲击吗？

兼容性——操作指令集。如果在提供复杂的操作（例如为科学计算应用而进行的浮点运算，以及为商用数据处理而进行的字符串操作）的同时，又不能在我们对机器的成本目标方面大打折扣？

更广泛的应用范围。第三个重大的挑战是实现整体系统的多样化需求，包括新型的应用（尤其是通信系统和远程终端）、运算密集型的系统，以及数据处理密集型的系统。

从已有的系统转换。从第二代系统转换简直是一场噩梦，这是我们在做第一年的设计时未能充分投入精力去考虑的。

24.6　最重大的设计决策

由8位构成的字节。字节由8位构成，而不是像主导了第一代和第二代计算机（Stretch除外）的情形那样，字节由6位构成。这是最大的、经过了最激烈的辩论后形成的决策。它会带来诸多分歧：浮点精度主张由48位构成一个字，而由96位构成一个双字，因此一个字节只能由6位构成。一条指令若由24位构成就太短了，而若由48位构成又太长了。小写字母表又有怎样的表达位数用量的需求呢？这在早期的计算机上几乎是完全未知的。

当小写字母表的未来应用确定以后，我基本上心里有数了。我们最终确定了字节由8位构成，数据字和单地址指令由32位构成，浮点字由32位和64位构成。

落败的栈式体系结构。作为地址长度问题的尝试解决方法，我们从一种栈式体系结构入手。深入了差不多6个月之后，我们发现它在中等和高端机型中运作良好，但应用于低端机型则性能太差，因为在那些机型上这样一个栈只能在主存中，而不能在寄存器中实现。

设计方案竞赛。栈式体系结构落败之后，Amdahl提议我们开展一个内部的设计方案竞赛。他的想法效果不错——Amdahl的小组和Blaauw的小组各自独立地提出了采用基址寄存器的办法来解决内存尺寸问题的思路。因此，我们采纳了它。

24位地址。我们很不情愿地将地址大小定在了这个数上，但规定了按字节寻址。我们明确地知道，并且我在1965年就公开地预测这个体系结构在某个时间点必然会调整到32位，可是这在1964年的实现中是我们负担不起的。[4] 本来为了未来的发展做了许多明智的规定，但遗憾的是，转移和链接子例程的调用指令被粗心地设计为使用地址中的高8位，而本来这些位是不应该被触及的。

这是一个揭示团队设计风险的明显例证。我未能向整个团队成功地灌输我们关于未来扩展的观念，而且没有一次设计复查找出这个错误。

标准的I/O接口。为了实现广泛多样化的专用应用系统，我们为连接到所有I/O设备的附件设计了一个标准的逻辑的、电气的和机械的接口，就像Buchholz一开始为Stretch所做的那样。这从根本上降低了配置和软件的成本，也大大简化了I/O设备和控制单元的工程研发。

监管机制。一套经过深思熟虑的监管设施被设计了出来，因此，这些系统可以由操作系统控制而无须人工干预。这包括一个中断系统、内存保护、一个特权指令模式以及一个定时器。

单个错误检测。完整的端到端的单个错误检测机制在所有的S/360实现中都是强制实施的，尽管并无证据显示客户愿意为此付出代价。这大大有助于实现坚如磐石的可靠性，以实现可维护性目标。

来自所有制造商的商用数据处理计算机，从最初的UNIVAC机型开始，就都介入了对该特性的密集检查。而用于科研的计算机，从最初的Burks、Goldstine和依据冯·诺伊曼的论文所诞生的机型开始，却都没有这样做。这似乎有点本末倒置：毕竟在原子弹爆炸时的计算中发生了一个硬件错误，要比同样的错误发生在一份公用事业账单计算时来得严重得多。我想，产生这种差异的主要原因是科学界已经在其项目中常规地包含诸如能源节约的各种全面检查了。

我们观察到，在1961年，人们普遍对他们的计算机给出的结果深信不疑，所以作为一种专业责任我们加入了硬件检查机制，并希望由此带来的额外费用不会窒息市场。

十进制算术。为了简化庞大的数据处理市场中的平台转换和用户培训过程，我们决定加入十进制，就像原来的二进制算术一样。（和早期的650、1401、1410、7070、7074以及7080系统不同，新体系结构中所有的地址编码都采用二进制。）

提供十进制数据类型的做法也许是个错误：我们应该注意到，COBOL以及其他语言处理这个问题的方式是将货币金额存储为整型，从而就不会产生分数转换带来的误差。省略了十进制数据类型究竟会在多大程度上伤害到市场营销结果，人们只能臆测。硬件成本并不是最大的部分，软件成本以及附加的概念复杂性才是。

多进程。为多个处理器设置了规定，将它们配置到单一的系统中去，同时系统管程会将它们放到任意一个未停止工作的处理器上运行。

以微程序实现。在SPREAD报告中，我们规定，体系结构必须采用微程序实现，除非某个特定的工程经理能够指出传统逻辑组件可以提供比微程序实现高出33%的性价比优势。这使得低端处理器也可以包含相当丰富的统一操作集，唯一的成本不过是多了一丁点儿的管控用内存。60和64机型一开始的研发采用的是传统逻辑组件，然后在研发过程中改成了单一的65机型，后者采用微程序实现。75和91机型使用的是传统逻辑组件。

模拟早期体系结构。Stewart Tucker发现，32位带4位奇偶校验位的内存和数据通道字在65机型上的实现，可以适应7090机型提供的36位不带奇偶校验位的字实现。他撰写了一个基于微代码的7090模拟器，其中十分有效地利用了65机型的数据通道。这种突破性发明被证明是一种针对7090、7074和7080客户的平台转换问题的主要解决方案。[5]

在1964年1月的一个至关重要的时间节点上，William Harms、Gerald Ottoway以及William Wright绞尽脑汁，几乎彻底未眠，在30机型上做出了一个模拟1401机型的微程序实现。这有效地解决了最大单一客户的平台转换问题。

没有虚拟内存。在S/360的体系结构定义阶段，虚拟内存最初在剑桥大学的Altas计算机上发明出来，使用它的操作系统则是由剑桥、麻省理工学院和密歇根大学共同研发。我们就是否在设计中加入它的问题进行了长时间的激烈辩论。最后，由于性能原因，决定不加入。这是个错误，在它的第一个后续产品System/370中就得到了纠正。

新的随机存取I/O（输入/输出）设备。项目中在新型磁鼓上投入了大量研发精力，以备操作系统存储，还研发了新型的磁盘文件系统。我们视之为新应用和系统配置多样性的基础。相似的，新型的单线和多线通信控制器也被研发出来。

输入/输出通道。I/O由相互独立的操作通道处理，本质上是专门的存储程序单元，其中有些为快速块传输而优化，另一些则支持最多256路通信的多路信道。

24.7　里程碑事件

1961年夏。新产品线的体系结构工作在数据系统部启动。来自IBM研究院的Amdahl、Boehm和Cocke加入了Blaauw的8000系列的体系结构组。工作开始于栈式结构的尝试。

1962年1月。全公司范围的资源被组织起来了。

1962年春。首次性能评估显示，栈式结构实现不具竞争力。通过设计竞争，最终导向了基址寄存器寻址的方案。

1962年夏。字节尺寸之争尘埃落定。

1962年秋。体系结构的首个草案出台。

1963年秋。体系结构手册定稿。

1964年1月。出现了在S/360的样机和通用产品部的1401S机型之间的主要产品之争，后者是由Haanstra推动研制的，比1401快6倍的机型——Haanstra现在已经执掌了通用产品部总裁之职。S/360由于发明了在30机型上的1401模拟器而最终胜出。

1964年4月。30、40、50、65和75等诸机型已经发布，同时暗示90机型也即将问世。

1965年2月。首台S/360出货（40机型）。

1972年8月。带有虚拟内存的System/370发布。

1980年初。基于31位架构的System/370 XA发布。

2000年。基于64位架构的Z系列发布。[6]

24.8 结果评估

稳定性

对计算机体系结构而言，稳定性的一种定义应该是"持久性"。我预言，该体系结构将以多种实现的形式持续25年，并将会有一些修改以提供更大的地址空间。[6]如今，离S/360发布已经过去整整45年了，这个体系结构仍然持久傲立，只是进行了迭代式的增长。最近的一个实现是IBM Z/90，于2007年3月发布。它仍然向后兼容，S/360的程序将仍然可以运行无阻。这些所谓的大型机持续不断地运行着占相当比重的全球数据库方面的工作，在它们上面运行着VMS/360和VM/360的后续产品，或者越来越多地使用Linux作为它们的操作系统。

另一种稳定性的定义是"在行业内的影响"。Gordon Bell，他本人作为一个伟大的DEC计算机的架构师，最近将System/360称为史上最有影响力的计算机体系结构，这主要是指在学术界的影响，而不是指市场占有率，因为就后者而言PC可以易如反掌地取胜。[7]S/360完成了由8位构成的字节的改变，这给计算机体系结构带来了彻底且永久的变化。它再三强调的基于磁盘的输入/输出配置，也同样带来了系统设计上的根本改变。[8]

Gene Amdahl取得了S/360的许可，并在他的Amdahl公司生产的高度成功的系列机型上精确地给出了它的实现。美国无线电公司取得了该体系结构的许可，并将其用于自己的Spectra 70系列计算机。尽管美国无线电公司忠实地给出了该体系结构的问题模式的所有实现，但是它的架构师还是选择做出一个独家的管控模式体系结构。美国无线电公司的版本被授权和密集地应用于西门子、富士和日立公司。

S/360架构明显地影响了DEC的VAX系列机型，以及PDP-11系列计算机，还有它们为数甚众的微程序计算机后续产品，如摩托罗拉的6800和68000机型。

有用性——竞争力，各个市场的分析

从商业角度而言，对System/360的押宝是大大地赢了。IBM的年报显示，从1964～1968年平均年收入涨幅是21%，同期平均利润涨幅达20%。

1964年4月7日发布了大约144款新产品。其中许多产品都提供了多种内存选项。最惊艳是一个用8位表示的I/O设备阵列：多台打印机，有些还带有可变字符集；多个磁盘，有些还带有可拆换的磁头；一系列通信终端和网络设备；新式的卡片穿孔机、读卡机和卡片打印机；其他的杂项设备如支票分拣机以及工厂数据输入终端等。这些由天各一方的实验室研发出来的极大丰富的设备集，促成了系统配备几乎无穷无尽的变种和规模。I/O接口的标准化，以及对它的软件支持意味着配置的扩张和变更十分容易。CPU的兼容性则意味着位于配置的中心位置的计算机经常过了一个周末就被升级到了一种新的机型，但是无论是I/O配置还是它的支撑软件都无须改变。

所有的机型在其各自的市场都表现优秀。30机型以及它所带有的磁盘和打印机，取得了立即的胜利。而向上兼容的20机型在不久之后投放，表现亦十分出众。

65机型在那些原本主要在7090、7094、7094 II、7080、7074以及其他机型上运行的应用方面取得了非凡的成功。在这个机型上，新的数据库技术运行得很流畅，并且它和它的后续机型在这个领域中独领风骚。它在工程计算方面也是一把好手。那些值得一提的竞争对手通常说自己的机型也是采用S/360架构的，而所谓的插接兼容机型，则通常运行着OS/360操作系统。

75和91机型以及这个系列的其他机型是为科学计算而设计的超级计算机。在这个市场中，它们与同时代的CDC和Cray超级计算机基本上各占半壁江山，但是Cray的后续机型最终在市场中夺得先机。四台75机型的超级计算机为阿波罗程序提供了陆基计算支持；而基于System/360的加固衍生机型则担当了登陆用计算机的重任。

闪光点

原始的体系结构相当洗练，仔细地做了体系结构、实现和具体技术手段的概念分离。[9] 严格的向上和向下兼容性要求建立了严格的纪律，从而保障了低端机型不会有功能短缺，同时高端机型又不会过分臃肿。（相似的，每个作家都明白，严格的页数限制往往会导致比较言简意赅的作品。）Blaauw在操作码表中留出了恰到好处的空间，以备未来扩展之用。当然，这种扩展肯定是有的，并且扩展以后的结果是，操作码表就不像原来那么井然有序了。

我们最大的技术失误在于没有从一开始就纳入虚拟内存技术。这是专家级设计师犯了方向性错误的一个例证（见第14章）。

我们最大的美学和概念失误在于我们未能认识到一个I/O通道其实就是另一台计算机。首次在CDC 6600上亮相的Cray超级计算机的外围处理器，是一种极其优雅而强力的概念的化身。许多并发的I/O流中的每一个都由体系结构上分解出来的一台简单而小型的二进制计算机所控制，全部由同一个共时数据流实现。

在CPU体系结构中最丑陋的设计是SS指令的格式，它提供了一个基址寄存器，却未像所有其他格式一样提供一个单独的指数寄存器。正如以上已经指出的那样，子程序Branch和Link使用了高位地址，而高位地址本来是为扩展到32位地址而保留的。取址指令也同样不应该清除这些高位状态。

一个小一些的错误是，我们从一开始就未能在浮点操作的定义中提供保护位。我们只得在头一批S/360计算机交付以后去现场修正这个问题。

也许最道出本质的批评是指出S/360是一个包含了三种体系结构的结合体：最基本的32位二进制计算机；64位浮点计算机，带有不同的数据流格式；逐字节的处理器，带有非常不同的数据流格式，甚至实现了十进制算术（见本章卷首插图、图24-1和图24-2）。事实上，如果把选择器通道和多路信道通道也算上，实际上一共有了五种体系结构。采用微代码实现使得所有这些架构并行不悖。

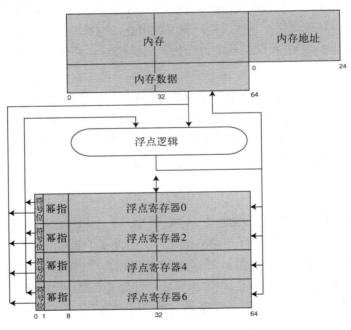

图24-1 System/360的浮点数据流

Blaauw和Brooks (1997)，《Computer Architecture》，图12-79

多个并行的体系结构的存在，达到的目的是实现了真正的通用计算机的机型系列，可以搭配适当的处理器、内存，尤其是I/O配置，从而满足各类应用和性能之需。

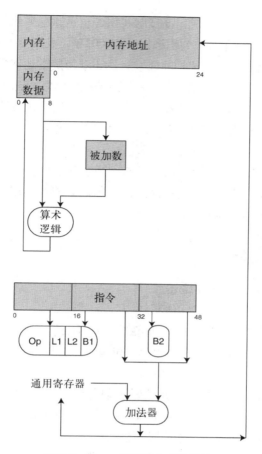

图24-2 System/360逐字节数据流

Blaauw和Brooks (1997)，《Computer Architecture》，图12-80

24.9 学到的一般经验

1）在项目安排中留出充裕的设计时间。它改善了产品质量，使其更长久地可用，并且由于减少了返工，往往还能使项目提前交付。

2）从相同的体系结构出发，给出多个并存的实现，在人们发现某种实现已经（通常是无意地）偏离了体系结构时，能够很好地保护这个体系结构不受不良的妥协之害。若是只有一种实现，往往可以更易如反掌、成本低廉、动作迅速地修改使用手册，但真的改正机型上的缺陷可就是另一回事了。《人月神话》第6章讨论了这个话题，并在一定的细节程度上提供了其他的解决方案以保证实现符合体系结构的设计（而非相反）。

3）Amdahl在我们的第一个设计方案遭遇搁浅之时提出来一场设计竞赛，后来证明是产出颇丰的。它促使很多纠纷双方达成了高度的共识，也迅速地聚焦了关键的差异所在。更有甚者，它为鼓舞团队士气起到了很大的积极作用。2008年，我四十年来第一次听到Doug Baird提到此事，他当时还是团队中的新架构师之一。他还颇为赞赏地回忆到：当时他和一些刚入行的同事难得有这么一个机会将他们完成的设计拿出来和团队中其他的资深架构师分庭抗礼。

4）对于全新的设计，而非后续产品而言，从一开始就要将设计工作的一部分投入在性能及其他必要属性指标的建立上，并做好成本代理估算（例如在进行第三代计算机的寄存器位数估算时所做的）。

5）市场预测的方法论是为后续产品，而不是为全新的创新产品所设计的（违反了这一点的一个教训可以参见第19章）。全新产品的设计师们应该在早期阶段多投入精力，以让市场预测专家们熟悉所涉及的全新概念。

24.10 注释和参考文献

1. 关于S/360体系结构原理的最重要论述如下：
   - Amdahl (1964)，"IBM System/360体系结构"。
   - Blaauw and Brooks (1964)，"System/360逻辑结构概述"。
   - Blaauw and Brooks (1997)，《Computer Architecture》，12.4节。
   - Evans (1986)，"System/360：回顾视角"。
   - IBM公司(1961)，"处理器产品线——SPREAD任务组最终报告，1961年12月28日"。
   - IBM公司(1964创刊)，《IBM System/360 Principles of Operation, Form A22-6821-0》。
   - 《IBM Systems Journal》第3卷，第2期（整刊）。
   - Pugh (1991)，《IBM's 360 and Early 370 Systems》。
2. IBM公司(1961)，"处理器产品线——SPREAD任务组最终报告，1961年12月28日"。
3. Wise，"IBM的50亿美元豪赌"。
4. Brooks (1965)，"计算机体系结构的未来"。
5. Tucker (1965)，"大型系统仿真"；在此事件中，他并未将7090的浮点字逐字地映射成S/360上的字，而是扩展到各个组成部分的范围来模拟。
6. http://en.wikipedia.org/wiki/System_370，此页面包含了一段关于基础体系结构的演变和要点的经典论述（最近于2008年12月访问）。http://www.answers.com/topic/ibm-system-360，该页亦如此，参见2009年8月归档。
7. Bell (2008)，"IT老军医Gorden Bell谈史上最有影响力的计算机"。
8. Bell和Newell (1971)，《Computer Structures》，第3节，561～637，给出了另一个评估结果，以及一段相当详细的讨论。
9. Blaauw和Brooks (1997)，《Computer Architecture》，在1.1节中有将这三者加以区分的详尽阐述。

一个大油桃和一串小樱桃。这是一种隐喻，象征着OS/360的大型控制程序，以及若干使得OS/360的支持程序包变得完备的较小型的、彼此独立的语言编译器和应用程序集之间的关系

来自P. Desgrieux/photocuisinet/Corbis公司

第25章

案例研究：IBM Operating System/360 操作系统

软件过程中的核心矛盾来自于以下事实，那就是我们必须从发现非正式的、"存在于现实世界"的需求出发，最终却要达成一个正式的、完成"计算机内部操作"的模型。

——Bruce Blum (1996)，《Beyond Programming》

25.1 亮点和特性[1]

大胆的决策。研发单一软件包：单一的操作系统及其配套的一组编译器和实用工具程序，以供所有计算机和I/O配置使用。它能够生成适当配置以适应和利用各种内存尺寸和I/O配置。

大胆的决策。强制要求为操作系统的存储准备一个随机访问设备。

大胆的决策。不要求必须有操作员。将操作系统设计为能够使计算机系统无须人工输入或干预就可以运行。操作员仅作为计算机的手力和脚力，完成磁盘、磁带、卡片坞（card decks）和打印纸的装卸。作为另一种选择，同一个操作系统也可以被配置成完全由人类操作员控制的形态。

大胆的决策。将多任务纳入可能会以并发安全模式执行，但并非专门为并发执行而设计作业和程序。

设备无关的I/O。程序只能以称为访问方法的抽象I/O数据类型编写。I/O设备类型、专用设备，以及它们所占用的空间将在作业被分配执行的时刻才落实。举例来说，同样一个归并排序程序，在一次执行中可能是从磁盘到磁盘的，在另一次执行中可能就成了从磁带到磁带的。无论输出结果是要打印还是存储，可以在运行时刻很容易改变，而程序则无须改动。

工业强度。OS/360是一个具备工业强度的操作系统，被设计为24×7[⊖]运行，在崩溃后可自动留下日志并重新启动。在它更新换代的过程中，这个特性得到了加强，所以它的后续产品仍然在24×7运行的数据库系统中被广泛使用。

远程信息处理。该系统有力地为实时数据库存取以及批处理作业执行提供远程访问支持。

原生的分时系统。该系统并非用于在交互式终端上进行编程和调试，所以它以效率较低的方式来支持其运作。

虚拟内存在晚些时候加入。在原始交付的版本中，S/360计算机和OS/360软件包并未提供虚拟内存。但这种情形在第一次后续迭代中就改变了，所有版本都在1970年有了虚拟内存。

汇编语言与高级语言。尽管在1961年，也许大部分计算机程序都是使用高级语言完成的，比如Fortran、COBOL以及Report Program Generator，汇编思维仍然影响着OS/360的部分设计。一个强大的宏汇编编译器被列为语言包之一，它代表着与科学计算和商用数据处理业界完全不同的宏应用传统思维。1966年，一些大批量安装群集的度量显示，使用汇编语言编写的应用程序只占约百分之一的运行时间。

25.2 项目介绍和相关背景

从1961年IBM System/360项目成立直至1965年年中，我得到了一生唯一一次的机会来管理该项目——首先是硬件，接着是Operation System/360软件包。这批系列机型于1964年4月7日发布，并于1965年2月首次出货，它们确定了"第三代"计算机的标准，并将（半）集成电路技术引入了计算机现货产品。

正如第一代操作系统是为第二代计算机而研发的，OS/360是首先作为第二代软件支持包而存在，但也是为第三代计算机而研发。一体化操作系统史上鲜有先例。

System/360严格的二进制兼容性使得我们能够设计单一的支持软件包，从而能够支持整个产品系列，并且能够将研发成本分摊到所有产品线中去，在很大程度上符合与全线产品相结合的市场预期。这反过来又使得建立一个具备前所未有的丰富性和完整性的支持软件包成为可能。我是用过去时态来描述OS/360软件包的，因为它的直接后续产品仍然是大型机世界中的主力军。

术语Operating System/360（或称为OS/360）存在二义性，既用来描述广义上的整个支

持软件包（操作系统本身、语言编译器，以及支持工具），也用于更狭义的场合（仅指操作系统本身）。如卷首插图所示，我们的团队有时会把整个软件包想象成一个大桃子和许多较小的、分散的樱桃。我多数情况下使用这个术语时，仅指操作系统本身。

除了OS/360支持软件包以外，最初还计划并交付了一个基础磁带支持软件包，包括一个Fortran语言编译器，该编译器为无磁盘的小内存系统提供支持；另外还有一个基础穿孔卡片支持软件包。OS/360支持软件包的本意是针对所有配备16K以上内存的系统研发的。我们在如此捉襟见肘的内存中连最起码的功能都实现不了，所以我们把最小内存的需求提升到了64K。出于对小型系统客户的关怀，以及OS/360的延迟发布导致公司开发了一个完全独立的、为较小的内存尺寸而优化过的支持软件包，即后来众所周知的Disk Operating System/360或DOS/360。[2]同样的，它也在不断演化，并且它的后续产品今天还在使用。

System/360系列机型

第24章描述了计算机机型系列的市场格局，以及其主要的体系结构特性。本质的概念创新在于所有的机型（除了最廉价的一款20机型）在逻辑上完全一致，都是与单一的体系结构向上和向下兼容的实现。Blaauw和我定义了一种计算机体系结构来使得一组计算机属性精确地对程序员可见，但不包括速度。[3]用软件工程的术语来说，狭义概念中的计算机体系结构和一种抽象数据类型是等价的。它定义了有效数据集及其抽象表示，以及应用于这些数据集的操作集本身的语法和语义。那么，每种机型的实现就是这种类型的一种接口。所有仿真器和所有模拟器从概念上讲也都是这样。在实践中，我们的首批硬件实现的数据流宽度范围是从8位到64位，还支持多种内存和线路响应速度。

1961年的软件格局

操作系统。第一代操作系统产生了明显的特性区分：它们要么是用于为科学计算，要么是用于商业数据处理。它们都是批处理操作系统，是为了控制独立作业流的序列化处理而设计。

无论是哪种操作系统都由三种组件组成，这些组件彼此独立演化。监督进程，它常驻内存，是由早期的中断处理例程发展而来的。而数据管理组件则由演化为一个I/O例程的标准库而链入应用程序。调度进程，它通常存储在磁带上，在两个作业之间被装入内存，以指定装载的磁带（和卡片）文件，以及产生输出的位置偏移量。操作系统提供了磁盘文件，但它本身一般是存储在磁带上的。

较新的第一代IBM操作系统提供了假脱机（Simultaneous Peripheral Operation On Line, SPOOL），所以在任意指定时刻，一台第二代计算机都可以执行一道主应用，以及若干个卡片到磁带/磁盘、磁带/磁盘到卡片，以及磁带/磁盘到打印机的实用工具。实用工具属于"信任程序"，要仔细编写以避免破坏或侵入通常运行在磁带到磁带或磁盘到磁盘模式下的主应用。综上所述，一台计算机可以一边为下一道作业准备磁带，一边运行主作业，还可同时进行上一道作业的打印输出，所有这些都是同时发生的。

语言编译器。 IBM的用户使用种类繁多的高级语言，而IBM致力于为这些语言提供编译器。用户使用最多的语言是Fortran和COBOL。ALGOL则在欧洲比较流行。而在低端系列中，Report Program Generator（RPG）则在从穿孔卡片机转换而来的机型中较受青睐。

而汇编语言编译器的演化，从技术角度来看很有意思。经典的两次扫描型汇编编译器已经发展为两次预扫描，后者被视为一个宏操作生成器，具备丰富的编译期功能，包括分支和循环。所以，这种宏汇编编译器以两种相当不同的方式被使用。

科学计算业界通常使用程序员自定义的宏作为开放式例程，以便完成频繁使用的操作，如矩阵计算。这些宏不仅带来了编码的简化，还加快了运行期的速度，避免了例程调用的开销。

与此形成对照的是，许多商用数据处理机构都发展了这样的实践：他们由一个小团体的编程高手来写出一堆"内部"宏库，用以定义新的数据类型，并附带一些数据结构和操作来定义一种专门化的程序设计语言以供该机构的商业实务之用。多数程序员仅利用这个库里的宏，一般不会创建任何新的自定义宏。

实用工具。 各种各样不起眼但不可或缺的实用工具使得每个计算机软件包变得完整：排序程序生成器、媒体转换器、格式转换器、调试助手，以及崩溃处理程序。

免费软件。 当时，制造商们为了刺激硬件的销售和应用，会分发操作系统和编译器。因此，软件包的成本就必须包含在硬件价格里。[4]

25.3 接受挑战

在一个全新的软件支持包上开展工作带来机遇，也会带来很多挑战，因为这需要决定哪些是放到"下一步"才在软件支持中实现的。有些挑战被接受了，另一些则被拒绝了。

普适性。 尽管上一代软件支持包在应用程序领域和性能级别上相差甚远，但是OS/360软件包却是被设计为覆盖全范围的应用的。System/360，顾名思义，就是指"包罗万象的计算机系统"。它的设计也是为了覆盖一个极大的性能范围，从相当小的64K内存系统到最精密复杂的超级计算机系统，或是海量的数据库配置。

对这一挑战的回应给编程语言及其编译器带来了巨大的影响。一种新型的通用编程语言——PL/I，在IBM用户社区的科学和商业用户的通力合作之下研发出来。针对不同内存尺寸而设计的多种编译器支持多种语言：Fortran、COBOL、汇编以及PL/I。负责编译器和实用工具的项目组会将创意放到几个用户社区中做评估，每一种创意都会纳入如何比上一代产品做出有所超越的考量。在此，我只谈最富创新的组件，亦即操作系统本身。

磁盘驻留。 一种廉价的磁盘驱动器变得可用，即IBM 2311，它具备当时看来巨大的容量7MB，这意味着可以在设计操作系统时假定它驻留在"随机存取"设备上而非磁带。这是在设计概念中变化最大的一个。操作系统中的特定模块可以根据需要迅速调入内存，而且各个模块可以只有很小的体积、仅完成特定功能。

一种新的、按字并行的磁鼓提供了延迟低、数据传输速率高的操作系统存储介质，以备更高性能的计算机系统使用。

多道程序。 OS/360实现了一个巨大飞跃，允许多个独立的、彼此无信任关系的程序执行并行操作——这种飞跃之所以可能实现，是由于System/360体系结构提供了硬件监管机制。早期的OS/360版本仅支持多个固定尺寸的任务，这样一来内存分配的方式更直截了当。仅仅两年之内，其MVS版本就支持完全一般化的多道程序了。事实证明，实现这一点的难度远高于我们的预期。

由操作系统而非操作员来控制。 一个核心新概念是，现在的常规做法是由操作系统而非操作员来控制计算机。甚至1987年仍有一些超级计算机，如CDC公司的衍生产品线ETA的机型ETA 10，仍然在操作员手动控制下运行。由操作系统控制的必然结果（率先由Stretch机型实现，在今天已是例行公事）就是键盘或控制台也成为另一种普通的I/O设备，上面只有很少几个按钮即可直接完成任何操作（例如开关、重启等）。

远程处理，但并非分时机制。 OS/360从最底层的设计开始就是一个用于远程处理的系统，但它并非基于终端的分时系统。这一概念与同时代的麻省理工学院的Multics系统相悖。OS/360是为工业强度科学和各种规模的数据处理应用而设计的，而Multics是作为一个探索性的系统而设计，主要用于程序研发。

24×7健壮地运行。 OS/360旨在提供"核查并重启"机制的核查点，以感知硬件错误，并且在无论硬件还是软件故障发生后仍能重新启动。当用于多处理器配置时，系统根据诊断结果能够启用一个运行良好的处理器、搁置有问题的处理器并移交其负担的工作。从一开始，OS/360就打算要全天候可用，但这是采取了一些演化步骤以后才最终实现。

25.4 设计决策[5]

系统架构

在OS/360中，控制程序演化的三支彼此独立的分流聚合到一起了。监管进程，从早期的中断处理例程演变而来；调度进程，从早期基于磁带的作业调度器演变而来；数据管理系统，从早期的I/O例程包演变而来。该系统的架构反映了它多元化的谱系。

监管进程。由于原始的监管进程只处理程序中断，所以它只在任务之间分配处理器的指令计数即可，而多道程序下的监管进程就必须同时分配主存空间了。OS/360的监管程序在任务之间根据优先级进行内存块和时钟周期的分配。

OS/360的监管进程通过控制指令控制台来实现对计算机的控制。它随时将控制权转让给其他程序。任何程序故障，包括任何违反系统保护机制的企图，都会触发一个中断，将指令控制台交还监管进程。从I/O设备发回的异步事件报告，例如操作完成信号，做的是同样的事情。此外，监管程序还控制着一个受保护的、会发出中断信号的计时时钟，所以它可以在任意指定的时间间隔以后收回控制权，以便中止有缺陷的程序中存在的死循环。只有监管程序可以设定多种内存并施加其他保护措施，以及执行其他的特权操作，例如I/O控制等。

当一个普通的应用程序想向监管程序申请一项服务，例如想使用更多的内存块时，它通过监管程序调用的硬件操作来发起请求。这是一种积极的中断，在指令中携带传给监管程序的参数。因此，对监管程序的访问只能是限定性的，在监管程序规定的允许列表之内才能通行。

监管程序还提供了能够使互不了解的程序在运行时相互通信的机制。

调度进程。OS/360的调度进程先准备好并发执行的若干项彼此独立的"作业"，尔后管理每项作业中顺序执行的"任务"，如编译、链接到库、执行、输出转换等。当一道作业已经就绪，可以进行调度时，调度进程先检查作业的优先级，分配全部所需的I/O设备，给出操作员指令以装载全部离线的数据存储卷，并将作业置入队列以备执行。监管进程随后分配初始内存，并初始化首个任务。产生输出之后，调度进程完成位移，并将所有已完成的数据存储卷加以卸载。

OS/360比任何它之前的产品都更明确地将调度期视为一种绑定的场合，它与编译期相比有着更多限制，与运行期相比有着不同开销。不仅在调度期单独编译的程序模块被链接例程Linker绑定到一起，而且数据集的名字也仅在调度期才被绑定到特定的数据集实体和特定的设备上去。这种绑定是使用Job Control Language指定的，并由调度进程执行。

数据管理。尽管严格的程序兼容性是System/360系列机型最鲜明的新概念，但是丰富多样的I/O设备却是它最重要的系统属性，无论是应用的广泛、配置的灵活还是性能的增强都体现了这个属性。单一的机械、电气和逻辑I/O接口从根本上降低了新I/O设备的工程费用，并从根本上简化了系统配置，也从根本上缓解了配置的扩张和变更。

至关重要的软件创新在于它补充和利用了标准硬件I/O接口，这就是标准软件接口——用于对所有类型的I/O设备进行I/O控制和数据管理的单一系统。我把这个视为OS/360中最重要的创新。

由此产生的新特性是设备无关的I/O。撰写应用程序的软件工程师只使用数据集的名字即可。它们可以绑定到特定的数据集实体，绑定到特定磁带卷轴上的磁带，从磁带到磁盘，从磁盘到通信线路或打印机，所有这些通常都推迟到调度期完成。

为利用一组新的磁盘类型，OS/360专门设计了四种访问方法，以跨越磁盘应用范围。它们体现了基于缓冲或块传输的动态灵活性和最优性能之间不同的取舍原则。

- 顺序访问方法——类磁带的、基于缓冲区的

例如：用于排序（用于磁带、打印机、卡片坞以及磁盘）

- 直接访问方法——对记录的纯粹随机访问

例如：用于航空订票系统

- 分区访问方法——快速固定块传输

例如：用于操作系统诸模块

- 带索引的顺序访问方法——顺序的、可缓冲的，但能够迅速处理随机查询

例如：用于公共事业账单处理

专门为终端和高速远程通信提供充分的灵活性和易用性，还设计了两种访问方法。

在所有的I/O设备中，只有支票分拣器例外，它造成了操作系统的一个非常死板的性能约束——纸质支票在读取头和分拣袋之间飞移所用的时间固定而且短暂。在银行的支票转运和支票处理设施中，这些机器会在一个读取站中读取支票底部用磁性油墨打印的数字，尔后将支票转运到24个袋子中的一个里，最大速率不超过40张支票/秒。[6]

25.5　结果评估

成功之处

功能齐全，普遍适用。 OS/360为操作系统功能建立了新的基准。它实实在在地在不可思议的范围内支持了应用程序、系统配置和不同性能的计算机。

健壮性。 健壮性水准无出其右。它是适用于工业强度的操作系统，并成为运行占用大多数大型机时间的海量数据库应用的标准系统。

数据管理系统。 设备无关的I/O成为编程任务的一种主要简化途径，而且为数据中心的运营和演化提供了巨大灵活性。利用节假日对处理器和I/O设备进行重新配置成为了例行公

事。而经过重新配置以后，绝大多数应用都无须重新编译即可正常运行。

支持远程处理。OS/360成了为银行业、零售业以及其他大多数行业提供广泛网络终端的基础。

引入了虚拟内存。当IBM在System/370的后续产品线中采用了虚拟内存以后，OS/360就成为了OS/360多路虚拟系统（Multiple Virtual Systems，MVS）的基础，这是一次扩充，但不是彻底重写。

Amdahl、日立以及富士通。绝大多数S/360插接兼容机型的制造商们都没有提供自身的软件系统，而是使用了OS/360软件包。

设计中的不足

系统。OS/360太过丰富了。系统常驻磁盘的事实，取消了对早期操作系统设计师们必须严格遵守的空间尺寸约束——我们加入了很多功能部件以期收获边际效用。[7]特性泛滥现在仍在软件社区随处可见。

它提供了两种相当不同的调试系统，一种为终端上的交互式应用而构建，可以实现快速重新编译，另一种则为批处理而构建。这可以说是史上为批处理设计的最好的调试系统，只可惜才刚问世就已过时了。

OS/360的系统生成过程极其灵活和繁复。我们本应该配置一个小数目的标准软件包来迎合大多数用户的需求，而将以上这些强大功能作为完全灵活的配置过程的补充。

控制块。模块之间的通信是通过全系统范围内共享的控制块来进行的，这些控制块中的每一个都由一组构造好的变量组成，并由若干个模块存取。随便哪个软件工程师都可以访问所有的控制块。假使我们早在1963年就理解并采纳了Parnas在1971年才提出的信息隐藏策略，我们就能可以避免原始方案中的烦挠之处，以及它们带来的所有可维护性恶果。面向对象的程序设计是信息隐藏思想在今日的体现，我们都明白它的确具有优越性。

虚拟内存。正如在第24章中所讨论的那样，我们没能抓住在最初的处理器中加入虚拟内存的时机，几年之后不得不回头把它加上。与一开始就将其纳入设计中相比，对于OS/360而言，这个非有不可的扩展就变得更加困难，费用也更高了。

调度进程的任务控制语言。无论与谁的以及与哪里的设计相比，任务控制语言都可能是史上最糟糕的程序设计语言了——它是在我本人的管理之下设计出来的。整个概念都是错的。我们根本没有将其视为一种程序设计语言，而是视为"在作业执行之前的一些控制卡片"。我已经在第14章中阐述了它的缺陷。

数据管理系统的复杂性。我们本应该与为IBM早期磁盘建立的基于关键计数数据的可变长度块结构划清界限，并另外设计一两个尺寸的固定长度块应用于所有的随机存取设备才对。

I/O设备-控制单元-通道的连接树具有不必要的复杂性。[8] 我们本应该为每种设备指定一个（也许是虚拟的）通道和一个（也许是虚拟的）控制单元。

我相信我们本来可以发明一种顺序的磁盘存取方法，并能够结合以下三者的优化之处：SAM、PAM和ISAM。

流程中的不足

我在《人月神话》中已经就这个主题发表过长篇大论。在这里，我只强调两点。

我坚信，如果我们使用PL/I——当时可用的最好的高级语言来构建所有的东西，操作系统将会一样快速，而且更加简洁、可靠，完成时间还会大大缩短。但事实上，它是使用PLS构建的，PLS只是在汇编语言的基础上加了一层语法糖衣罢了。如果使用PL/I（或任何高级语言），那么就需要我们对工作人员进行仔细培训，以使他们明白怎样写出像样的PL/I代码以及PL/I源码库，以编译成在运行期执行速度很快的指令码。

我们本应该对所有接口维持一个相对固定的架构控制，坚持所有的外部变量声明都只能为库所包含，而不是在每个实例中都包含一个新的声明。如果这样做了，那么许多缺陷是可以避免的。

25.6 设计师团队

整个OS/360软件包的研发工作大约投入了1 000人。在此，我只指出对于其概念结构贡献最突出的团队和个人。

关键角色

实验室：波基普西市、恩迪科特市、圣何塞市、纽约市、赫斯利镇（英国）以及拉戈代（法国）

OS/360架构师：Martin Belsky

核心人物：Bernie Witt、George Mealy以及William Clark

管控项目经理：Scott Locken

编译器和实用工具经理：Dick Case

OS/360助理项目经理：Dick Case

OS/360经理（1965年起）：Fritz Trapnell

最好的一篇文档是它的概念和设施手册，由Bernard Witt撰写。[9,10]

25.7　学到的一般经验

1）给予系统架构师以充分的设计授权（见第19章）。"数百万美元的失误"在《人月神话》第47页及之后的所有篇幅中有更充分的讨论。

2）用必要的时间来完善设计和原型，无论日程安排的压力有多大。项目将提前而非延后完成，前提是可以这样安排时间。第21～24章说明了设计时间充足的好处，本章阐述了设计时间不足的例证。

25.8　注释和参考文献

1. 本文改编自Brooks (2002)，"IBM Operating System/360的历史"，发表于Broy和Denert (2002)，《Software Pioneers》。材料主要来自《IBM Systems Journal》第5卷，第1期 (1966)。

2. http://en.wikipedia.org/wiki/DOS/360_and_successors，最近访问于2009年8月。

3. Blaauw和Brooks (1997)，《Computer Architecture》，1.1节。

4. Grad (2002)，"一些个人记忆"，描述了1969年对软件和硬件的解绑。

5. Pugh (1991)，《IBM's 360 and Early 370 Systems》，给出了OS/360的早期研发阶段的详细历史。

6. 一台后续产品机型样机的更多信息和一张照片，可以在http://www.thegalleryofoldiron.com/3890.HTM找到，最近于2009年8月访问。

7. Brooks (1975)，《人月神话》，第5章。

8. Blaauw和Brooks (1997)，《Computer Architecture》，8.22节。

9. IBM公司和Witt (1965)，《IBM Operating System/360, Concepts and Facilities, Form C28-6535-0》。

10. Witt (1994)，《Software Architecture and Design》，阐述了设计概念和途径。

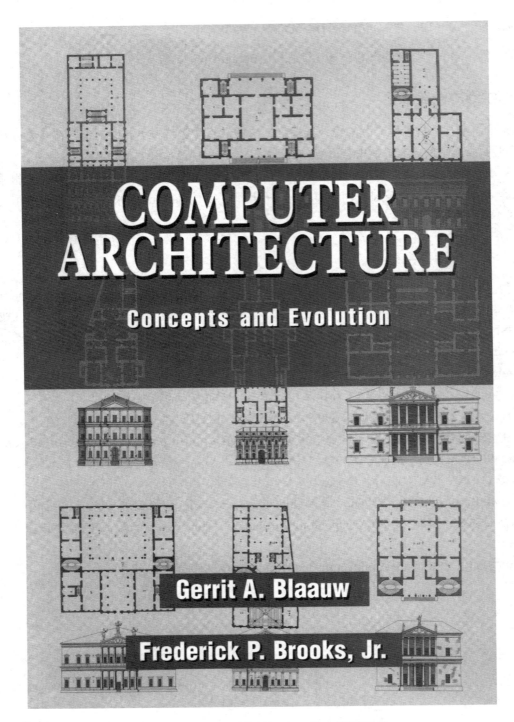

Blaauw和Brooks (1997)，《Computer Architecture》，书的封面

第26章

案例研究:《Computer Architecture: Concepts and Evolution》图书设计[一]

巴不得我的话现在都写下来,记在书卷上!

——《圣经·约伯记》[二] 19:23

写书这件事是对数收敛的。

26.1　亮点和特性

大胆的决策。坚持给"计算机架构"一个狭义但是相当精确的定义,以此作为作品的范围。尽管我们在1962年才初次引入了这个术语,至1964年才有了一个精确的定义,之后它才在较宽泛的意义下广泛使用。我们仔细地定义并区分了架构、实现以及手段。我们只讨论架构,它的定义包含计算机的一些属性,用以管理哪些程序可以运行,以及它们的运行结果是什么,但不包括速度度量。这种精确性使得定义程序兼容性成为可能。

大胆的决策。纳入30机型的计算机架构的"动物园式"枚举,以标准化格式描述。这个格式中包括一段以散文式描述的"要点和特点"、一段对历史和技术背景的短小描述、一个图解的程序设计模型、对设计决策的列举,以及对数据表示、格式和主要操作的精确图解及APL描述。

大胆的决策。构建、测试并发布"动物园式"计算机架构的可执行模拟器,皆用APL撰写。"动物园"中的每种机型都包括一个可执行的APL程序,用来模拟该机型的指令获取、解码,以及对适当数据获取和操作例程的调用。其主要操作也同样使用可执行的APL函数描

一　本章中提到的本书均指《Computer Architecture: Concepts and Evolution》。——编辑注

二　经文翻译援引自《新世界译本》。——译者注

述。构建这些模拟器的过程迫使我们对这些机型实施细节的彻查，从而又将这些描述的精确性大大提升。但并无证据显示很多人使用过这些模拟器。

信息矩阵组织。该书将构成计算机架构的设计决策分两次加以讨论：一次是系统地按照决策域顺序进行；另一次是以每种特定的机型为依据，讨论与其相关的所有设计决策。

决策树。我们使用决策树作为表示设计选择的正式工具。大约80棵树被链接到单一的、庞大的、统一的计算机架构的决策树里。当然，这种形式主义把设计过程当做在有着良好定义的空间内进行搜索的问题解决方案，这正是我在本书中口诛笔伐的模型！我的设计观在完成本书以后的岁月里得到了广度和深度的延伸。

计算机架构的演变：分野与融合。我们涵盖了早至最初的机器（Babbage机械计算机），晚至1985年的计算机架构演化过程，展示了它们在实验阶段的大相径庭，以及随后的殊途同归，最终达到了令人惊奇的标准化架构。其中汇集了许多早期机型的文档，也有很多有关现代机型的。

本书同时也是一部研究专著。我们在System/360以及这本书本身所做的工作取得了诸多无法零碎发表的研究成果。因此，这本书包含了许多新发表的成果，并在其前言中一一列举。这算是在它看起来只是一本面向实践者和学生的教材之外的一点特别之处。

全面的参考文献。术语都经过仔细定义。丰富的主题索引将读者引导至那些定义及其大篇幅的讨论，以及它们所出现的地方。还有单独的人名和机型名称索引。参考书目包含超过500项的内容。本书在用于教学之后，仍然可作为一本有用的参考书。

26.2 项目介绍和相关背景

作者：

Gerrit A. Blaauw和Frederick Brooks

日期：

约1971～1997年

相关背景

我们两个都已经离开了计算机架构工作的一线，在从事该科目的教学。这本书的成形要归因于我们需要教材。大约在各自经过两次课程管理之后，我们决定编写一本书，主要目的并非作为学生课本，而是作为实践者的系统化论著。我们也确实编写了大量练习，以供课堂教学及自修之用。

26.3 项目目标

摘自《Computer Architecture》的前言：

"我们想通过本书达成的目标是给出有关计算机架构之艺术的全面论述。本书主要目的不是为了作为教科书，而是作为一线架构师的参考指南，以及作为一本提出计算机架构之新概念框架的研究专著。我们提供了足够多的演化历史材料，以使读者不仅能够明白当前的实践情况，也能了解为何它们成为了现在的样子，以及有哪些做法是经过试验和丢弃的。我们的目标是展示那些不常用的另类设计思路，同时将常用的设计思路予以分析和系统化。

"看来，提供一个计算机架构设计过程中产生的问题的概要汇编，并给出设计问题诸多已知的解决方案的正反两方面的评价因素的讨论，是有用的工作。这样，每个架构师就可以根据他自己的应用、技术、品位和判断力，为这些因素施加他自己的一组权重了。"

26.4 机遇

由于我们在IBM有过8年工作上的密切合作，沟通过程很顺畅，也熟悉彼此的思维模式。这使得我们的远程合作十分简单，如第7章所述。

我们曾在3种计算机架构设计上共事，而我们又分别参加过所有其他架构的设计。这些项目引导我们去研究之前机型的设计，而教学工作又巩固了我们对这些作品及其意义的认识。我们拥有那些机型中的大多数的程序设计手册。

System/360架构的设计并不是匆匆忙忙完成的，因为它所依赖的半集成电路技术在1964年之前还没有准备好。因此，那些设计决策是经过彻底辩论的，我们也在这么一个背景下了解了很多架构设计问题中的辩证法。

为写书而做准备的时间和精力，在预算上基本是无限的，或者这是我们的一厢情愿。这是一个重大错误。事实上，本书的问世之际已经错过了它可以施加最大影响力和发挥最大作用的时机。

26.5 约束

我们两人手头都有在做的研究项目和课程计划，也都有需要照顾的孩子。而这本书开始写作以后，我们又都各自出版了一本相关内容的图书。因此，本书的进度就常常被我们耽误了。

26.6 设计决策

次序。对于任何说明性文字的写作来说，次序都是最难的一个设计决定。一般的关联概念图必须修剪成树状结构，才能映射成线性结构的文本。

我们发现了两种主要的可能顺序，每一种都很重要。所以我们两种顺序都采纳了，还加了许多交叉索引。第一部分将设计决策按概念顺序系统化地讨论。但是每种实际的决策都只能在该种机型的所有其他决策的上下文里做出。所以，我们在第二部分"机型动物园"中将设计决策放在若干机型范例的上下文里加以说明。

在本章开始的"亮点和特性"一节已经列举了其他的主要设计决策，在此不再赘述。

26.7 结果评估

稳定性。如果依照持久性来判断，设计是稳定的。13年来，该书的有用性并未消失，其讨论也并未过时，尽管其内容必须由描述更新研发进展的材料加以补充。

销售情况。这本书出版得太迟了一些，它的一些潜力未能充分发挥。如果只为一两门架构课程选择教材，人们会选择Hennessy和Patterson所著的内容精湛并持续更新的《Computer Architecture: A Quantitative Approach》替代本书。

专业的计算机架构师有必要熟悉本书，既可以了解它的前导产品如何工作，也可以将它用作参考指南。本书也有痴迷的小众追随者，主要来自计算机架构师。

闪光点。这些就留给别人来评价吧。

26.8 经验教训

1）也许一本不那么激进却更快出版的书，对于从业者来说会更有用一些。当我身处计算机架构课程的实际教学中，我会重点讲述"动物园"和"标本"，当遇到活生生的例子时才进行设计决策的讨论，而不是照本宣科。也许我们应该把设计决策讨论部分独立出来写作并出版，夺得先机，写作效率也会更高。但这也不是一件容易的事：很多有关"动物园"的讨论都假定涉及的概念都在第一部分"设计决策"中引入并展开阐述。

2）写书这件事是对数收敛的。核查最后一些没有把握的事实、修正最后一些有点小偏差的数字、校订最后一些模糊的参考文献——这些工作要占到整个工作的很夸张的比例。最难缠的琐碎工作总是被延后，直到最后一刻才不得不动手处理。

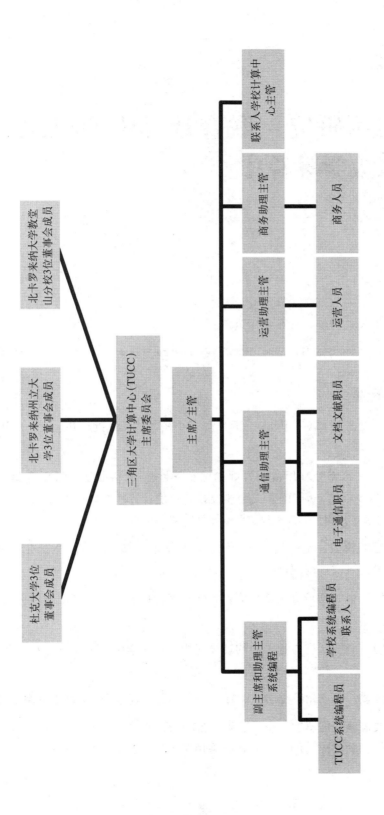

1980年的三角区大学计算中心（TUCC）组织结构图

第27章

案例研究：联合计算中心组织：三角区大学计算中心

计算的作用是获取洞见，而不是数字。

—— Richard W. Hamming（1962），《Numerical Methods for Scientists and Engineers》

27.1 要点和特点

大胆的决策。成立一个联合中心，三所大学集中资源，共同拥有并运营一个高性能计算中心。

集中资源。如果想充分利用依平方规律增长的性能/价格曲线，就需要集中资源办事。在当时以及之后的多年里，n倍的开支至少能换来n^2倍计算能力。这个事实提供了强大的经济驱动力，克服了共同拥有一个计算中心所面临的短期和预期困难。

没有现成的组织模型。至少就我们所知，联合学术计算中心这一概念在当时还未出现，所以没有现成的模型可供该组织借鉴。

决策权力。设计中的预算资源是权力。如何在保证所有方各自利益的前提下，又能支持有效决策呢？

多样化的应用。有些所有方把中心的计算能力既用于学术，又用于行政，其他所有方只用于学术。

中立的座落位置。在三角研究园区购置了一幢楼，它到各所大学的校园距离都相等。

远程计算至关重要，但不够。中心购置配备的IBM System/360是为远程任务登录和交互式计算而设计和提供软件支持的。一开始就采用了远程任务登录的工作模式，同时带有优先系统（priority system），以加强小型任务的快速周转。还提供了一项快递服务，使用客货两用车来回运送磁带和磁盘，以提供高带宽的大数据集传输。

州际影响力。1964年，整个北卡罗来纳州很少有高等院校有任何计算能力或者技术（TUCC的所有方除外），只能依靠另一个独立组织：北卡罗来纳高等教育委员会下属的北卡罗来纳计算机培训项目，租用TUCC的计算能力，并为州内其他的大学和学院提供以下服务项目：

- 一年内，每月100个任务以内的免费计算时间；
- 一年内，免费使用安装在各所大学校园里的电传打字机；
- 提供"巡回传道"这项免费服务，通过访问校园、培训教师、举办讲座、提供电话咨询和故障排除等途径，为高校引进计算能力。

百所左右的高校享受到了这些服务，其中许多院校还自费继续租用了TUCC多年。

持久性。TUCC组织运行了18年，它被证明是行之有效的，即使三个共同所有方相关的需求各不相同。虽然微机革命出现后，它就显得有些过时了。但在另一种组织形式下，出现了多院校联合运营的、专注于科学应用的超级计算中心，并持续了多年。

27.2 项目介绍和相关背景

作者：

三角研究园区，北卡罗来纳州

日期：

杜克大学，一所私立大学（Durham市，北卡罗来纳州）

北卡罗来纳州立大学（Raleigh市，北卡罗来纳州）

北卡罗来纳大学教堂山分校

作者：

TUCC董事会

日期：

1964年至1992年

相关背景

杜克大学、北卡罗来纳州立大学和北卡罗来纳大学教堂山分校都拥有第一代计算机，由集中式的计算中心运营。每所学校都想做容量与性能升级，都需要比它们所能负担的更多的计算资源。

这三所大学决定集中资源，共同运营一个现代化的高性能设施（这比他们在没有赞助的情况下，将各自可负担的资源加起来更多）。

国家科学基金（The National Science Foundation）拨给了可观的补助，部分目的是想要探索出提供科研学术计算服务的新型组织模型。

IBM在三角研究园区设有负责新产品研发和制造的机构，该赞助对此项目上马的头三年帮助很大，条件是TUCC的夜间时段归IBM使用。

设计问题在于如何提供适当的行政手段来组织该联合设施。

27.3 目标[1]

主要目标

计算中心的主要目标。交付客户快速的、高质量的计算服务，提供多样化的应用，并适应各种水平不同的用户。

组织设计的主要目标。为这个由三所院校出于不同需求与目标而建立的，但等拥有的联合计算中心设计出一个能够平稳运行的管理计划（smooth-running governance plan）。

其他目标

- 确保中心财务稳定。

- 确保决策高效迅速。

- 确保每个所有方能够公平地共享一切资源。

- 确保每个所有方的投资得到保障。

- 确保不会给任一所有方的切身利益造成损失。

- 确保中心作为一个整体运行，而非三个部分，以实现规模经济（economics of scale）效益——相同的办公人员，同一组设备，同一个任务流程。

- 支持所有方变更其对联合中心的贡献，从而相应地增加或减少享有的服务项目。

27.4 机遇

规模经济。在设计TUCC的年代，运行一个大型计算中心而非三个小的计算机构，能带来非常显著的规模经济效益。这包括人力成本开支的降低——特别是不必有人24小时值守了，还有计算资源租金的节省，因为计算机、内存、磁盘以及其他I/O设备都遵循依平方规律递增的性能/价格曲线。

远程操作成为可能。第三代计算机所带来的全新技术，第一次使得远程提交和接收计算任务以及远程交互式的计算会话变得可行。

树立了全国典型。在快速推进下，TUCC成为了地区性联合计算中心模型的先驱。由于拥有一个全国知名的大型计算中心，还提高了北卡罗来纳成立不久的研究三角区的知名度。这种新的组织，无论是在创新方面还是在并不常见的大学间的区域合作方面，都会给三角区在已有名誉的基础上加分。

吸引了政府支持。规模经济效益可以吸引美国政府的额外支持，因为新兴概念为赞助机构的投资带来了增值。此外，这一模型具备的先行探索性质，也很能吸引投资者的眼球。

吸引了业界支持。联合中心的规模和全国曝光率，使其更有可能获取业界的支持。

27.5　限制

运营决策需要速度。对日常运营的管理必须干脆而有效。

容量升级需求频率很高。需求和投资预期都会高速增长，所以配置变更肯定会成为例行工作，要求快速响应。

保护所有方不同的重要利益。杜克大学是所有者中最小的，所以必须保证对它所要求的贡献不至于超过它能负担的界限。北卡罗来纳州立大学对计算中心的依赖程度最高，所以需要保证它请求的用量要得到满足。同时，还需要保证州属的北卡罗来纳大学系统下的两所分校不会联合行动，损害私立院校杜克大学的利益。

TUCC的预算稳定性。TUCC本身必须获得适当的长期承诺（租约、合同等），以保证预算的稳定性。

所有方的预算稳定性。所有方本身的预算流程，决定了对TUCC追加的任何投资都需要估计一个较长的提前量。

大学的CEO是成败的决定因素。每个拥有所有权的大学CEO都想进一步增强三角研究园区的收益，而每个CEO都代表其所在大学的自身利益。

大学的CEO参与时间很少，但并不放权。并非所有院校都有可以全权负责的首席信息官（chief information officer），因此决策可能会很慢。

一些脾气乖戾且/或顽固不化的人。一些参与者被公认为态度强硬，并且顽固不化。

27.6　设计决策

审慎地区分政策与执行。政策由月度的董事会议制订，而具体执行是由CEO领导下的TUCC主管来决策。

董事会的组成。董事会必须小到可以体现作用，但又大到足够代表每个校园的不同部门。最终选定了10名委员——三个所有者院校各自推选三名代表，再加上TUCC主管。而北卡罗来纳计算机培训项目的主管也列席董事会议。这是因为北卡罗来纳计算机培训项目办事处也设在TUCC大楼中，其主管对局面也有相当的编外影响力。

27.7　备选的董事会投票方案

- 全体委员一致通过；

- 委员少数服从多数；

- 院校一致通过，每一院校是否通过由其董事会成员的票数多少决定；

- 院校少数服从多数。

不要求全体一致通过。我们在早期就意识到，要求全体委员一致通过才能生效会使决策变得非常困难。避免这种一致性要求，极大地有利于达成决策。

在委员而非院校级别实行少数服从多数。我们认为，应该鼓励董事会作为一个集体来决策，尽可能减少院校之争。因此我们决定，普通的决策应当简单地由委员遵从少数服从多数原则来投票决定。

重大基本事项。以下事项的决议，要求比一般决策高，因此它们写入了规章制度：

- 选举或罢免TUCC主管；

- 增加大于百分之十的年度预算；

- 修改组织章程或规章制度；

重大基本事项的决议，需要由所有者院校一致通过才生效。请注意，即使这样的事项，也不要求董事会全体委员一致通过。只需获得各院校三分之二代表的投票，就能够通过决议结果。

应急条款。规定任一所有者院校都有权利宣称，某件事项要列入重大基本事项，需要取得所有院校同意。这个程序设定了比较复杂的手续——院校代表可以把一项议案搁置一个月，然后由院校的CEO书面将其提升为重大基本事项。因此，任何院校如果有意，都可以制止任何似乎有损于其重大利益的议案。

主席轮值制度。TUCC董事会主席任期两年，由所有方院校轮流担任。

权力的制衡

以下的决策涉众要在权力的均衡与制约上注意：

- 办公人员与董事会；
- 多数与少数、院校与顽固不化的个人；
- 学术用户与行政用户。

27.8　结果评估

稳定性

持久性。TUCC组织运营了18年，有过两任主管、三代大型机，并且与最初的三方均分天下的局面相比发生了沧海桑田的变化。

应急条款。据我所知，这项条款从未使用。但它的存在起着巨大的心理安慰作用，反而避免了任何一个集团被迫为捍卫自己至关重要的利益而战。

以单一实体方式运营。和预期一样，办公人员都如同在一家企业般工作，董事会也一样，这是个可喜的成果。院校之间也很少有矛盾。董事会的不同意见，通常会导致委员分成教职工／行政人员阵营，或激进派／保守派这样的不同意见阵营。

有用性

模型的灵活性。随着北卡罗来纳州立大学对中心的用量日渐增加，采用了各种临时措施，投入了更多资金来增加特定的容量（如增添更大的内存），这样就增加了整体的资源使用额度。这些措施虽然治标不治本，但也算是维持了三个所有者拥有平均共同所有权这一TUCC创始时的原则。在微机革命之后，杜克大学的用量减少了，它的大部分计算服务都替换成了由院系管理的微机完成。

最终，非平均共有权的概念摆到了台面上。主要的争议在于，董事会席位是要均分还是按占比分配。通过按照每增加一定用户数，董事会席位就多分配一个的方案，这一问题得到了解决。

院校计算设施与TUCC计算设施的竞争关系。从一开始，每个TUCC的所有者都各自另有一个院校级的计算中心，并配备了相应的办公团队来服务其用户，还配有向TUCC发送输入内容或从TUCC取得输出结果的硬件，而这些硬件（免不了）同时还要运行一些本校的计算任务。

这么一来，每个院校中心的主管就要面临着这么一个选择：应该把多少预算投入到TUCC设施上，又把多少预算投入到院校设施上。

北卡罗来纳州立大学的选择是尽可能使用TUCC来满足日益增长的用户需求，它通过购买更大的TUCC资源所有权来满足后来增加的这部分需求。杜克大学则通过缩减TUCC的资源所有权来满足这些需求——在TUCC创始时约定的三分之一的费用负担，要占掉它预算的相当比例。北卡罗来纳大学教堂山分校选择使用不断扩充的TUCC资源，但后来增加的需求部分，则通过院校计算设施的建设满足，而非通过增加TUCC资源所有权来满足。

27.9 经验教训

1）在初始阶段就对三所合伙运营的大学以及中心主管谨慎而明确地界定出它们的切身利益，这对就组织结构方面快速达成共识起到了巨大帮助。

2）提供一套最终仲裁方案，虽然启动它并不容易，但是保证了不会有参与方被穿小鞋。

3）承认合伙院校有着不同的利益，并反映在合伙方的委托代表机制上，这是有益的。令人十分惊讶的是，许多事项上的不同意见来自于不同的职责，而非不同的院校。投票时，来自三所大学的财务代表通常立场一致，而三名计算中心代表和教职工用户代表通常立场一致。

我并不记得采取了什么措施以保证来自同一院校的代表来代表这几种职责的不同利益，但任命这些代表的主管们真的很有大智慧，所以才能达到这样的正确结果。

4）运营这样一个企业型组织的管理层很容易就会沦为"橡皮图章"，只有每个月定期开会，才能避免陷入这种局面。

5）有些CEO倾向于将会议变成放幻灯片的演讲，而非讨论真正的问题。也许CEO过分担心，把真正的问题带到董事会上讨论，万一被否决会产生的不良后果。

据我所知，很多CEO把董事委员真正当成专业领域的顾问。我认为这真是很大的损失。

27.10 注释和参考文献

1. 三角区大学计算中心的内部规章制度已经在网上发表，详见http://www.cs. unc.edu/~brooks/DesignofDesign。

W.Bengough, "Scene in the old Congressional Library", 1897

第28章

推 荐 读 物

　　以下书目囊括了正文曾经提到的所有参考文献，以及设计过程领域的其他相关优秀书目。在这里我要指出，其中有些是我认为对于设计过程有兴趣的人来说极有价值的作品。这些书目按照字母顺序排列，并附带简要说明。

1. Blaauw, G. A.和 F. P. Brooks, Jr.（1997），《Computer Architecture: Concepts and Evolution》。

　　1.1节区分了架构、实现和具现的差异。1.2节对计算机体系结构设计做了总览。同时还以规范化的形式阐明了单个的设计决策中设计树的概念。1.4节定义和总结了成为良好架构的因素。

2. Boehm, B.（2007），《Software Engineering: Barry Boehm's Lifetime Contributions to Software Development, Management and Research》。

一部涵盖了软件设计方方面面的必读论文集。

3. Brooks, F. P., Jr.（1975, 1995），《The Mythical Man-Month: Essays on Software Engineering, Anniversary edition》。

　　第16章将设计问题分成了根本部分和附属部分（亦可称为次要的，若您喜欢）。第19章对1975年至1995年期间的设计行业发展进行了回顾。

4. Burks, A. W., H. H. Goldstine和J. von Neumann（1946）。"Preliminary discussion of the logical design of an electronic computing instrument"。

有史以来最重要的计算机论文，其全面程度令人震惊，有在线版本。

5. Cross, N., K. Dorst等编著（1992），《Research in Design Thinking》。

　　该论述包括了Cross对Simon的颠覆性的批判："真正的设计者从来不这样做事，以下是相关的研究和证据。"书中的其他文章也很有价值。

6. DeMarco, T. 和 T. Lister（1987），《Peopleware: Productive Projects and Teams, 2nd edition》。

该书有关影响设计质量的非技术因素的重要研究成果和洞见。

7. Hales, C.（1987, 1991），《An Analysis of the Engineering Design Process in an Industrial Context》。

该论述可能是关于一个实际而又翔实的设计过程的最为全面的已出版文献，原本是Hales在剑桥大学的博士论文。他在这一过程中既是共同设计者，又同时扮演了学术观察员的角色。

8. Hennessy, J. 和 D. A. Patterson（1990, 2006），《Computer Architecture: A Quantitative Approach, 4th edition》。

该书关于计算机体系结构设计的一本权威教材。对于标准架构的来龙去脉有着精彩的讲述。

9. Hoffman, D.和D. Weiss编著（2001），《Software Fundamentals:Collected Papers by David L. Parnas》。

这是另一部涵盖了软件设计方方面面的必读论文集。

10. Mills, H. D.（1971），"Top-down programming in large systems"收录于《Debugging Techniques in Large Systems》。

有关增量式设计和编码的教学和争鸣。

11. Royce, W.（1970），"Managing the development of large software systems"收录于《Proceedings of IEEE Wescon》。

该论述是描述并反对瀑布模型的经典文献。本文采用一种可替代模型。

12. Schön, D.（1983），《The Reflective Practitioner》。

13. Simon, H. A.（1969, 1996），《The Sciences of the Artificial, 3rd edition》。

该论述关于设计理性模型阐述影响最为深远、论述最为清楚的提案。

14. Winograd, T.等编著（1996），《Bringing Design to Software》。

它是非常有用的论文集，囊括了多篇重要论文。

15. Wozniak, S.（2006），《iWoz: From Computer Geek to Cult Icon: How I Invented the Personal Computer, Co-Founded Apple, and Had Fun Doing It》。

一部发人深省的自传，作者可说是工程师中的工程师，就设计发表了许多深入的洞见。

致　　谢

姓名	设计领域	最相关附属机构
对话和访谈		
David Andrews	Naval architecture	Royal Corps of Naval Constructors, University College London
Marco Aurisicchio	Software—design rationale, DRed	University of Cambridge
Rui Bastos	Graphic chip architecure	nVidia
Gerrit Blaauw	Computer hardware, book design	IBM, University of Twente
Barry Boehm	Software—ROCKET orbit calculator	RAND, TRW Systems, University of Southern California
Robert Bracewell	Software—design rationale, DRed	University of Cambridge
John Clarkson	Training simulators	PA Consulting Group, University of Cambridge
Sir David Davies	Railroad safety	Ministry of Defense, Royal Academy of Engineering
Neil Dodgson	Computer science curriculum	University of Cambridge

（续）

姓名	设计领域	最相关附属机构
Sir John Fairclough	Computer hardware	IBM, UK Chief Scientific Advisor
Ken Fast	Naval architecture—nuclear submarine	General Dynamics Electric Boat
Steve Furber	Computer hardware—BBC Microcomputer, ARM	Acorn Computers Ltd., University of Manchester
Gordon Glegg	Mechanical engineering	University of Cambridge
Donald Greenberg	Architecture—house design, design automation	Cornell University
Bill Hillier	Urban planning—space syntax	University College London
Jeffrey Jupp	Aircraft—Airbus 380, distributed development	Airbus UK of British Aerospace
Julie Jupp	Design-build financing models	University of Cambridge
Joe Lohde	Theme park attractions	Disney Entertainment
Janet McDonnell	Design studies—design practices, collaboration	Central St. Martins College of Art and Design
Craig Mudge	Integrated circuits	Digital, PARC, Pacific Challenge
Sir Alan Muir Woods	Tunnels—Channel Tunnel early studies	William Halcrow and Partners
Bradford Parkinson	Systems engineering—GPS	U.S. Air Force, Stanford University
David Patterson	Computer hardware—RISC, RAID	University of California–Berkeley

（续）

姓名	设计领域	最相关附属机构
Sharif Razzaque	Design methodology—prototypes, rework	Lockheed Martin, University of N.C., InnerOptic Technology
Richard Riesenfeld	Software—geometric design, numerical control	University of Utah
James Robertson	Software—requirements process	Atlantic Systems Guild
Suzanne Robertson	Software—requirements process	Atlantic Systems Guild
Donald Schön	Architecture, design theory	Massachusetts Institute of Technology
Albert Segars	Technology innovation	University of North Carolina
Mary Shaw	Software engineering—value-based SE	Carnegie-Mellon University
Herbert Simon	Design theory, artificial intelligence	Carnegie-Mellon University
Malcolm Simon	Software—tesselation	AVEVA, University of Cambridge
William Swarthout	Software—self-explaining program	Institute for Creative Technologies
Ken Wallace	Design studies	University of Cambridge
Mary Whitton	Computer hardware—Ikonas; software—virtual environments	Ikonas Graphics, Trancept, University of North Carolina

（续）

姓名	设计领域	最相关附属机构
Sir Maurice Wilkes	Computer hardware—EDSAC	University of Cambridge
Martin Williams	Plant engineering—VEs in oil platform design	Kellogg Brown & Root
Steve Wozniak	Computer hardware—Apple II	Apple Computer, Inc.
稿件审阅		
匿名		
Gordon Bell	Computer hardware	DEC, Microsoft
Gerrit Blaauw	Computer hardware	IBM, University of Twente
Grady Booch	Software	Rational Software Corp., IBM Rational
Kenneth Brooks	Software	DEC, Sparklight.com
Roger Brooks	Law	Cravath, Swaine & Moore
Richard Case	Computer hardware, operating systems	IBM
Mary Shaw	Software	Carnegie-Mellon University
Ivan Sutherland	Computer hardware	Evans and Sutherland, Sun Microsystems, Oregon State University
Eoin Woods	Software	Artechra, Barclays Global Investors
William Wright	Computer hardware	IBM, University of North Carolina

参 考 文 献

Aiken, Howard H. [1937]. "Proposed automatic calculating machine." In *Perspectives on the Computer Revolution* [1989], eds. Z. W. Pylyshyn and L. J. Bannon. Norwood, NJ: Ablex Publishing Corp., 29–37.

Air Force Studies Board, Committee on Pre-Milestone A Systems Engineering, and Paul Kaminsky, Chairman [2008]. *Pre-Milestone A and Early-Phase Systems Engineering*. Washington, DC: National Research Council.

Akin, Omer [1988]. "Expertise of the architect." In *Expert Systems for Engineering Design*, ed. M. D. Rychener. New York: Academic Press, 173–196.

———— [2008]. "Variants and invariants of design cognition." In *Design Thinking Research Symposium 7*, eds. J. McDonnell and P. Lloyd. London.

Alexander, Christopher [1964]. *Notes on the Synthesis of Form*. Cambridge, MA: Harvard University Press.

———— [1979]. *The Timeless Way of Building*. New York: Oxford University Press.

Alexander, Christopher, Sara Ishikawa, and Murray Silverstein [1977]. *A Pattern Language: Towns, Buildings, Construction*. New York: Oxford University Press.

Allen, Frances, and John Cocke [1971]. *Design and Optimization of Compilers*. Englewood Cliffs, NJ: Prentice Hall.

———— [1972]. "A catalog of optimizing transformations." In *Design and Optimization of Compilers*, ed. R. Rustin. Englewood Cliffs, NJ: Prentice Hall.

Amdahl, Gene M., Gerrit A. Blaauw, and F. P. Brooks, Jr. [1964]. "Architecture of the IBM System/360." *IBM Journal of Research and Development* 8 (2): 87–101.

Arden, Bruce W., Bernard A. Galler, T. C. O'Brien, et al. [1966]. "Program and addressing structure in a time-sharing environment." *Journal of the ACM* 13 (1): 1–16.

Arthur, K., T. Preston, R. M. Taylor II, et al. [1998]. "Designing and building the PIT: A head-tracked stereo workspace for two users." In *Proceedings of the 2nd International Immersive Projection Technology Workshop*, eds. B. Frölich, J. Deisinger, H.-J. Bullinger, et al. Vienna: Springer Computer Science.

Aurisicchio, M., M. Gourtovaia, R. H. Bracewell, et al. [2007]. "Evaluation of how DRed design rationale is interpreted." In *Proceedings of the 16th International Conference on Engineering Design (ICED '07)*, ed. J.-C. Bocquet. Glasgow: The Design Society, 63–64.

Bacon, Sir Francis [1605]. *The Two Books of the Proficience and Advancement of Learning*.

Barkstrom, Bruce R. [2004, updated Jan. 29, 2004]. "The standard Waterfall Model for systems development." Retrieved April 11, 2008, from http://web.archive.org/web/20050310133243/http://asd-www.larc.nasa.gov/barkstrom/public/The_Standard_Waterfall_Model_For_Systems_Development.htm.

Bell, C. Gordon [2008]. "Q & A: IT vet Gordon Bell talks about the most influential computers." *ComputerWorld*, April 29.

Bell, C. Gordon, J. Craig Mudge, and John E. McNamara [1978]. *Computer Engineering: A DEC View of Hardware Systems Design*. Maynard, MA: Digital Press.

Bell, C. Gordon, and Allen Newell [1971]. *Computer Structures: Readings and Examples*. New York: McGraw-Hill.

Bergin, Thomas J., and Richard G. Gibson, eds. [1996]. *History of Programming Languages*, vol. 2. Reading, MA: Addison-Wesley (ACM Press).

Billington, David P. [2003]. *The Art of Structural Design: A Swiss Legacy*. Princeton, NJ: Princeton University Art Museum.

Blaauw, G. A. [1965]. "Door de vingers zien." Inaugural address at Twente Technical University. Enschede, Netherlands: Technische Hogeschool Twente.

———— [1970]. "Hardware requirement for the Fourth Generation." In *Fourth Generation Computers*, ed. F. Gruenberger. Englewood Cliffs, NJ: Prentice Hall, 155–168.

Blaauw, Gerrit A., and Frederick P. Brooks, Jr. [1964]. "Outline of the logical structure of System/360." *IBM Systems Journal* 3 (2): 119–135.

———— [1997]. *Computer Architecture: Concepts and Evolution*. Reading, MA: Addison-Wesley.

Blum, Bruce I. [1996]. *Beyond Programming*. Oxford: Oxford University Press.

Bødker, S., P., J. Ehn, M. Kammersgaard, et al. [1987]. "A utopian experience: On design of powerful computer-based tools for skilled graphic workers." In *Computers and Democracy: A Scandinavian Challenge*, eds. G. Bjerknes, P. Ehn, M. Kyng, et al. Avebury, UK: Aldershot, 251–278.

Boehm, Barry [1988]. "A spiral model of software development and enhancement." *Computer* 21 (5): 61–72.

——— [2007]. *Software Engineering: Barry Boehm's Lifetime Contributions to Software Development, Management and Research*, ed. R. Selby. New York: John Wiley/IEEE Press.

Boehm, Barry W., Terence E. Gray, and Thomas Seewaldt [1984]. "Prototyping versus specifying: A multiproject experiment." *IEEE Transactions on Software Engineering* SE-10 (3): 290–303.

Booch, Grady [2009]. "Handbook of software architecture." Retrieved July 22, 2009, from http://www.handbookofsoftwarearchitecture.com/index.jsp?page=Main.

Bracewell, R. H., and K. M. Wallace [2003]. "A tool for capturing design rationale." *Proceedings of the 14th International Conference on Engineering Design (ICED '03)*. Stockholm: The Design Society.

Britton, Edward, James S. Lipscomb, Michael Pique, et al. [1981]. *The GRIP-75 Man-Machine Interface*. Invited videotape presented at 1981 SIGGRAPH conference. ACM SIGGRAPH.

Brooks, F. P., Jr. [1956]. "The analytic design of automatic data processing systems." PhD dissertation, Harvard University Computation Laboratory, Cambridge, MA.

——— [1964]. *"NPL Announcement Sprint": Letters to W. C. Hume, B. O. Evans, H .D. Ross, Jr.* Poughkeepsie, NY: IBM Processor Office.

——— [1965]. "The future of computer architecture." In *Proceedings of IFIPS Congress '65*. Amsterdam: Elsevier North Holland.

——— [1972]. "Brooks beach house design." From http://www.cs.ucl.ac.uk/staff/S.Stumpf/DR.html.

——— [1975, 1995]. *The Mythical Man-Month: Essays on Software Engineering*. Reading, MA: Addison-Wesley.

——— [1977]. "The computer 'scientist' as toolsmith: Studies in interactive computer graphics." *Proceedings of International Federation of Information Processing Congress '77*, ed. B. Gilchrist. Amsterdam: Elsevier North Holland.

——— [1986]. "No silver bullet: Essence and accident in software engineering" (reprinted in Brooks [1995]). In *Information Processing 1986, Proceedings of the IFIPS Tenth World Computer Conference*, ed. H.-J. Kugler. Amsterdam: Elsevier Science, 1069–1076.

——— [1996]. "Keynote address: Language design as design." In *History of Programming Languages*, vol. 2, eds. T. J. Bergin and R. G. Gibson. Boston: Addison-Wesley (ACM Press), 4–16.

———— [1996]. "The computer scientist as toolsmith II." (Keynote/Newell Award address at SIGGRAPH 94.) *Communications of the ACM* 39 (3): 61–68.

———— [1999]. "What's real about virtual reality?" *IEEE Computer Graphics and Applications* 19 (6): 16–27.

———— [2002]. "The history of IBM Operating System/360." In *Software Pioneers: Contributions to Software Engineering,* eds. M. Broy and E. Denert. Berlin: Springer, 170–178.

Brooks, F. P., Jr., and Kenneth E. Iverson [1969]. *Automatic Data Processing: System/360 Edition.* New York: John Wiley.

Brooks, F. P., Jr., and Michael Pique [1985]. "Computer graphics for molecular studies." In *Molecular Dynamics and Protein Structure,* ed. J. Hermans. Chapel Hill, NC: University of North Carolina (distributed by Polycrystal Book Service), 109.

Brooks, Kenneth P. [1988]. "A two-view document editor with user-definable document structure." PhD dissertation, Stanford University, Palo Alto, CA.

———— [1991]. "A two-view document editor." *Computer* 24 (6): 7–19.

Broy, M., and Ernst Denert, eds. [2002]. *Software Pioneers: Contributions to Software Engineering.* Berlin: Springer.

Buchholz, Werner, ed. [1962]. *Planning a Computer System: Project Stretch.* Hightstown, NJ: McGraw-Hill.

Burge, J., and D. C. Brown [2008]. "Software engineering using RATionale." *Journal of Systems and Software* 81 (3): 395–413.

Burks, Arthur W., Herman H. Goldstine, and John von Neumann [1946]. "Preliminary discussion of the logical design of an electronic computing instrument." In *Collected Works of John von Neumann* [1963], vol. 5, ed. A. H. Taub. New York: Macmillan, 5: 34–79. Also at http://research.microsoft.com/en-us/um/people/gbell/Computer_Structures_Readings_and_Examples/00000112.html.

Buschmann, Frank, Regine Meunier, Hans Rohnert, et al. [1996]. *Pattern-Oriented Software Architecture: A System of Patterns.* New York: John Wiley.

Bush, Vannevar [1945]. "That we may think." *Atlantic Monthly* 176 (1): 101–108.

Buxton, William, and B. Myers [1986]. "A study in two-handed input." *Proceedings of the SIGCHI Conference on Human Factors in Computing Systems.* New York: ACM, 321–326.

Chen, Kuohsiang, and Charles L. Owen [1997]. "Form language and style description." *Design Studies* 18 (3): 249–274.

Chesterfield, Lord [1774]. *Lord Chesterfield's Letters.*

Clark, Nicola [2006]. "The Airbus saga: Hubris and haste snarled the A380." *International Herald Tribune*, December 11.

Clarkson, John, and Mari Huhtala, eds. [2005]. *Engineering Design: Theory and Practice—A Symposium in Honour of Ken Wallace.* Cambridge, UK: University of Cambridge Engineering Design Centre.

Cockburn, Alistair [2000]. *Writing Effective Use Cases.* Boston: Addison-Wesley.

Cockburn, Alistair, and Laurie Williams [2001]. "The costs and benefits of pair programming." In *Extreme Programming Examined*, eds. G. Succi and M. Marchesi. Boston: Addison-Wesley, 223–248.

Cocke, John, and Harwood Kolsky [1959]. "The virtual memory in the STRETCH computer." In *AFIPS Eastern Joint Computer Conference.* New York: ACM, 16: 82–93.

Cocke, John, and Jacob T. Schwartz [1970]. *Programming Languages and Their Compilers: Preliminary Notes.* New York: Courant Institute of Mathematical Sciences.

Codd, E. F., E. S. Lowry, E. McDonough, et al. [1959]. "Multiprogramming STRETCH: feasibility considerations." *Communications of the ACM* 2 (11): 13–17.

Conklin, J., and M. L. Begeman [1988]. "gIBIS: A hypertext tool for exploratory policy discussion." *ACM Transactions on Information Systems* 6 (4): 303–331.

Conner, Brookshire D., Scott S. Snibbe, Kenneth P. Herndon, et al. [1992]. "Three-dimensional widgets." In *Proceedings of the 1992 Symposium on Interactive 3D Graphics.* Cambridge, MA: ACM, 183–188.

Cross, Nigel [1962]. "Research in design thinking." In *Research in Design Thinking*, eds. N. Cross, K. Dorst, and N. Roozenburg. Delft: Delft University Press.

———, ed. [1984]. *Developments in Design Methodology.* Chichester, UK: John Wiley.

——— [1989, 1994, 2000]. *Engineering Design Methods: Strategies for Product Design.* Chichester, UK: John Wiley.

——— [2006]. *Designerly Ways of Knowing.* London: Springer.

Cross, Nigel, K. Christiaans, and K. Dorst, eds. [1996a]. *Analysing Design Activity.* Chichester, UK: John Wiley.

Cross, Nigel, and Anita Clayburn Cross [1996b]. "Winning by design: The methods of Gordon Murray, racing car designer." *Design Studies* 17 (1): 91–107.

Cross, Nigel, and Kees Dorst [1999]. "Co-evolution of problem and solution spaces in creative design." In *Computational Models of Creative Design*, vol. 4, eds. J. S. Gero and M. L. Maher. Sydney:

Key Centre of Design Computing and Cognition, University of Sydney, 243–262.

Cross, Nigel, Kees Dorst, and Norbert Roozenburg, eds. [1962b]. *Research in Design Thinking*. Delft: Delft University Press.

Davies, Sir David [2000]. *Automatic Train Protection for the Railway Network in Britain: A Study; Report to the Deputy Prime Minister*. London: Royal Academy of Engineering.

DeMarco, Tom, Peter Hruschka, Tim Lister, et al. [2008]. *Adrenaline Junkies and Template Zombies: Understanding Patterns of Project Behavior*. New York: Dorset House.

DeMarco, Tom, and Tim Lister [1987, 1999]. *Peopleware: Productive Projects and Teams*. New York: Dorset House.

Denning, Peter, and Pamela Dargan [1996]. "Action-centered design." In *Bringing Design to Software*, ed. T. Winograd. Reading, MA: Addison-Wesley, 110–120.

Dennis, Jack B. [1965]. "Segmentation and the design of multiprogrammed computer systems." *Journal of the ACM* 12 (4): 589–602.

Descartes, René [1628]. "Rules for the direction of the mind." In *Philosophical Writings*. London: Thomas Nelson and Sons Ltd., 153–180.

Dijkstra, Edsger W. [1968]. "A constructive approach to the problem of program correctness." *BIT* 8: 174–186.

———— [1982]. *Selected Writings on Computing: A Personal Perspective*. Berlin: Springer-Verlag.

Dornburg, Courtney C., S. M. Stevens, S. M. L. Hendrickson, et al. [2007]. *Improving Human Effectiveness for Extreme-Scale Problem Solving— Final Report (Assessing the Effectiveness of Electronic Brainstorming in an Industrial Setting)*. Albuquerque, NM: Sandia National Laboratories.

Dorst, Kees [2006]. "Design problems and design paradoxes." *Design Issues* 22: 4–17.

Dorst, Kees, and Nigel Cross [2001]. "Creativity in the design process: Coevolution of problem–solution." *Design Studies* 22 (5): 425–437.

Dorst, Kees, and Judith Dijkhuis [1995]. "Comparing paradigms for describing design activity." *Design Studies* 16 (2): 261–274.

Eastman, Charles [1997]. [Review of] "Analyzing Design Activity." *Design Studies*, 18 (4): 475–476.

Economist [2009]. "Grounded—the airlines and business travel." Economist.com.

———— [2009]. "Harvest moon: Artificial satellites are helping farmers boost crop yields." *Economist*, November 5.

Ettlinger, Steve [2007]. *Twinkie, Deconstructed.* New York: Hudson Street Press.

Evans, Bob O. [1986]. "System/360: A retrospective view." *Annals of the History of Computing* 8 (2): 155–179.

Ferguson, Eugene S. [1992]. *Engineering and the Mind's Eye.* Cambridge, MA: MIT Press.

Fowler, H. W. [1926, 1944]. *A Dictionary of Modern English Usage.* Oxford: Oxford University Press.

Galle, Per, and Lásló Béla Kovács [1992]. "Introspective observations of sketch design." *Design Studies* 13 (3): 229–272.

Gamma, Erich, Richard Helm, Ralph Johnson, et al. [1995]. *Design Patterns: Elements of Reusable Object-Oriented Software.* Reading, MA: Addison-Wesley.

Garner, Steve [2001]. "Comparing graphic actions between remote and proximal design teams." *Design Studies* 22 (4): 365–376.

————— [2005]. "Revealing design complexity: Lessons from the Open University." *CoDesign* 1 (4): 267–276.

Gelernter, David H. [1998]. *Machine Beauty: Elegance and the Heart of Technology.* New York: Basic Books.

Gerstner, Louis V., Jr. [2002]. *Who Says Elephants Can't Dance? Inside IBM's Historic Turnaround.* New York: Harper Business.

Ghemawat, Pankaj [2007]. *Redefining Global Strategy: Crossing Borders in a World Where Differences Still Matter.* Cambridge, MA: Harvard Business School Press.

Glegg, Gordon L. [1969]. *The Design of Design.* Cambridge, UK: Cambridge University Press.

Goel, Vinod [1991]. "Sketches of thought: A study of the role of sketching in design problem-solving and its implications for the computational theory of the mind." PhD dissertation, University of California at Berkeley, Berkeley, CA.

————— [1995]. *Sketches of Thought.* Cambridge, MA: MIT Press.

Goldschmidt, Gabriela [1995]. "The designer as a team of one." *Design Studies* 16 (2): 189–210.

Gould, John D., and Clayton Lewis [1985]. "Designing for usability: Key principles and what designers think." *Communications of the ACM* 28 (3): 300–311.

Grad, B. [2002]. "A personal recollection: IBM's unbundling of software and services." *IEEE Annals of the History of Computing* 24 (1): 64–71.

Greenbaum, Joan, and Morten Kyng, eds. [1991]. *Design at Work: Cooperative Design of Computer Systems.* Hillsdale, NJ: Lawrence

Erlbaum Associates.

Hales, Crispin [1991]. *An Analysis of the Engineering Design Process in an Industrial Context*. Eastleigh, UK: Gants Hill.

Hamming, Richard W. [1963, 1973]. *Numerical Methods for Scientists and Engineers*. New York: McGraw-Hill.

Heath, Tom [1989]. "Lessons from Vitruvius." *Design Studies* 10 (3): 246–253.

Hennessy, John L., and David A. Patterson [1990, 1996, 2002, 2006]. *Computer Architecture: A Quantitative Approach*. San Mateo, CA: Morgan Kaufmann.

Herbsleb, James D., Audris Mockus, Thomas A. Finholt, et al. [2000]. "Distance, dependencies, and delay in a global collaboration." In *CSCW '00: Proceedings of the 2000 ACM Conference on Computer-Supported Collaborative Work*. Philadelphia, PA: ACM, 319–328.

Hickling, Allen [1982]. "Beyond a linear iterative process?" In *Changing Design*, eds. B. Evans, J. A. Powell, et al. Chichester, UK: John Wiley, 275–293.

Highet, Gilbert [1950]. *The Art of Teaching*. New York: Vintage.

Hillier, Bill, and Alan Penn [1995]. "Can there be a domain-independent theory of design?—a comment." Short comment on accepting the *Design Studies* best paper award. They doubt that there can be such a theory.

Hinds, P., and S. Kiesler, eds. [2002]. *Distributed Work*. Cambridge, MA: MIT Press.

Hoff, Marcian E. (Ted) [1972]. "The one-chip CPU—computer or component?" In *Proceedings of the Computer Systems Design Conference [WESCON]* 16.

Hoffman, Daniel M., and David M. Weiss, eds. [2001]. *Software Fundamentals: Collected Papers by David L. Parnas*. Boston: Addison-Wesley.

Holson, Laura M. [2009]. "Putting a bolder face on Google." *New York Times*, February 28.

Holt, J. E., D. F. Radcliffe, and D. Schoorl [1985]. "Design or problem solving—a critical choice for the engineering profession." *Design Studies* 6 (2): 107–110.

Howard, Hugh [2006]. *Dr. Kimball and Mr. Jefferson: Rediscovering the Founding Fathers of American Architecture*. New York: Bloomsbury USA.

IBM Corp. [1965]. *IBM Operating System/360, Job Control Language*. Form C28-6539-0. Armonk, NY: IBM Corp.

IBM Corp., Gerrit Blaauw, and Andris Padegs [1964]. *IBM System/360 Principles of Operation. Poughkeepsie, NY, Form A22-6821-0*. Armonk, NY: IBM Corp.

IBM Corp., John W. Haanstra, and SPREAD Task Force [1961]. "Processor products—final report of SPREAD Task Group, Dec. 28, 1961." Reprinted in *IEEE Annals of the History of Computing* 5 (January 1983): 6–26.

IBM Corp. and Bernard Witt [1965]. *IBM Operating System/360, Concepts and Facilities, Form C28-6535-0*. Armonk, NY: IBM Corporation.

Insko, Brent [2001]. "Passive haptics significantly enhances virtual environments." PhD dissertation, University of North Carolina at Chapel Hill, Chapel Hill, NC.

Janlert, Lars-Erik, and Erik Stolterman [1997]. "The character of things." *Design Studies* 18 (3): 297–314.

Jupp, Julie R., and C. M. Eckert [2007]. "A unified framework for analysing decision-making in design: A multi-perspective approach." In *Proceedings of the Conference on Knowledge and Information Management*. New York: ACM.

Klein, Gerwin [2009a]. "Operating system verification—an overview." *Sadhana (India)* 34 (1): 27–69.

Klein, Gerwin , Kevin Elphinstone, Gernot Heiser, et al. [2009b]. "seL4: Formal verification of an OS kernel." In *Proceedings of the 22nd ACM Symposium on Operating Systems Principles*. New York: ACM.

Kruchten, Philippe [1999]. "The software architect and the software architecture team." In *Software Architecture*, ed. P. Donohoe. Dordrecht, Netherlands: Kluwer Academic Publications, 565–583.

Lansdown, John [1987]. "The creative aspects of CAD: A possible approach." *Design Studies* 8 (2): 76–81.

Lee, Jintai [1993]. "The 1992 workshop on design rationale capture and use." *AI Magazine* 14: 24–26.

———— [1997]. "Design rationale systems: Understanding the issues." *IEEE Intelligent Systems* 12 (3): 78–85.

Lehman, Manny M., and Laszlo A. Belady [1971]. "Programming system dynamics." In *ACM SIGOPS Third Symposium on Operating System Principles*. New York: ACM.

———— [1976]. "A model of large program development." *IBM Systems Journal* 3: 225–252.

Leverett, B. W., R. G. G. Cattell, S. O. Hobbs, et al. [1980]. "An overview of the production-quality compiler-compiler project." *Computer* 13 (8): 38–49.

Lewis, C. S. [1947]. *Miracles: A Preliminary Study*. San Francisco: Harper Collins.

———— [1961]. *An Experiment in Criticism*. Cambridge, UK: Cambridge University Press.

Locke, John [1690]. *An Essay Concerning Human Understanding*. Oxford: Oxford University Press.

Lohr, Steve [2009]. "The crowd is wise (when it's focused)." *New York Times*, July 19.

Luck, Rachael [2009]. "Does this compromise your design? Socially producing a design concept in talk-in-interaction." Reprinted in McDonnell [2009]. *CoDesign* 5 (1): 21–34.

MacLean, A., R. M. Young, and T. P. Moran [1989]. "Designing rationale: The argument behind the artifact." In *Proceedings of CHI'89 Conference on Human Factors in Computing Systems*. New York: ACM, 247–252.

Madison, James [1787]. *Notes on the Debates in the Federal Convention of 1787.*

Maher, Mary L., J. Poon, and S. Boulanger [1996]. "Formalising design exploration as co-evolution: A combined gene approach." In *Advances in Formal Design Methods for CAD*, eds. J. S. Gero and F. Sudeweks. London: Chapman and Hall.

Maher, Mary Lou, and Hsien-Hui Tang [2003]. "Co-evolution as a computational and cognitive model of design." *Research in Engineering Design* 14 (1): 47–63.

Margolin, Victor, and Richard Buchanan, eds. [1995]. *The Idea of Design*. Cambridge, MA: MIT Press.

McDonnell, Janet, and Peter Lloyd, eds. [2008]. *About Designing: Analysing Design Meetings*. Leiden: CRC Press/Balkema.

McManus, John, and Trevor Wood-Harper [2003]. *Information Systems Project Management: Methods, Tools and Techniques*. London: Financial Times Management.

Meehan, Michael, Brent Insko, Mary C. Whitton, et al. [2002]. "Physiological measures of presence in stressful virtual environments." *ACM Transactions on Graphics, Proceedings of ACM SIGGRAPH 2002* 21 (3): 645–652.

Menn, Christian [1996]. "The place of aesthetics in bridge design." *Structural Engineering International* 6 (2): 93–95.

Mills, Harlan D. [1971]. "Top-down programming in large systems." In *Debugging Techniques in Large Systems*, ed. R. Rustin. Englewood Cliffs, NJ: Prentice Hall.

Mills, Harlan D., M. Dyer, and R. Linger [1987]. "Cleanroom software engineering." *IEEE Software* 4 (5): 19–25.

Moran, Thomas P., and John M. Carroll, eds. [1996]. *Design Rationale: Concepts, Techniques, and Use*. Mahwah, NJ: Lawrence Erlbaum Associates.

Mosteller, Frederick, and D. L. Wallace [1964]. *Inference and Disputed*

Authorship: Federalist Papers. Reading, MA: Addison-Wesley.

Muir Wood, Sir Alan [2007]. "Strategy for risk management." In *Tunneling 2007*.

Murray, Charles J. [1997]. *The Supermen: The Story of Seymour Cray and the Technical Wizards Behind the Supercomputer*. New York: John Wiley.

Naur, Peter, and Brian Randell [1968]. "Software engineering: Report of a conference sponsored by the NATO Science Committee." NATO Software Engineering Conference, Garmisch, DE. Scientific Affairs Division, NATO.

Noble, Douglas, and Horst W. J. Rittel [1988]. "Issue-based information systems for design." In *Proceedings of the ACADIA '88 Conference*. Ann Arbor, MI: Association for Computer Aided Design in Architecture.

Osborn, Alexander F. [1963]. *Applied Imagination: Principles and Procedures of Creative Problem Solving*. New York: Charles Scribner's Sons.

Pahl, Gerhardt [2005]. "VADEMECUM—recommendations for developing and applying design methodologies." In *Engineering Design: Theory and Practice—A Symposium in Honour of Ken Wallace*, eds. J. Clarkson and M. Huhtala. Cambridge, UK: University of Cambridge Engineering Design Centre, 126–135.

Pahl, G., and W. Beitz [1984, 1996, 2007]. *Engineering Design: A Systematic Approach*. Berlin: Springer-Verlag.

Parnas, David L. [1979]. "Designing software for ease of extension and contraction." *IEEE Transactions on Software Engineering* 5 (2): 128–138.

——— [2001]. *Software Fundamentals: Collected Papers by David L. Parnas*, eds. D. Hoffman and D. Weiss. Boston: Addison-Wesley.

Patterson, David [1981]. "RISC I: A reduced instruction set architecture." *Computer Architecture News* 9 (3): 443–458.

Paulk, Mark C. [1995]. "The evolution of the SEI's capability maturity model for software." *Software Process: Improvement and Practice* pilot issue (1): 3–15.

Petroski, Henry [2008]. *Success through Failure: The Paradox of Design*. Princeton: Princeton University Press.

Pique, Michael, Jane S. Richardson, and F. P. Brooks, Jr. [1982]. *What Does a Protein Look Like?* Invited videotape presented at 1982 SIGGRAPH Conference.

Pugh, Emerson W., Lyle R. Johnson, and John H. Palmer [1991]. *IBM's 360 and Early 370 Systems*. Cambridge, MA: MIT Press.

Radin, George [1982]. "The 801 minicomputer." *ACM SIGPLAN Notices* 17 (4): 39–47.

—— [1983]. "The IBM 801 minicomputer." *IBM Journal of Research and Development* 27 (3): 237–246.

Raskar, R., G. Welch, M. Cutts, et al. [1998]. "The office of the future: A unified approach to image-based modeling and spatially immersive displays." In *SIGGRAPH '98: The Twenty-fifth Annual Conference on Computer Graphics and Interactive Techniques.* New York: ACM, 179–188.

Raymond, Eric S. [2001]. "The golden cauldron." In *The Cathedral and the Bazaar: Musings on Linux and Open Source by an Accidental Revolutionary.* Sebastopol, CA: O'Reilly Media.

—— [2001]. *The Cathedral and the Bazaar: Musings on Linux and Open Source by an Accidental Revolutionary.* Sebastopol, CA: O'Reilly Media.

Risen, Isadore L. [1970]. "A theory on meetings." *Public Administration Review* 30 (1): 90–92.

Rittel, Horst, and Melvin Webber [1973]. "Dilemmas in a general theory of planning." *Policy Sciences* 4: 155–169.

Robertson, Suzanne, and James Robertson [2005]. *Requirements-Led Project Management: Discovering David's Slingshot.* Boston: Addison-Wesley.

—— [2006]. *Mastering the Requirements Process.* Boston: Addison-Wesley.

Royce, Winston [1970]. "Managing the development of large software systems." In *Proceedings of IEEE Wescon.* New York: IEEE Press.

Rybczynski, Witold [1989]. *The Most Beautiful House in the World.* New York: Penguin Group.

Salton, Gerald [1958]. "An automatic data processing system for public utility revenue accounting." PhD dissertation, Harvard University Computation Laboratory, Cambridge, MA.

Sammet, Jean E. [1969]. *Programming Languages: History and Fundamentals.* Englewood Cliffs, NJ: Prentice Hall.

Sayers, Dorothy [1941]. *The Mind of the Maker.* New York: Harcourt Brace Jovanovich.

Schön, Donald [1984]. *The Reflective Practitioner: How Professionals Think in Action.* New York: Basic Books.

—— [1986]. *Educating the Reflective Practitioner.* San Francisco: Jossey-Bass.

Schön, Donald A., and Glenn Wiggins [1992]. "Kinds of seeing and their functions in designing." *Design Studies* 13 (2): 135–156.

Selby, Richard, ed. [2007]. *Software Engineering: Barry Boehm's Lifetime Contributions to Software Development, Management and Research.* New York: John Wiley/IEEE Press.

Shannon, Claude, and Warren Weaver [1949]. *The Mathematical Theory of Communication.* Urbana, IL: University of Illinois at Urbana.

Shum, Simon J. B., Albert M. Selvin, Maarten Sierhuis, et al. [2006]. "Hypermedia support for argumentation-based rationale: 15 years on from gIBIS and QOC." In *Rationale Management in Software Engineering*, eds. A. H. Dutoit, R. McCall, I. Mistrik, et al. Berlin: Springer-Verlag.

Sibly, P. G., and A. C. Walker [1977]. "Structural accidents and their causes." *Proceedings of the Institution of Civil Engineers, Part 1*, 62: 191–208.

Simon, H. A. [1969, 1981, 1996]. *The Sciences of the Artificial.* Cambridge, MA: MIT Press.

Smethurst, Canon A. F. [1967]. *The Pictorial History of Salisbury Cathedral.* London: Pitkin Pictorials.

Sonnenwald, Diane H., Mary C. Whitton, and Kelly L. Maglaughlin [2003]. "Evaluating a scientific collaboratory: Results of a controlled experiment." *ACM Transactions on Computer-Human Interaction* 10 (2): 150–176.

Squires, Arthur [1986]. *The Tender Ship: Governmental Management of Technological Change.* Boston: Birkhauser.

Stillinger, Jack [1991]. *Multiple Authorship and the Myth of Solitary Genius.* New York: Oxford University Press.

Stoakley, Richard, Matthew Conway, and Randy Pausch [1995]. "Virtual reality on a WIM: Interactive worlds in miniature." In *SIGCHI Conference on Human Factors in Computing Systems.* Denver, CO: ACM Press/Addison-Wesley, 265–272.

Strassen, Volker [1969]. "Gaussian elimination is not optimal." *Numerische Mathematik* 13: 354–356.

Sullivan, William G., Pui-Mun Lee, James T. Luxhoj, et al. [1994]. "Survey of engineering design literature: Methodology, education, economics, and management aspects." *Engineering Economist* 40 (1): 7–40.

Sumner, F. H., G. Haley, and E. C. Y. Chen [1962]. "The central control unit of the 'Atlas' computer." In *Information Processing 1962, Proceedings of the IFIP Congress '62.* Amsterdam: Elsevier North Holland.

Svensson, U. P., and U. R. Kristiansen [2002]. "Computational modelling and simulation of acoustic spaces." In *Proceedings of the AES 22nd International Conference: Virtual, Synthetic, and Entertainment Audio.* New York: Audio Engineering Society, 1–20.

Teasley, S., L. Covi, M. S. Krishnan, and Judith S. Olson [2000]. "How does radical collocation help a team succeed?" In *CSCW '00: Proceedings of the ACM 2000 Conference on Computer Supported Cooperative Work.* New York: ACM, 339–346.

Thornton, J. E. [1964]. *Design of a Computer—The CDC 6600.* Glenview, IL: Scott, Foresman.

Tolkien, John R. R. [1964]. "On fairy-stories." In *Tree and Leaf.* London: George, Allen & Unwin, Ltd., 3–84.

Torrance, E. Paul [1970]. "Dyadic interaction as a facilitator of gifted performance." *Gifted Child Quarterly* 14 (3): 139–143.

Tovey, Sir Donald [1950]. "Johann Sebastian Bach." *Encyclopedia Britannica,* vol. 2. Chicago: Encyclopedia Britannica, 868–875.

Towles, Herman, Wei-Chao Chen, Ruigang Yang, et al. [2002]. "3D tele-collaboration over Internet2." In *Proceedings of the International Workshop on Immersive Telepresence (ITP2002).* New York: ACM.

Tucker, Stewart G. [1965]. "Emulation of large systems." *Communications of the ACM* 8 (12): 753–761.

Tyree, Jeff, and Art Akerman [2005]. "Architecture decisions: Demystifying architecture." *IEEE Software* 22 (2): 19–27.

Ullman, David G. [1962]. "The foundations of the modern design environment: An imaginary retrospective." In *Research in Design Thinking,* eds. N. Cross, K. Dorst, and N. Roozenburg. Delft: Delft University Press.

van der Poel, W. L. [1959]. "ZEBRA, a simple binary computer." Reprinted in Bell and Newell [1971], 200–204. In *Proceedings of ICIP.* Paris: UNESCO, 361–365.

——— [1962]. *The Logical Principles of Some Simple Computers.* Amsterdam: Excelsior.

VDI, Verein Deutscher Ingenieure [1986, 1987]. *VDI-2221: Systematic Approach to the Design of Technical Systems and Products.* Düsseldorf, DE: VDI Verlag.

Vincenti, Walter G. [1990]. *What Engineers Know and How They Know It: Analytical Studies from Aeronautical Engineering.* Baltimore, MD: Johns Hopkins University Press.

Visser, Willemien [2006]. *The Cognitive Artifacts of Designing.* Mahwah, NJ: Lawrence Erlbaum Associates.

Vitruvius, Marcus Vitruvius Pollo [22 BC, 1960]. *De Architectura (The Ten Books on Architecture).* Rome: Dover.

Waldron, Manjula B., and Kenneth J. Waldron [1988]. "A time sequence study of a complex mechanical system design." *Design Studies* 9 (2): 95–106.

Weisberg, R. W. [1986]. *Creativity: Genius and Other Myths.* New York: Freeman.

Wexelblat, Richard L., ed. [1981]. *History of Programming Languages.* New York: Academic Press (ACM Monograph Series).

Whitton, Mary C., Benjamin Lok, Brent Insko, et al. [2005]. "Integrating real and virtual objects in virtual environments." In *Proceedings of HCI International 2005*. Berlin: Springer-Verlag, 9.

Wilkes, Maurice V. [1985]. *Memoirs of a Computer Pioneer*. Cambridge, MA: MIT Press.

Wilkes, Maurice V., and W. Renwick [1949]. "The EDSAC." In *Report of a Conference on High Speed Automatic Calculating Machines*. Cambridge, UK: University Mathematics Laboratory, 9–12.

Williams, F. C., and T. Kilburn [1948]. "Electronic digital computers." *Nature* 162: 487.

Williams, Laurie, Robert R. Kessler, Ward Cunningham, et al. [2000]. "Strengthening the case for pair-programming." *IEEE Software* 17 (4): 19–25.

Winograd, Terry, John Bennett, Laura De Young, et al., eds. [1996]. *Bringing Design to Software*. New York: ACM Press.

Wise, T. A. [1966]. "I.B.M.'s $5,000,000,000 Gamble." *Fortune* 74 (September): 118–123, 224–228; (October): 138–143, 199–212.

Witt, Bernard I., F. Terry Baker, and Everett W. Merritt [1994]. *Software Architecture and Design: Principles, Models, and Methods*. New York: Van Nostrand Reinhold.

Wolff, Christoff [2000]. *Johann Sebastian Bach: The Learned Musician*. New York: W. W. Norton.

Wozniak, Steve, and Gina Smith [2006]. *iWoz: From Computer Geek to Cult Icon: How I Invented the Personal Computer, Co-Founded Apple, and Had Fun Doing It*. New York: W. W. Norton.

Ziman, John M., ed. [2000]. *Technological Innovation as an Evolutionary Process*. Cambridge, UK: Cambridge University Press.